光尘
LUXOPUS

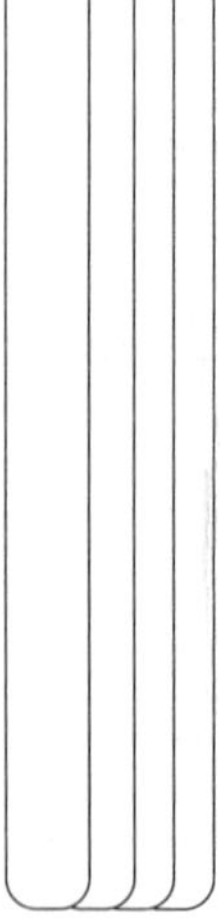

COMMENT GÉRER LES PERSONNALITÉS DIFFICILES

François Lelord　Christophe André

无处不在的人格

[法] 弗朗索瓦·勒洛尔
克里斯托夫·安德烈 著　欧瑜 译

生活·讀書·新知 三联书店　生活書店出版有限公司

图书在版编目（CIP）数据

无处不在的人格 /（法）弗朗索瓦 · 勒洛尔，（法）克里斯托夫 · 安德烈著 ；欧瑜译 . — 北京 ：生活书店出版有限公司，2022.2（2022.3 重印）

ISBN 978-7-80768-365-0

Ⅰ. ①无… Ⅱ . ①弗… ②克… ③欧… Ⅲ . ①人格心理学－通俗读物 Ⅳ . ① B848-49

中国版本图书馆 CIP 数据核字 (2022) 第 007707 号

策划编辑 李 娟
执行策划 邓佩佩
责任编辑 杨学会
特约编辑 袁晓芳
出版统筹 慕云五 马海宽
封面设计 潘振宇
版式设计 申亚文化
封面插画 罗可一
责任印制 孙 明
出版发行 **生活書店**出版有限公司
（北京市东城区美术馆东街22号）
图 字 01-2022-0694
邮 编 100010
印 刷 北京中科印刷有限公司
版 次 2022年2月北京第2版
2022年3月北京第2次印刷
开 本 880毫米×1230毫米 1/32 印张13
字 数 210千字
印 数 20,001－30,000册
定 价 68.00元
（印装查询：010－69590320；邮购查询：15718872634）

前言

身为精神病学家和心理治疗师，我们已经习惯了倾听病人向我们吐露他们在感情生活中和职场上遇到的种种困难。然而，我们越来越常观察到的又是什么呢？

首先，病人会讲述自己，讲述他们的痛苦和期望；接着，他们会很自然地开始描述某个身边的人——父母、配偶、同事等。这些人每天都给他们造成令人精疲力竭的困扰，直到让人无力招架，于是前来咨询心理医生。

在聆听他们讲述的过程中，我们常常会猜测，他们口中的那个人，那个我们并不认识的人，准保是个“难以应付的人”。有时，我们甚至会认为那个人或许比眼前的这位病人更需要帮助……但前来咨询我们的并不是那个人。

除了接待单个的病患，我们还为各类企业做有关压力管理和变化心理的咨询。在接触过各个层级的企业员工之后，我们发现，无论是老板、同事、合作方或客户，他们中很多人所关心的都是如何应对人格障碍的问题。

于是，我们决定在本书中谈一谈“如何应对人格障碍”。

我们衷心希望本书能够帮助您更好地了解和应对您在生活中无法回避的人格障碍问题。

序

有些书籍从头到尾都是关于“人格”的定义，而我们可以将这个词简单地浓缩为俗语中所说的“性格”。

谈到某个人的人格，我们可能会这样说，“米歇尔的性格非常悲观”，言下之意，米歇尔在不同的情况下和不同的生活时期，曾多次表现出悲观看待事物的倾向，并总是设想最糟糕的结局。

谈到米歇尔的人格，我们想说的是，他那种看待事物和对它们做出反应的方式——悲观，在漫漫岁月中和各种情形下，对他而言已经习以为常。

米歇尔或许并不觉得自己的悲观是他人格中的一种恒定特征。相反，他大概会觉得自己每一次对待不同情形的反应都不一样。但并非只有他会觉得自己的应对方式足够灵活多变，而事实却并非如此。实际上，我们对他人人格特质的察觉要胜于对自己的察觉。

我们每个人都曾向某位老友诉说自己不得不面对的某种情形。比如，我们前去质问一位在背后说了自己坏话的同事，而老友在听完我们的诉说之后可能会这样说："你这么做我一点儿也不觉得奇怪！"

我们听了这话会感到惊讶，甚至生气，没想到老朋友竟然会这样说。为什么他会料到我们的做法？再怎么说，我们完全可以做出不同于此的举动啊！

可惜没有，相识已久的朋友已经对我们在某些冲突情形下惯常的应对方式有所了解。对他而言，这就是我们的人格特征，或者说是我们的性格特点。

因此，人格特质就表现为人们对身边环境和自己个性的惯常看待方式，以及行为举止和做出反应的习惯方式。这些特质通常会以不同的词语来定义：独断、乐群、无私、多疑、负责……

比如形容某个人"乐群"，就必须确定这个人在不同的生活情形下，包括工作、休闲或旅游，出于本性地愿意去结交他人，并享受和他人的相处，因而对这个人而言，这是一种在不同情形下的惯常举动。如果我们知道这个人一向乐群，在青少年时期就有很多朋友，而且喜欢参加集体活动，那么我们就会倾向于认为"乐群"是他的人格特质。

相反，如果我们在工作单位看到一个最近入职的同事想要结交新朋友，我们并不会就此将“乐群”定义为他的人格特质。这个人表现得喜爱与人交往，也许只是因为，他认为只有这样才能让自己在新的工作岗位上得到认可。我们并没有去验证他在生活中的其他情形下是否也乐群，这种做法是否就是他的惯常举动。我们只是看到了他喜爱与人交往的“状态”，但我们并不清楚这是否就是他的人格特质。

特质与状态的区别，构成了心理学家和精神病学家在尝试对人格做出定义时的重要研究主题之一。但当两个人在谈论他们都认识的第三个人的人格时，他们往往在毫无意识的情况下也谈论到了特质（恒定特征）和状态（由情状决定的暂时性状态）的区别。比如：

米歇尔真是个悲观的人。（他的人格特质）

- 不是啊，完全不是，那是因为他还没有摆脱离婚的打击。（暂时性状态）
- 不，不，我从认识他以来一直就是这样。（特质）
- 绝对不是，他上大学的时候是个很搞笑的人！（状态）

这个例子引出一个问题：米歇尔的人格就不会随着时间而改变吗？他年轻时确实很搞笑（特质），现在成了彻头彻尾的悲观主义者（特质）。我们可以看到，某些人格特质会随着时间的推移而发生改变。

您会说：那好吧，我能够设想所谓的人格或人格的存在，而且在人的一生中基本保持恒定。但如何定义不同个体的人格呢？每个人都有若干不同的面！如何区别生命中改变了的特质和人格中保持不变的特质呢？很显然，做到这一点非常困难，要知道，人类从古代就开始对此倍加关注了。

如何对人格进行分类？

希波克拉底是最先尝试对同类进行分类的先驱之一。在那个年代，人们认为一个人的人格是由机体内起主导作用的液体类型决定的。古希腊人通过观察受伤和呕吐时流出的液体，区分出血液、淋巴液、黑色胆汁和黄色胆汁。希波克拉底做出了以下分类：

主导液体	人格类型	特点
血液	多血质	活泼、易动感情
淋巴液	粘液质	缓慢、冷漠
黑色胆汁	胆汁质	易怒、尖刻
黄色胆汁	抑郁质	阴郁、悲观

这种分类有几点值得注意：对同类的分类意愿太过久远（公元前 4 世纪）；对今天的说法依然存在影响，因为我们现在还会说某个人是“多血质”或“粘液质”；体现出将生物特点和人格特质相联系的有益尝试（我们会看到，希波克拉底的分类包含了近期对人格的研究成果）。

不管怎么说，我们很容易看出希波克拉底的分类确有不足之处：如果我们可以根据某种“纯粹”的多血质或抑郁质人格类型去了解众生的话，那么绝大多数的人都无法被列在这个分类表格之中。因为，实际存在的人格类型要远远多于希波克拉底列出的四种类型。

在历史的长河中，其他研究者曾尝试通过增加类型数量或将身体特点和人格相联系，来完善希波克拉底的分类。例如在 1925 年，德国神经精神病学家恩斯特·克雷奇默（Ernst Kretschmer）[1]，就将高大纤细的体型与冷漠沉闷的人格联系在一起，矮小圆厚则对应易动感情、变化无常和喜爱交际。他加入了另外两种类型：运动型和发育异常型（未能得到大自然的恩宠），最终总结出四种类型的人格：

1 J. Delay，P. Pichot，《心理学概要》（*Abrégé de psychologie*），巴黎，Masson 出版社，1964 年，337—341 页。——作者注

克雷奇默的四大类型人格（1925 年）

类型	体型	人格	电影角色扮演者
矮胖型	矮小圆厚	外向、快乐、率直、务实	杰拉尔・朱诺（Gérard Jugnot） 丹尼・德维托（Danny de Vito）
细长型	高大纤瘦	内向、冷漠、爱幻想	让・雷谢夫（Jean Rochefort） 克林特・伊斯特伍德（Clint Eastwood）
运动型	健硕强壮、肌肉发达	冲动、易怒	利诺・文图拉（Lino Ventura） 哈威・凯特尔（Harvey Keitel）
发育异常型	发育不完善、畸形	孱弱、自卑	在大银幕上铩羽而归

对于这种分类，我们依然可以说，生活中实际存在的人格类型要多于四种，如果加上混合类型，甚至可能多达八种或十六种。克雷奇默对这类评价十分在意，并承认不同类型之间存在连续性，且伴有数不清的中间形式。

此外，基于对大量个体进行的统计研究表明，体态类型和人格之间的关系并没有克雷奇默认为的那么紧密。

希波克拉底和克雷奇默的分类划分出不同的人格类型，都属于类别分类。这两种分类的好处显而易见：对人的类型做出了极具联想性的描述，一看到这类人便可以认出来，但缺陷也一目了然：人的多样性要比几种类别分类丰富得多。所有的分类方式都试图将往往具有连续性的物体或现象归作非连续性的类别。

于是，一些研究者决定不再尝试以类别去划分不同的人格，而是通过不同的“维度”去划分。

人格的维度分类法

为了进行比较，我按照品牌对汽车进行分类——这是一种类别分类，我在这种分类中可以找到每个品牌的所有车型。但我也可以按照某些特性，从 0 到 10 对这些汽车进行分类：安全性、性能、舒适度、维修费用等。这就是所谓的维度分类法。这种分类方法不以品牌和车型为参照，而是以汽车的质量为标准。实际上，汽车杂志都是按照品牌和车型来分类的，因为性能维度对于一辆小型城市汽车和 GT 跑车而言，具有不同的意义。我们可以做一个比较测试，把小型城市汽车划为单独的一类，然后再对它们进行维度分类。

那么对人格又该如何进行维度分类呢？研究人员会提出的两个重要问题当然就是：一是选择哪些维度？我们知道，对于汽车这类远比人要简单得多的事物，汽车评论杂志会选择至少 10 个评估标准，那么如何能够将一种人格分解为 2 个、4 个或 16 个维度呢？二是如何测定这些维度？在选定维度之后，比如“怀疑的倾向”，如何判断哪些类型的测试或问题能够确保我们准确地评估“怀疑倾向”这个唯一的维度，而非其他呢？

对回答这些问题做出的尝试构成了一门学科：心理计量或人格变量。这是一门专业性极强的学科，以观察结果和统计数据为依据，因此相关文章读起来艰涩难懂。在本书中，我们不会试图向您解释这门学科的运作原理，而是给出维度分类的例子，让您看到想象与精确如何推动研究者的工作。

美国心理学家卡特尔（R. B. Cattell）是维度分类的先驱之一，他将统计学应用到心理学研究中。卡特尔最初研究了英语中所有用来描绘性格的词语，他找出了 4500 个！通过归类近义词，他将这些形容词的数量减少到了大约 200 个。接着，他用这些词语对大量的对象进行评估，并对评估结果进行了统计学研究后发现，某些形容词在评估中总会显现出某种联系，也就是说，这些词语评估的是同一个性格维度，用来评估人格的形容词本会更少。经过数年的研究之后，卡特尔和他领导的由心理学家和统计学家组成的团队，最终筛选出 16 种人格特质，通过一种 16PF 测试对每个个体进行人格测定。这一诞生于 20 世纪 50 年代的测试至今仍在使用。[1]

16PF 测试的维度

孤僻……………………………………乐群

迟钝……………………………………聪慧

情绪激动………………………………情绪稳定

顺从……………………………………恃强

---

1 P. Pichot，《心理测试》（*Les Tests mentaux*），巴黎，PUF 出版社，1991 年。——作者注

审慎……………………………………兴奋

敷衍……………………………………有恒

畏怯……………………………………敢为

隐忍……………………………………敏感

信任……………………………………怀疑

务实……………………………………幻想

坦率……………………………………世故

安详……………………………………忧虑

保守……………………………………激进

依赖……………………………………独立

散漫……………………………………自律

放松……………………………………紧张

测试对象在每个维度上都会获得介于两端描述词语的一个中间值。

练习：令测试双方抓狂的游戏

将16PF测试的16个维度写在一张纸上，在每行两端的形容词之间留5个空格。请您的一位好友对每个维度进行勾选，对您做出评估，您同时在另一张纸上自己勾选和记录。然后比较你们两个人的评估结果，讨论为什么两份测试会有不同。之后，双方对调角色。可以事先找一位裁判。

世界上健康领域应用最为广泛的测试，大概要数 MMPI 测试——明尼苏达多项人格测验（Minnesota Multiphasic Personality Inventory）了。这份测试表由哈撒韦（Starke R. Hathaway）和麦金利（John Charnley Mckinley）于 20 世纪 30 年代编制而成，并于近期进行了修订。[1] 测试对象通过回答表格中 500 多个“是”或“否”的个人问题，得出 10 个人格因素。通过复杂的统计学分析，建立起 4 个有效层级，从而确定测试对象的心理状态是否影响了测试热情，或测试对象是否在某种意义上曲解了测试结果。

最近出现了一种形式上更为简洁的测试模型，由英国研究者艾森克（Hans Eysenck）[2] 编制。经过大量的数据分析研究，艾森克提出根据两大轴线对人格进行分类：

- **内倾性—外倾性轴线**：外倾型个体渴望获得奖赏和鼓励，很容易兴奋，依赖周围的外部环境，较为主动并善于跟人交往。相反，内倾型个体则极为自律，较为安静和内敛，不依外部状况行事，倾向于制定自己的行动计划。每个人都能够在外倾—内倾轴线之间找到自己的位置。
- **神经质—稳定性轴线**：“神经质”型，情绪容易激动并

---

1 H. I. Kaplan，B. J. Sadock，J. A. Grebb，《心理学与精神病学：心理计量与神经心理测试》（*Psychology and Psychiatry: Psychometric and Neuropsychological Testing*），发表于《精神病学概要》（*Synopsis of Psychiatry*）第七版，巴尔的摩，William Wilkins 出版社，1970 年，224—226 页。——作者注

2 H. J. Eysenck，《人格结构》（*The Structure of Human Personality*），伦敦，Methuen 出版社，1970 年。——作者注

持久地受到焦虑、忧伤和内疚等情绪的困扰。“稳定”型则相反，情绪波动少，并在受到干扰时能够很快恢复正常的情绪状态。

在进行艾森克测试时，我们可以在下面的表格中找到自己的位置。这张表格从维度的视角对人格进行分类，我们在表格中列出了几个著名的漫画人物。

艾森克分类

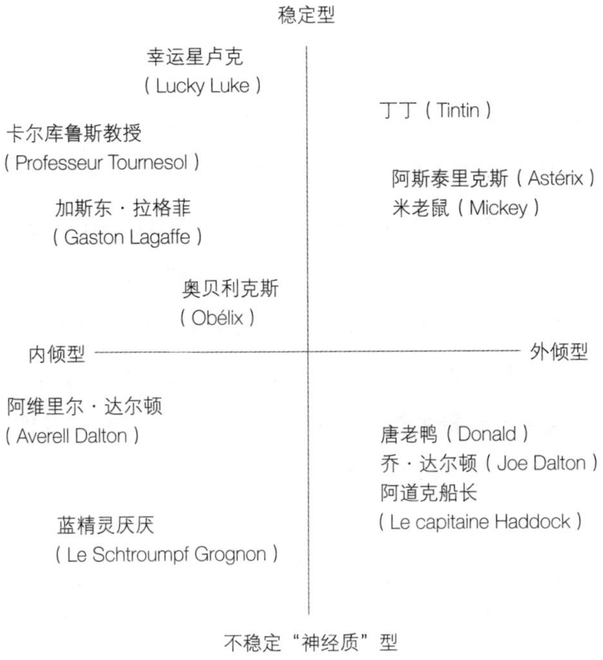

艾森克又加入了第三个维度——精神质型，表现为冷漠、攻击性强、冲动、以自我为中心。测试者可以通过一份列有57个“是”或“否”的自我问卷对这三个维度进行评估。

艾森克问卷是一种颇为有趣的人格评估模型。但科学研究总是你追我赶，其他研究者在测试了这个模型之后，发现了它的局限性，较为突出的一点是，如果所有的“人格障碍”都是高神经质型，那么艾森克问卷无法区分出个体之间的不同。由此看来，神经质包括若干种不同的维度，并且无法对这些虽然都焦虑不安但却各不相同的当事人做出细腻的区分。此外，服用镇静剂的测试对象，其神经质和内倾性表现都会减弱，这就说明两种维度并非毫无关联。

为了应对这些人格障碍，研究者们编制出新的测试模型，其中一种备受科学界的关注：圣路易斯大学（Université de Saint Louis）的罗伯特·克劳宁格（Robert Cloninger）[1]编制的测试。克劳宁格在实验室进行了大量的动物和人体试验，尤其是关于真假双胞胎的人格试验，提出了人格的七个组成因素。首先，他划分出四种构成“气质”的维度，就是说在幼年时期就有所表现并遗传下来的维度，因而很可能是天生就有的。这四个维度决定了对人格的初步了解。

---

1 C. R. Cloninger，《人格与性格的心理生物模型》（*A Psychobiological Model of Personality and Character*），《普通精神病学纪要》（*Archives of General Psychiatry*），1993年，975—990页。——作者注

克劳宁格的四类气质维度

1. **追求新奇**。此项维度获得高分的成人或婴儿，会表现出主动探索身边环境、对新奇事物充满好奇和主动规避挫折的倾向。

2. **规避惩罚**。自寻烦恼，降低期望值以逃避不好的意外，以及在因害怕糟糕后果而产生怀疑时隐忍不发的倾向。

3. **依赖奖励**。渴望获得他人的认可、支持和类似的奖励。

4. **坚韧持久**。尽管已经疲惫不堪或沮丧失落，但依然坚定地继续某种活动的倾向。

我们在这里举一个有趣的简化之例：在餐馆里，依赖奖励先生马上会点自己之前就很喜欢的菜肴；追求新奇先生想要尝试自己没吃过的新式菜肴；规避惩罚先生会找出菜单上所有难以消化的菜肴，并尽量不去点它们；坚韧持久先生来得有点晚，因为他会不停地在餐馆附近寻找停车位，就算腹中饥饿，他也不会激动或泄气。

克劳宁格在自己的测试模型中加入了三个维度，他认为这三个维度可以用来定义他所称为的“性格”。与性情不同，性格更容易受到教育经历的影响。

克劳宁格的性格三维度

1. **自我控制**。这个维度跟良好的自我评价相关，相信自己有能力影响自己的生活和所处的环境，能够确定自己要达成的目标。

2. **协作**。这个维度的特点是对他人的接纳和理解、共情和无私。

3. **自我超验**。在这个维度上获得高分的人，会感觉自己的生命具有某种意义，对世界有归属感，对事物的看法更偏精神而非物质。

克劳宁格的测试模型具有真正意义上的科学性推测的特点：我们可以对模型进行测试，并为其设想测试情形或体验；换句话说，就是对其证实或证伪。

例如，我们可以在动物身上对气质的四个维度进行研究，以验证这四个维度是否具有遗传性。用来测试人的气质维度的问卷，可以跟某些测试对象通过其他测试获得的结果，或是与他们相识已久并在不同情形下观察过他们行为举止的熟人的旁证进行对照。

我们可以对测试结果进行统计学分析，看看这七个因素是否真的互不相关。我们还可以对获得相似测试结果的个体进行比较，看看他们之间是否存在模型未能甄别出的区别等等。

跟所有科学测试模型一样，克劳宁格的模型也有过时的一天，也会被能够更好地解释观察结果的新模型所代替。通过对不同理论和观察结果的对照和比较，人们的认知水平不断提高，一如天文学和医学的进步。

正因为如此，人格研究成了一门飞速演化的学科，它将为儿童教育、心理紊乱预防和心理治疗的不断完善提供切实的帮助。

什么是人格障碍?

假设我是一个多疑的人。如果这种多疑保持在一个适度的状态，而我经过一段时间的观察，渐渐对人产生了信任，那么我的多疑就只是一种可以让我避免被人愚弄的人格特质。比如在购买二手汽车时，这个特质就会非常有用。

相反，如果我随时随地都满腹怀疑，哪怕对最为宽厚仁慈之人也无法信任，那么，大家很快会觉得跟我难以相处，我自己也会时时刻刻提心吊胆，或许还会因此失去结交新朋友或圆满完成工作任务的机会。在这种情况下，多疑就会成为名副其实的“人格障碍”。

因此可以说，只有在某些性格特点过于明显或过于固化、无法适应不同情况，并令当事人或他人（或两者）不堪忍受时，人格才成为障碍。

这种不堪忍受不失为诊断人格障碍的标准。本书当然有一个首要目的：帮助您应对在家庭生活和工作中碰到的人格障碍。

第二个目的：当您发现自己具有某些我们将在后文中描述的人格特质时，将帮助您更好地认识自我。

在每个章节的末尾，您会看到一个问卷表格，您可以通过问卷对自己的人格进行思考。这些问题并非诊断测试，确切地说是引发您自我思考的契机。

如何对人格障碍进行分类?

我们挑选出 12 类几乎在所有国家和年代都可以找到的人格障碍，因为无论是年代已久的精神病学教材，还是最近由世界卫生组织做出的分类，或是美国精神病协会最新版的《精神疾病诊断与统计手册》(*DSM* IV)[1]，都对这 12 类人格障碍进行了大同小异的描述。

当然了，这 12 类人格障碍并未涵盖您可能遇到的所有类型的人格障碍，但您很可能会觉得似曾相识，尤其当您想到源自两种或三种不同类型的混合类型!

对人进行分类有什么用?我们常常会听到这个有关心理学分类的疑问。分类可以将人分门别类，将人归入不同的“类别

1 《精神疾病诊断与统计手册》(第四版)(*Manuel diagnostique et statistique des troubles mentaux*)，译自美版，译者：J. Guelfi，C. B. Pull，P. Boyer，巴黎，Masson 出版社，1996 年。——作者注

项”，而人类的多样性是无穷无尽的，无法从本质上进行分类。

每个人都是独一无二的，这话说得一点不错，现实中存在的性格类型要远远多于任何分类系统中的“类别项”，而这是否会令如此之多的分类尝试成为徒劳之举呢？

我们就以一个完全不同于心理学的领域为例——气象学。每个地方的天空都不一样；每一天的微风、云朵和阳光都会勾勒出不同的景象。但是，气象学家定义出四种不同类型的云：积云、雨云、卷云和混合类型的云，比如积雨云，这就是一种简单的分类。但是，根据一只手就数得过来的几种类型，我们可以准确地描述任何一片缀着云朵的天空。当然了，两团积云也不完全相像，就像没有两个人的性格会一模一样，但我们依然可以把他们归为一类。

我们继续打比方。对云的类型有所了解，不会影响我们欣赏美丽天空的闲情逸致。同样，只要不是一门心思想着分类，了解几种人格类型，就不会妨碍您对朋友的欣赏和你们之间的友情。如有需要，了解云的类型可以帮助您预知接下来几个小时的天气状况，而了解人格障碍则可以帮助您更好地应对某些情况。

对于精神病学家和心理学家而言，鉴别出不同的人格类型，可以更好地了解病人对不同情况的反应，并不断完善为病人提供的心理治疗或药物治疗。比如，通过对“边缘性”人格障碍（参见第十二章）的鉴别和定义，精神病学家和心理学家找到了几条在对这类病人进行治疗时应当遵守的基本规则，这些病患不仅深受其苦，而且在面对别人提供的各种帮助时会深感纠结。

因此，分类不无意义。无论是研究云朵、蝴蝶、疾病或是性格，分类对所有的自然科学而言都是必要之举。

理解、接受和应对人格障碍

我们会尝试向您解释每一种人格类型者如何看待自己和别人。一旦您了解到他看待自己和这个世界的视角，就会更容易理解他的某些行为。

最近，又出现了一种发展迅速并被运用到认知心理治疗中的新型研究方法：我们的态度和行为，其实取决于某些在孩提时代就已形成的根深蒂固的想法。例如，妄想型人格坚信“别人想方设法要害我，不能相信任何人”，这种想法会导致一连串不信任的态度和带有敌意的行为，就像是根深蒂固的想法的逻辑后果。我们会尝试解释这种或这些根深蒂固的想法如何对行为产生影响。最后一章中的图表对这些想法做了小结。

我们在研讨会上向公众表示必须接受人格障碍，每每引起非议和反驳。人格障碍都是些让人不堪忍受，准确地说是让人无法接受的行为，那么该如何接受这些人格障碍呢？事实上，我们并不会要求您竭尽全力地去被动接受，这样只会增加人格障碍带给您（往往是您本人）的困扰。我们所说的接受，是指接受人格障碍作为一种人的存在方式的事实，这并不会妨碍您积极主动地去规避人格障碍。

再打一个比方。您正在海边度假，打算第二天乘船出海，可是您在醒来的时候发现天空阴云密布、狂风四起。如果您不会因此而不开心，那您也不会生气——从某种意义上来说，您接受了临海天气会时好时坏的自然事实。这并不会妨碍您根据情况的变化做出调整，在那一天安排另外的活动。而人格障碍就如同这些自然现象：它们过去存在，现在依然存在。面对糟糕的天气和引力法则，愤慨也好，生气也好，都是枉然。

另一个接受人格障碍的理由是：当事人肯定不会主动选择这些人格障碍。人格障碍是遗传性和教育经历的混合产物，它们导致的行为往往不受人待见，而且会有不负责任之嫌。谁会主动选择过分焦虑、过分冲动、过分多疑、过分依赖别人或者过分沉迷于细枝末节呢？

拒绝接受人格障碍对任何人都没有好处，尤其是当事人。接受人格障碍往往是引导当事人改变自己某些行为的必要先决条件。

如果您能够更好地了解人格障碍，如果您能够更好地接受人格障碍，您就可以更好地应对人格障碍，并以更恰当的方式对待人格障碍者。我们在本书中为您提供了应对每一种人格障碍的建议。这些建议来自于我们对精神病学和心理治疗的研究经验，但同样来自于人类在与同类共处的生活中碰到的常见困难。

目录

第一章

焦虑型人格

Les personnalités anxieuses

我并不害怕死亡，但当它降临时，我希望自己不在场。

——伍迪·艾伦（Woody Allen）

28 岁的克莱尔跟我们说：

从我记事起，我妈妈就总是一副忧心忡忡的样子，任何事情都会让她心烦意乱。今天也是一样，我要去看她，她让我提前告诉她几点到，要是我晚了十分钟，她就会开始担心我是不是发生了车祸。

14 岁那年，有一天晚上，我放学后在校门口跟几个朋友聊天，到家的时间比平时晚了半个小时（显然，我母亲把我每天的放学时间都记在了心里），我看见我妈正哭着给警察局打电话，让他们派人去找我！

还有一次，我 20 岁那年，那时候已经比较独立了，我就跟一帮同龄的朋友一起去了南美。在那边往法国打电话不是很方便，而我寄回法国的明信片在我人回去之后才到。几天没有我的消息，我妈受不了了。她甚至都不知道我们当时在哪个国家，所以后来发生的事并没有让我感到意外：当我跟朋友们抵达一个位于秘鲁和玻利维亚交界处的小边检站时，边检员在查看了我的护照之后，看了看我，说我应该给我妈打个电话！我听到这话大吃一惊。后来我得知，我妈疯狂地打了无数通电话给我们计划前往国家的法国大使馆，让他们提起注意，结果让人家很是担心，通知了所有的边境检查站！

可怜的老妈！我时常想冲她发火，但我很清楚，她无法控制这种担心，并为此感到痛苦。要是她担心的只是我就好啦！可她什么事情都会担心。比如，她总是担心会迟到。坐火车的时候，她至少会提前半个小时到达火车站。我知道她在部委的工作备受称赞，因为她总能保证按时把该检查的资料看完，总能预料到哪里会出问题，并采取预防措施。我看到她支付电话、水、电账单的时候,很自然地会想象到她的状态。她一收到账单就会写好支票，以免支付晚了造成电话停机，之后的几天，她会查看寄出支票的银行账单，确认支票已被兑现。

我唯一看到她放松的时候，是我们姊妹几个跟丈夫一起来吃中饭的时候。那天，我妈整个上午都坐立不安，急急忙忙地准备午饭，而只有在吃完饭喝咖啡，我们让她坐着别动让我们来收拾的时候，我才感到她最终放松了下来，她看上去安详平静，直到我们起身告辞。当天晚上到家之后，我还是会以各种理由给她打个电话，因为我心里清楚，她知道我们平安到家了才会放心。

我不知道她的这种担心从何而来。我父亲在我们很小的时候就意外去世了，我母亲一个人独自抚养三个孩子。也许是这种创伤和责任感让她变得如此焦虑，但当我看到我的外祖父母时，我发现他们也会为任何事情担心不已。所以我就想，这是不是家族遗传？另外，我姐姐也是这样，所以我建议她赶快去看心理医生！

如何看待妈妈？

克莱尔的母亲有种自寻烦恼的倾向，也就是说，她在任何一种情况下都惯于想到自己和亲近之人可能面临的风险。每当她处于一种不确实的状况时，马上就会做出最糟糕的假设（“我女儿迟到了——或许她出了意外呢？”）。另外，在面对将会发生的状况时，她会倾向于预测所有的风险，以便能更好地控制这些风险。但是，无论如何这仅仅说明此人异常谨慎吗？不是的，因为您可以清楚地感觉到，跟事件的发生或严重性的可能性相比，克莱尔的母亲这种对风险的关注过了头、太夸张了。比如，未到的信件或是写错的支票，这种事很少或不太可能发生。如果发生了，法国电信也不太可能不提前通知就切断电话。就算中间出现了什么差错，导致事情真的发生了，就会是无可挽回的灾难吗？不会。那只是一件没那么严重的小事，只要让法国电信的人来家里一趟就可以解决。

但是，克莱尔的母亲似乎全副身心都在为某件不大可能发生的小事而担心，并为了预防事情的发生而呈现出某种紧张的状态。就连准备家庭聚餐也会紧张，但是即便延误也不会带来多么严重的后果；再说她有丰富的烹饪经验，并且备好了菜单，所以不太可能延误。预期焦虑、对风险的过分专注，克莱尔的母亲表现出焦虑型人格的特点。

焦虑型人格

- 相较自己或亲人在日常生活中面临的风险，担心过于频繁或强烈。
- 肢体的经常性过度紧张。
- 对风险的持续专注：戒备一切可能出现的问题，以掌控状况，即便是风险极低的状况（不太可能发生或不太严重的事件）。

我们已经可以看出焦虑型人格的好处和弊端。一方面是谨慎的态度和掌控的倾向，另一方面则是过度的紧张和痛苦。

妈妈如何看待世界？

克莱尔的母亲好像拥有一个雷达，不停地探测身边可能发生的变故或灾祸。我们可以这样描述她的根本信念：“世界是个充满危险的地方，总有灾祸发生。”抑郁型的人也会抱有这样的信念，只不过他们会置之不理，以缓解可能遭逢的打击。克莱尔的母亲则相反，她会通过掌控身边的一切来预防可能发生的危险。

她的第二个信念可能是：“极为谨慎地行事，就可以避免大部分的变故和意外。”可最终您会说，难道她这样做不对吗？世界不就是个充满危险，随时可能发生灾祸的地方吗？打开任何一份报纸都可以看到：一辆客车栽进了沟里；孩子们在海水浴场溺亡；一位母亲出门买面包时被车撞了；每天都有人在家中的厨房里、工作台边或花园里，因居家意外而死亡或严重受伤。所以，谨慎行事不正可以让我们避免不少的意外和灾祸吗？说到底，妈妈做得没错，世界很危险，处处得小心！

事实上，克莱尔母亲的信念和非焦虑型人格的信念之别，就在于焦虑的频率和强度。诚然，灾祸总有发生，我们都是脆弱而不堪一击的存在，但我们中的绝大多数人在大部分时候能够忘记这一点，从而得以继续生活。但这并不妨碍我们对可控的风险采取预防措施。比如，开车时系上安全带，但不会特别地焦虑和担心在每个十字路口都会发生意外。对于我们不大可能控制的重大风险，比如罹患重病、亲人遭遇车祸，如果这些事情没有真正发生，我们就会避免去想。

此外，误了火车、迟到或烧坏了羊后腿等小的生活风险，确实会让我们焦虑，但程度不会那么强烈。

所以，我们可以看出，焦虑的人苦于一种对他们“预警系统”过于敏感的调整：焦虑的思维、肢体的紧张和控制的举动，相较于事件发生得过于频繁和过于强烈。

我们来听听一位焦虑型人格者的诉说。34 岁的杰拉尔是个保险经纪人，他定期到医生那里开服镇静剂。

是的，可以说我是个焦虑的人，但我在治疗！有意思的是，我在保险行业工作，让他人免遭不幸让我觉得是一种自我保护。当然了，我觉得自己的担心是适度的，我的行为也完全正常。实际上，客户和公司都对我的工作非常满意，因为这种对可能出现问题的担心，让我可以发现有时连受保人自己都没有注意到的未知风险，或是保险合同中的不足之处。结果呢，我得到了大笔的奖金，而我的客户则得到了很好的保护。

但不得不说，这种担心让我时时处于紧绷的状态。有一天，我的医生让我列出一天中可能想到的所有焦虑。以下就是我能想到的：快要起床时，第一个焦虑是想到我在这一天中要做的所有事情，我能顺利完成这些事情吗？跟我妻子吃早餐，她今天脸色有点阴郁。如果哪天我们不再相爱了呢？开车去赴约，如果我迟到了呢？此外，我开车的时候非常小心，我买的是一款以抗碰撞高安全性而出名的汽车。带着合同到达客户的办公室，如果我忘了带什么呢？如果我遗漏了某个风险呢？我跟客户一起重新看了合同，他很满意，签了字。出来的时候我满心欢喜，因为这是宗大合同，我停在路边喝了杯咖啡。轻松了几分钟，另一个担心又来了：我想起来，今早我的车不停地发出声响。是否应该马上送修？在两个约见之间我能赶得及吗？诸如此类。我跟您描述的是正常的一天，我已经习惯了这种程度的焦虑。

反常的是，当出现真正的危险时，我的反应倒相当冷静，这让平时见惯了我动不动就担心的人感到颇为吃惊。去年，我们跟几个朋友一起出海度假，他们想让我们看看刚买的新船。忽然之间变了天，发动机也打不着了。所有人都害了怕，而我呢，下到底舱查看发动机。最终，我们平安返回。（要说我那天之所以能够解决问题，那是因为我曾担心某天会碰上途中抛锚的事情，所以去上了几节汽车机械的课。）

当问题真的出现时，我是能够冷静面对的，让我心神不定的是那些可能发生的事情。即便没有什么可担心的，我还是会庸人自扰。去年夏天就发生过这样的事情：一切都很顺利，我这一年业绩优异，跟妻子相处融洽，跟孩子们度过了美好的假期，真的，我真是没有任何理由担心。可是呢，我还是会因为假设这样的想法会出现而烦心不已：要是我的哪个孩子得了重病呢？您瞧，就这么没完没了的。

这个例子让我们更加清楚地看到焦虑型人格的好处和弊端。好处：杰拉尔非常尽职尽责，能够预见风险，是个优秀的员工。弊端：他随时保持警惕，这让他痛苦难当、精疲力竭。

当焦虑成为一种疾病

想象一下，如果杰拉尔的焦虑因某些不明原因而有增无减，他感到越来越紧张，心里只想着可能发生的灾祸，让他夜不能眠、无法专注做事。

如果他的全科医生让他去咨询精神病专家，后者或许会将他诊断为广泛性焦虑症。

广泛性焦虑症表现为没来由或过度地担心，外加三种症状[1]：

- **植物性神经系统过度活跃（控制自动反应的神经系统）：**心悸、流汗、发热、尿意频频、喉头发紧……
- **肌肉紧张：**震惊、（背部、肩膀、下颌）痛性痉挛，往往造成疲劳感；
- **对周围环境的高度警觉探察：**感觉被窥伺、极度兴奋、因焦虑而无法集中精神、睡眠紊乱、应激性。

广泛性焦虑症如同焦虑型人格的漫画描摹，患者因此而备受煎熬。这是一种名副其实的疾病，需要接受治疗。

最有效的治疗通常是心理治疗结合药物治疗。

心理治疗中的认知疗法和行为疗法，已被证实具有相当的

1 《精神疾病诊断与统计手册》（第四版）。——作者注

疗效，我们在本书末会有所提及。我们对患者提出以下建议：

1. 学习放松，以帮助患者自行控制过度的焦虑反应；

2. 认知重建[1]：治疗师帮助患者重新认识自己的焦虑思维。特别是帮助患者重新评估被自己高估了的危险的严重性和可能性。

但心理治疗有时要辅以药物治疗。首先，因为患者痛苦难当，必须尽快得到缓解；其次，就像很多其他的心理病症一样，心理治疗和药物治疗双管齐下，在某些病例中比单独一种疗法更为有效。

在治疗焦虑的药物中，医生主要使用两大类药物：抗焦虑药物和抗抑郁药物。我们在下表中分别列出了这两类药物的优点和缺点。

抗焦虑药物和抗抑郁药物的选择，属于医学范畴的决定，需依据患者对自己症状的描述。实际上，为了迅速缓解患者的症状，抗焦虑药物几乎总会成为治疗初期的首选药物。而对于某些严重的焦虑症，辅以抗抑郁药物则往往能够提高治疗效果，并在随后的治疗中减少抗焦虑药物的剂量。

根据患者的需要，广泛性焦虑症的治疗方法同样适用于焦虑型人格。我们再来听听那位最终决定接受治疗的杰拉尔又说了些什么。

1　R. Durham, T. Allan，《广泛性焦虑症的心理治疗》（*Psychological Treatment of Generalized Anxiety Disorder*），《英国精神病学杂志》（*British Journal of Psychiatry*），1993 年，第 163 期，19—26 页。——作者注

两大类治疗焦虑症药物对照表

	抗焦虑药物	抗抑郁药物
优点	—起效快 —出现症状时服用 —服用方便 —耐受性好 —无危险性	—根除某些焦虑症最为有效的治疗 —无赖药性风险 —无嗜睡 —可治疗往往伴随焦虑的抑郁
缺点	—若使用不当，可能出现以下风险： · 嗜睡 · 记忆力或专注力减退（暂时性） · 赖药性 —对严重焦虑只有部分效果	—起效慢：需几个星期方见全效 —在治疗初期，焦虑症状有时会加重 —有时无效

其实，我觉得我已经习惯了自己的焦虑，对我而言，这就是正常的生活，是我妻子促使我去就医的。她越来越受不了我紧绷的状态。另外，我开始越来越频繁地询问她有没有把准备做的事情安排好。比如，带孩子去打疫苗，填写这样或那样的行政表格，预约装修工人到家里来。她通常把这些事情都打理得井井有条，所以我要是不停地查问，她就会受不了。还有，我的睡眠也不好，尤其是度假回来之后，有那么多的事情要做。

我先去看了全科医生，他给我开了抗焦虑药物，并告诉我如何服用：在难熬的时候连续吃几天，但绝对不能超过平时的剂量，其他的时候尽量不要吃。这确实对我很有帮助。我周末开始服药，以适应药物的作用，并且看看会不会让我入睡，然后我根据每天的情况继续服药，一粒或两粒。这种药不会改变我的个性，我依然会对一切做出预期，但感觉压力减少了。

我妻子看出这种药对我起了作用，但她不大喜欢我吃药。所以，她让我去咨询她一位女性朋友推荐的心理医生。我犹豫着去见了那位医生，我一点儿都不想“诉说自己的问题”。心理医生理解我的这种想法，并建议我学习放松。经过六次咨询之后，我基本能深层放松自己了，并开始通过放松来改善睡眠。尤其是她教会了我如何在一天中坐着不动，闭上双眼，进行小小的放松，以舒缓我的紧张，当然了，我并没有彻底放松下来。现在，我每天这样放松好几次：打完电话之后和坐在车里等红灯的时候，我会做十来次腹式呼吸，这对我具有舒缓作用。

接着，她建议我开始真正的心理治疗，但是我觉得没有必要。时不时吃点药，再做做放松，我已经觉得好多了。

从这个例子可以看出，有时简单的方法可以对患者起到很大的帮助作用，而很多的人（尤其是男性）会觉得这样就已足够。

或许有人会说：“可是杰拉尔并没有解决他的焦虑问题啊！他只处理了自己的症状，却没有解决深层的病因。只有接受诸如精神分析这样的深入治疗，他才能了解自己焦虑的原因，并让症状彻底消失。”

我们在向患者建议药物治疗（“是啊，可药物只能治标而不能治本”）或放松治疗时，常常会碰到这类疑问。

很遗憾，与很多人的想法相反，我们对过度焦虑的原因仍旧缺乏清晰了解。这些原因因人而异，以目前对这些原因的了解，如果每次都说要“根治原因”，那只能是自命不凡的夸夸其谈。

焦虑是怎么来的，医生？

这个问题既有遗传因素，也有教育因素。

遗传：多项研究表明，在不同形式的焦虑症中，焦虑症患者的一级亲属中有四分之一也患有焦虑症。而如果研究一下双胞胎的病例，就会发现，当其中一个患上广泛性焦虑症，并且两人是同卵双胞胎，也就是“真正的”双胞胎，那么另一个就有一半的患病概率；但如果两人是异卵双胞胎，那么另一个的患病概率就只有六分之一，也就是说跟普通的兄弟姐妹没有差别[1]。

这里所说的是焦虑症，而不仅仅是“焦虑型人格”，但其他的研究表明，焦虑型人格的特质也有部分的遗传因素。

环境：一些研究表明，在焦虑症患者中，恐慌症或广场恐惧症，以及“生活事件”（断交、搬迁、丧事、工作变动等），

---

1 K.S. Kendler及合著者，《女性广泛性焦虑症：一项以人群为基础的双胞胎研究》（*Generalized Anxiety in Women : A Population—Based Twin Study*），《普通精神病学文献》（*Archives of General Psychiatry*），1992年，第49期，267页。——作者注

在焦虑症爆发的前几个月会更加频繁地出现[1]。另一些学者则注意到患者童年时期遭遇丧事或分离的最大频率[2]。

正如其他所有的人格障碍，焦虑型人格障碍的形成很可能源于遗传易感性和教育经历的随机结合，有时还要加上某些创伤性事件的因素。

对于精神分析师而言，过度焦虑，也就是他们所称的“神经质焦虑”，是童年时期未能妥善解决的无意识冲突表现出的症状。在精神分析师看来，杰拉尔因日常生活中的种种事件而焦虑不安，是为了对抗一种更深层的无意识的焦虑，这种焦虑跟他早年经历的某个或某些生活事件有关。因此，这种日常的焦虑反映出的是某个杰拉尔没有意识到的过去的问题。通过精神分析，杰拉尔可以在跟分析师的沟通中重新体验自己过去的情感经历，从而意识到自己焦虑的真正性质，并最终得以解脱。这一理论听来极为诱人，原因如下：

---

1 C. Favarelli，S. Pavanti，《近期生活事件与恐慌症》（*Recent Life Events and Panic Disorder*），《美国精神病学杂志》（*American Journal of Psychiatry*），1989 年，第 146 期，622 页—626 页。——作者注

2 J. Kenardy，L. Fried，H.C. Kraemer，C.B. Taylor，《惊恐发作的心理先兆》（*Psychological Precursors of Panic Attacks*），《英国精神病学杂志》（*British Journal of Psychiatry*），1992 年，第 160 期，668 页。——作者注

焦虑症或抑郁症患者希望进行精神分析的五个常见原因

- **精神分析会让患者认为自己的症状具有某种可以理解的含义。**这可是一个令人深受鼓舞的理由。人们更愿意相信对于自己的痛苦存在某种“解释”，并可以在自己的过去中发现它，而不愿认为自己的焦虑或许只是遗传与教育含混不清的产物。希望了解各种原因对于我们人类而言极具吸引力，很可能本身就拥有某种治疗的效果。

- **患者希望借助“深层”治疗获得彻底的治愈，**也就是说无须持续性的治疗就可以达到良好的心理状态。一些精神分析师表示根本无法保证能够治愈，但这依旧是患者的期待。

- **精神分析提倡自己疗愈自己，**当然是在某位治疗师的帮助之下，但无须药物或治疗师直接的治疗。

- **精神分析会辅以引人入胜的参考读物，**有很多非专业人士也可以读懂的著作（尤其是弗洛伊德）。虽然大部分精神分析师并不鼓励自己的患者去阅读精神分析学专著，但很多病人都忍不住要去读，因为他们暗自期望可以更好地理解自己的困境，令治疗获得更快的进展，或是自己也成为精神分析师。

- **精神分析是一项长期的治疗，**这常常会令人安心（“我的治疗师会一直陪伴着我”）。此外，如果经过数月甚至数年的治疗，病情仍未出现好转，这并不会被视作一种失败，而仅仅表示分析工作还不够深入。

然而，这些理由并不足以建议所有焦虑的人去接受精神分析或分析式心理治疗。首先，这种治疗方法要求具有某种兴趣和能力（对过往感兴趣，有能力进行口述和自由的联想，能够忍受含混不清、失望受挫，并对长期疗效有所期待）。其次，目前所有的心理治疗研究都表明，没有任何一种治疗方法敢自称对所有的病症或患者具有最佳的疗效。

如今所关注的是心理治疗的“有效性预测因子”[1]，也就是说那些每个病人所特有的、可以决定哪种类型的心理治疗法最有可能取得成效的因素。当然了，每个心理医生对这些因素都有着自己的直觉，而科学的目的只不过是将这些个人的直觉，这些因人而异的“内在信念”，转化为得到最广泛确认和接受的知识。

早在一个世纪之前，医学的各个分支领域就已经展开了这项工作，最近则是在精神病学领域。分析式心理治疗、认知疗法和行为疗法，以及新近出现的人际关系疗法，在最近十年里，成为对不同心理病症和不同类型患者治疗的评估目标。

对于一些确诊的焦虑症（恐惧症、广场恐惧症、恐慌症、强迫症），众多不同研究小组的研究已经清晰地记录下认知疗

---

1 R.C. Durham 及合著者，《认知疗法，广泛性焦虑症的分析式心理治疗与焦虑管理训练》（*Cognitive Therapy, Analytic Psychotherapy and Anxiety Management Training for Generalized Anxiety Disorder*），《英国精神病学杂志》（*British Journal of Psychiatry*），1994 年，第 165 期，315 页—323 页。——作者注

法和行为疗法对此往往具有惊人而持久的疗效，但对于“普通的”焦虑和焦虑型人格，成效则远未明了。比如，对个体的观察结果和几项研究表明，适度焦虑或抑郁的患者，在接受分析式心理治疗之后，症状的缓解要好于那些在等待中还没有接受治疗的患者。

此外，并不是所有的患者都看好精神分析疗法，而认知疗法和行为疗法虽然过程严谨、目标清晰明确、注重可见疗效，但也并非人人适用。

在进行心理治疗之前，我们建议患者至少咨询三位不同学派的治疗师，或者阅读几部面向大众的相关著作，以便在对病因有所了解之后再做出选择。

焦虑有什么作用？

说到底，焦虑是一种正常的情绪。我们在面对出现风险的情形时，或多或少都会感到焦虑：考试时、在某次大会发言之前、耽搁在赶往车站的路上，等等。这种焦虑是一种令人不舒服的情绪，所以我们会提前进行安排以避免承担风险。最为焦虑的人尤其会好好复习功课、精心准备发言、尽一切可能提前到达车站。他们会尝试防患于未然，规避令情形失控的风险。但过于焦虑的人，为了逃避不舒服的焦虑情绪，则会缺席他们认为（有时是错的）过于困难的考试，或拒绝发言，或待在家中，因为这些事情对他们而言太过麻烦。

所以，看得出，焦虑可以成为掌控形势和规避风险的催化剂，但也可能成为一种障碍。

如果从进化论的角度来看，今天会有如此之多的焦虑之人，正是因为焦虑的血脉经过自然选择的考验留存了下来，因此，焦虑对生存具有一定的价值。这一点很容易想象：焦虑的猎人很可能对碰上猛兽的风险最为注意，他总是小心翼翼，寻找较为安全的路线，时时保持警惕。焦虑的母亲对孩子更加关注，时刻不离左右，提前备好足够的食物。这些行为都会增加他们生存和繁衍后代的机会。就群体而言，焦虑者很可能与好勇的胆大者形成一种平衡，后者发挥着探索新地域，或尝试不乏危险的新捕猎方法的作用。胆大者和焦虑者的有效结合可以保障整个族群的生存。

概括说来，如果维京人里只有焦虑者，也许他们永远无法远渡重洋发现冰岛或征服欧洲，而只能待在老家捕猎驯鹿。相反，正是那些焦虑者（在某些强迫者的帮助下）建造出精良的龙头船，并为远征备足了所需的食物。

在所有的团队工作中，焦虑型人格者就像一道防线，他们会考虑到别人想不到的风险，并采取预防措施。

电影和文学作品中的焦虑型人格

- 伍迪·艾伦曾在自己执导的多部影片中扮演过具有焦虑型人格的角色，其中以《汉娜姐妹》（*Hannah and Her Sisters*，1986 年）最为典型。他所扮演的角色最终放心地走出了诊所，因为医生说他什么病也没有，可是他的心情一下子沉重起来，因为他想："是啊，可是总有一天我会出什么毛病的。"在《曼哈顿谋杀疑案》（*Manhattan Murder Mystery*，1992 年）中，他扮演了一个非常焦虑的丈夫，无法阻止黛安·基顿（Diane Keaton）扮演的妻子进行危险重重的调查。
- 在普鲁斯特的《追忆逝水年华》中，自述人那位可敬的祖母表现出很多焦虑型人格的特征，丈夫和孙子总拿这个寻她的开心。
- 菲利普·罗斯在《波特诺伊的怨诉》（*Portnoy's Complaint*）中描述了一位既焦虑又充满负罪感的模范犹太母亲。

如何应对焦虑型人格？

应该做的

‖ 表明自己是可靠之人

对于焦虑型人格而言，世界就好像一架巨大的机器，它的每个部件随时随地都有可能"脱节"，并引发故障。如果您让这个焦虑型人格者觉得会引发故障的不是您，那么他对您的担忧就会减少，你们的关系也会随之改善。

而您给他的这种印象往往是通过对小细节的关注形成的：准时、及时回复他的邮件及表现得深谋远虑。

这么做并不容易，因为焦虑的人有时会让我们透不过气来，会让我们想要跟他的期待对着干。但如果这个人是您的父母、上司或同事，您就必须跟他维持关系，那么对着干就不是个好法子。

我的老板叫罗贝尔，让讲述道，他38岁，是个信息技术商务代理人。他是个非常焦虑的人。他尝试对一切有所预防，越早越好，事必躬亲，以防出现问题。要是我们有人要出几天差去拜访客户，他总会在出发前增开一次会议，以便确认我们是否准备得足够充分。其实通常在此之前我们已经召开了好几次准备会议，有些是跟客户一起开的，所以临行前的增开会议让我的不少同事都大为光火，他们觉得不需要被别人看得这么紧。所以他们对此都表示不满，会借故迟迟不去敲定会面时间，或者迟到。我在必须去见罗贝尔的时候采取了另一种战术：我去的时候会带上一份自己的行程报告，并解释其中的细节。他会做些批示，但因为已经放下心来，所以他就会缩短会议时间。

我知道自己在上一次的工作中已经取得了他的信任，我们没能定下临行前的开会时间，最后他跟我说："好吧，我们不要再为这个费神了，你肯定已经准备妥当了，我们不需要再碰头了。”

让懂得以积极的方式去应对，而不是跟他的上司对着干，做出他同事那样的被动攻击型行为。

或许让那些同事的父母就是焦虑和纠缠不休的人，而他们在不自知的情况下再次经历了童年时期的冲突。

‖ 帮助焦虑型人格者相对地看待事物

在针对广泛性焦虑症的认知疗法过程中，治疗师会请患者说出自己脑中不断出现的焦虑想法。比如，一位女患者会这样说：“我今晚邀请丈夫的几位朋友和同事到家里来做客，但我担心把羊后腿给做砸了，或是我丈夫喝多了会喋喋不休。”治疗师接着会为她列出这些令人不快的事件可能导致的所有后果，以及事件发生的可能性和解决的办法。治疗师会说：“好吧，让我们来看看羊后腿做得太老会发生什么……”于是，女患者就会想象出羊后腿做老了后不可收拾的场景可能导致的所有后果，希望这么做：

1. 她能够在思想上习惯这一场景，并减小对这一事件的焦虑程度，这就是专家们所说的“脱敏”；

2. 她能够渐渐相对地看待羊后腿做得太老带来的后果，并认识到这些后果并非不可收拾。

而对于她丈夫及其友人的行为，治疗师会帮助这位女患者意识到自己无法控制一切，如果她丈夫及其友人确实交谈不欢，这可能会令人恼火，但并非不可挽回。

这一切最好是在长期的治疗中，治疗师得以与患者建立起信任氛围的情况下进行，从不那么困难的状况开始。

但您也可以在简单的状况中进行练习。下一次，如果一个满头大汗的焦虑型人格者对您说："这么堵，我们肯定赶不上火车了！"您可以这样回答："是啊，想象一下，如果我们真的误了火车，后果有那么严重吗？我们可以怎么做呢？"通过将他的注意力转移到真正的后果和挽救的办法（搭乘下一班火车，通知要去见的人）上，您将会帮助他退开一步，由此缓解他的焦虑。

‖ 施以善意的幽默

焦虑型人格者会令人恼火，确实如此。特别是当焦虑型人格者是自己的父母时，虽然他们对人关怀备至，但不停地让人"注意，注意"会惹恼他们的孩子，也因此总是引得孩子对他们反唇相讥。

当时，我已经离家到另一个城市念大学了，27岁的达米恩讲述道，我母亲经常给我打电话。更糟的是，她总会忍不住对我问这问那，比如："你有没有好好吃饭啊？你有没有注意不要熬夜啊？

你有没有按时交房租啊？你有没有上医疗保险啊？”之类的。我当时20岁，我想要自由，我没法再忍受她那些问题了。

有那么一刻，我语带嘲讽地回答了她，希望给她泼点冷水：“没有啊妈妈，我已经一个星期没有吃饭了”，或者“今年我决定要当夜猫子”，又或者“我绝对不会交房租的，因为现在是冬天”。结果不太好，我母亲生气了，不仅慌了神，还哭了起来，说我没良心，不懂得感谢她对我的爱。

我花了好几年的时间才能做到不去把这太当回事，而且能够比较善意地跟她开玩笑。我觉得她也有进步，她能忍住不问那么多的问题，因为她好像意识到那样做太过头了。现在，当她问我“你有没有想到要……”，我会笑着回答她说“当然没你想得周到了，妈妈”，然后她就会转换话题。

‖ 鼓动焦虑型人格者就医

回忆一下那位焦虑的保险经纪人杰拉尔的例子。他通过学习放松和在难熬的时候服用一点抗焦虑药物，大大缓解了自己的症状。

今天，焦虑型人格者可以获得各种各样触手可及的帮助，从最简单的到最复杂的。尤其是，健康领域的专业人士可以教会我们很多放松的方法，每个人都可以找到最适合自己的那一种，比如瑜伽的腹式呼吸，还有舒尔茨（Schultz）或是雅各布松(Jacobson)的自我放松法。不要忘了，焦虑型人格者通过练习，能够在每次感觉到紧张情绪时都进行简单的放松，无论是会议结束之后、打电话之前，还是堵车时，这样做将会获得很大的裨益。

还有近几年出现的认知疗法[1]，虽然表面看来异常复杂，但操作起来比较容易，往往对焦虑型人格尤为有效。焦虑症患者的症状将通过以下三大步骤得到改善：

- 找出跟焦虑情绪关系最为密切的想法（认知）。治疗师常常会让患者把自己最为焦虑时的“内心对话”记录下来（比如：“要是我无法按时写完这份报告就完蛋了！”）；
- 设想一个“替代性的内心对话”，以相对地看待自己不由自主的焦虑想法。这并非是那种病人不停地自己告诉自己“一切都会好起来的”的库埃疗法（méthode Coué）[2]，而是患者与自己的对话，即便这些对话仍然透着焦虑，但会成为不由自主的内心对话的减速剂（比如：“能按时完成这份报告自然最好不过，但如果无法完成，我可以跟对方再商量一下最后的期限”）；
- 最后一步，也是治疗过程中最为棘手的一步，讨论患者对于生活和世界的焦虑的根本信念，对此进行重新审视。正如在认知疗法中，治疗师从不会反驳或向患者建议某种思

1 Christine Mirabel-Sarron，Luis Vera，《认知疗法详解》（*Précis de thérapie cognitive*），巴黎，Dunod 出版社，1995 年。——译者注

2 一种通过心理暗示来解决实际问题的方法。——译者注

维方式，而是像苏格拉底那样，透过一系列问题去帮助患者自行审视这些信念。（在写不完报告的患者病例中，其根本信念可能是："如果您无法完美满足他人对您的期待，就会被他人抛弃。"）

不该做的

‖ 不要让您自己被焦虑型人格者支配

焦虑型人格者有一种令人恼火的倾向，就是将您卷入其随时随地的风险防范措施之中。因为焦虑型人格者的意图看来是好的，所以很容易被他们的观点所束缚。64 岁退休男子埃蒂安向我们解释了这一点。

对我而言，退休意味着可以追随自己的心意四处旅游，每年发现一个新地方。很幸运，我妻子在这一点上跟我趣味相投，我们打算在身体允许的情况下好好利用退休时光去四处走走。我们有两个同龄的夫妻朋友，他们也喜欢四处转悠。有一年，我们一起计划到意大利去旅行。从出发的时候我就感觉到，跟亨利一起旅行不会是件容易的事，其实他是个挺有魅力的人。

亨利一开始就为保险的事情担心不已，直到我们都买了他选择的保险才消停。出发那天，他开车来接我们，我们到机场之后再由另一位朋友把车开回去。他提前半个小时就到了我们家，而我们还在准备，因为他担心会误了飞机，他妻子不停地安慰他，我们只好匆匆收拾好东西出发了。到了机场，我们是最早换好登机牌的旅客。

在旅行途中，每次做决定他都会担心。他提前订好旅行路线，不过确实订得很好，选择好几本旅行指南都有推荐的酒店。不过，但凡我们心血来潮想要到不在计划之列的哪个地方看看，他就会开始担心，害怕临时选择的路线走不通，害怕我们会落到哪个没有人烟的地方，害怕我们吃了某家旅游指南上没有推荐的小旅店的食物会生病，害怕我们会耽搁了下一站的预订。他在最开始的时候非常焦虑，我们都没敢“违背”他。慢慢地，在他妻子的帮助下，我们也开始做出决定。因为一切都进行得不错，所以他最终也放松了一些。

‖ 不要给焦虑型人格者意外惊喜

焦虑型人格者对意外惊喜的反应非常强烈。按照心理学家的描述，焦虑型人格者有一种夸张的“惊愕反应”。

即便是美好的意外惊喜，他们也会做出这种反应！他们的预警系统会在意外情况出现时启动，并产生强烈的情绪。因此，人们会忍不住以不太宽容的心态挑逗他们的神经。出其不意地不请自来、突然宣布一个意外的消息、开个善意的玩笑等等，这些都是能让焦虑型人格者倍感惊愕的方法，甚至会导致他们瞬间的惊慌失措。

忍住这些轻易可为的念头。如果您觉得让别人失控很好玩，那就去找个妄想者，那样您就会觉得棋逢对手了！同时问问您自己，让焦虑型人格者措手不及的快感是否表明，您是在通过为难一个比您容易激动的人来获得一种优越感。试试通过更为有效的活动去顾及这种感觉，或是找个治疗师谈谈这种感觉。

但是，即便是无心之举，我们也会让焦虑型人格者在措手不及之下感到巨大的压力。尝试思考这一点，尤其是在您的工作关系当中。

现在，让我们来听听一位 43 岁的银行职员露西的倾诉：

我的老板说来挺招人喜欢，可我总觉得他是个非常焦虑的人。他拼命工作，在任何情况下都表现得无比冷静，以此来隐藏他的焦虑，但我对他在碰到意外惊喜时的反应看得很清楚。比如开会的时候，如果有人突然宣布一个消息，比如某位客户出问题了或某个员工去休产假了，我会看到他从椅子上弹起来，呼吸变得急促。他会一言不发，停个一两秒钟才能做出反应。有些人注意到他的这种反应，就故意挑逗他的神经。因为我觉得他总还算是个好老板，所以我的做法就跟别人不一样：我会在开会前给他一张单子，在上面列出所有我要宣布的消息。他觉得这是个好主意，于是要求所有的人都这么做，会也开得更有成效了。

‖ 不要徒劳无益地跟焦虑型人格者分享您自己担心的事情

焦虑型人格者光是自己的烦恼就已经忙得不亦乐乎了，除非他真的能为您提供帮助，否则就要避免跟他倾吐您自己的忧虑。事实上，当他发现这个世界比自己想象的还要不确定和危险时，他会变得更加焦虑。尤其是在工作中，不要向您焦虑的同事、上司或合作伙伴倾诉您的担忧，您会让他们担心不已，而他们很快会将此视为另一件需要担心的事情，这对您和他们的关系可是没有好处的。

‖ 避免谈及令人不快的话题

我们人类是脆弱的存在，是四处流转的小小生物奇迹，然而却实在不堪一击。我们和所爱之人，就这样跟折断的输电线、飞速驶过的汽车、癌变的细胞擦肩而过，得以继续生活。幸运的是，我们通常能够不去想这些悲惨的事情，就像走钢索的杂技演员，脚下是时时觊觎并有可能把人吞没的危险，而他却对此毫无意识。焦虑型人格者很难不去注视这些可能在我们脚下洞开的深渊，他们比我们更经常地想到那些可能面临的危险。对于他们而言，提到危险就等于身在危险之中和遭受危险之痛。

所以，不要轻易改变焦虑型人格者漂泊小舟的方向。在面对您身边的焦虑型人格者时，不要徒劳无益地诉说您的某位同事感染了艾滋病，或是您的邻居以为自己发作偏头痛，入院后却被确诊罹患了脑瘤，又或是您今天早上险些在路上遭遇车祸，也不要跟焦虑型人格者描述对最近发生的种族大屠杀令人震惊的电视报道，还有报纸上关于连环杀手的可怕新闻。

而且，一些医生也建议焦虑型人格不要去看电视新闻。确实，《晚间八点新闻》对一天中发生的灾祸的报道，往往会令人愈加觉得悲惨的事件不是有可能，而是太有可能发生了，而这正是焦虑型人格的基本信念。

如何应对焦虑型人格?

应该做的

- 向焦虑型人格者表明自己是可靠之人。
- 施以善意的幽默。
- 帮助焦虑型人格者相对地看待事物。
- 鼓动焦虑型人格者就医。

不该做的

- 不要让您自己被焦虑型人格者支配。
- 不要给焦虑型人格者意外惊喜。
- 不要徒劳无益地跟焦虑型人格者分享您自己担心的事情。
- 避免谈及令人不快的话题。

如果焦虑型人格者是您的上司：成为他（她）令人安心的信号。

如果焦虑型人格者是您的伴侣：不要告诉他(她)您参加了山崖跳伞。

如果焦虑型人格者是您的同事或合作伙伴：懂得利用他（她）的焦虑来防患于未然。

您是否具有焦虑型人格的特点?

	有	没有
1. 想到令人不安的事情会让我难以入眠		
2. 可能因迟到而误了火车让我惴惴不安		
3. 别人常常会说我动辄杞人忧天		
4. 我总是尽早填好该填的票据(发票、税单、收据等)		
5. 如果我等待的人迟迟未到,我总会忍不住想到他遭遇了意外		
6. 我倾向于多次查看列车时刻表、预订和约会时间		
7. 我常常在事后发觉自己对一些鸡毛蒜皮的小事过于担心		
8. 有时,我会觉得必须在白天服用镇静剂		
9. 我在遇到意外惊喜时会出现心悸		
10. 有时,我会无缘无故地感到紧张		

第二章

妄想型人格

Les personnalités paranoïaques

达尼埃尔，27 岁，是一家办公自动化公司的业务员。

在我进入这家公司的时候，就已经听人说过乔治——我未来的同事。我知道他年纪比我大，但好几年都没有获得晋升。我一进公司就想跟别人建立友好的关系，因为我很希望能够跟工作中的同事相处融洽。第一天上班的早上，我去见了乔治，想跟他介绍一下自己。他的态度挺冷淡，坐在椅子上没有起身，也没叫我坐下。乔治 50 多岁，体型敦实，身板笔直，像个现役军人。我注意到，当我走进他办公室的时候，他立马就把电脑切换成了屏保。鉴于没能跟他聊起来，我就问他对接待客户的方式有什么想法。他面露嘲讽之色地回答说，我应该早就知道怎么跟客户打交道，因为我都已经得到这个职位了！我感到很丧气，于是就离开了。

第二天，我在我的柜格里发现了一封乔治的信，是一份公司关于如何跟客户打交道的官方指南的复印文件，我当然已经知道里面的内容了。我问他，就是想让他告诉我他对此的个人看法。接下来的几个星期，我们的关系有所改善。我跟他聊了几次，但每次他稍稍显得放松地开始跟我谈起他自己的时候，我就会看到他突然刹住话题，说自己有紧急的事情要去处理，说着急忙走了。

入职两个星期之后，我接到乔治以前一位客户的电话，那个客户解释说，以后的业务想跟我做。我感到很为难，我不想让乔治从别人口中得知这件事，于是在他的柜格里留了张字条。第二天，我正坐在电脑前，他怒气冲冲地走进我的办公室，指责我挖走了他的客户。我试图让他平静下来，不停地解释说是客户给我打来的电话，我什么也没做。他表面上缓和了下来，可我怎么解释都没用，我感觉他再也不相信我了，或者更确切地说，他想要相信我但就是做不到，就好像是在怀疑与信任之间不停地挣扎。秘书卡特琳娜看到了整件事情的经过，她跟我说，乔治不是头一回毫无理由地对别人横加指责了，他之前也曾跟其他部门的几个同事发过火。第二天，乔治平静了很多，我又去跟他说了这件事，这一次，他相信了我。

我心想，如果乔治每天都能见到我，他就不太容易去想象我对他有所图谋，于是我决定跟他保持定期的接触，我们继续时不时地聊天。有些日子，他比较放松，看上去乐于跟我见面，我对他也有了更多的了解。他离婚之后一直都是一个人住，但他正忙于应付两个官司：一个是跟前妻，好像是他前妻把以前两人共有的房产据为己有了；另一个是跟一家保险公司，那家公司没有对他遭遇的一起意外进行全额赔付，他的右眼因为那次意外几乎失明。

一天，他给我看了保险公司的文件。在浏览这些文件的过程中，我觉得保险公司的律师确实是在想方设法地要让合同无效。但让我感到最吃惊的是乔治写的那些申诉信极为有理有据，一条一条列得清清楚楚，不知道的人还以为是哪个律师写的呢！另外，他还跟我说，他自始至终都是自己为自己辩护，并对人身伤害的相关法律进行了深入研究。

表面看来，他在生活中也并非形单影只：他有两个老哥们儿，周末常常一起去钓鱼。但有些日子，我会看到他整个人都绷着，对人满腹怀疑，一声也不吭，有时候我也不知道为什么，除了上个星期。我想起来在头一天，我跟几个年轻同事在咖啡机旁聊天，有人说了个笑话，大家听了都捧腹大笑。就在这个时候，乔治刚好从旁边经过，似乎没有注意到我们。第二天，看到他不善的模样，我明白了，他以为我们当时是在取笑他。我都没敢去问他是不是因为这个才对我横眉怒目，因为他恐怕无法接受我告诉他那是场误会。我把这事放了几天，他又重新开始跟我说话了。因为他跟大家相处得都不大好，所以我觉得他需要从我这儿感受到几分善意。但我觉得我们之间从未有过真正的友情，因为只要我稍不注意，他就会觉得我想害他。

跟刁钻的客户打交道，他要么成事要么败事。但必须承认，他有着一种罕见的坚定信念：我见过一次，乔治跟一位客户一条一条地解释为什么对方的要求跟他自身的需要并不相符，以一种无可辩驳的逻辑进行反驳。这并非是值得称赞的销售技巧，但不得不承认，乔治确实能签下一些没人签得下来的客户。相反，其他一些客户则会向公司高层投诉乔治的工作方式。

最后，我习惯了乔治的处事方法。他不是个坏人，虽然有时看上去像。他的问题是总也无法相信任何人，在他眼里，人人都心怀恶意。我曾经想过，他这种看待事物的方法是从哪里学来的，是怎么形成的?

我觉得我们相处得还算融洽，他还邀请我周末一起去钓鱼呢！我会去的，但我知道得小心行事，免得出问题。

如何看待乔治?

可以说，乔治是个极其多疑的人，达尼埃尔对他没有任何的不轨之心，但他马上就表现出极度的不信任：他不会跟达尼埃尔交心，对自己手头的工作遮遮掩掩，对达尼埃尔前来咨询的问题也不予回答。就好像他把达尼埃尔当成了一个假想敌，他不愿在达尼埃尔面前暴露自己一丝一毫的脆弱，以免遭到对方的攻击。

乔治不仅不相信别人，还会把令自己不快的事件（他的老客户给达尼埃尔打了电话）理解为是别人图谋不轨的结果，但实情并非如此。更糟的是，他把别人平常的举动（达尼埃尔和同事的说笑）理解为是在有意针对自己。

当达尼埃尔试图跟乔治解释事情的缘由时，他发现了乔治的另一个性格特点：顽固。无论别人怎么解释，都无法动摇他的想法。不过，这种顽固，这种坚信自己占理的倾向，却令乔治拥有了能够说服一些客户的坚定信念，并让他在跟保险公司的纠纷中从不曾泄气。但凡涉及为自己争取权利的抗争，乔治都是不可撼动的。

我们会发现，乔治不信任的不只是达尼埃尔，他对自己身边所有的人都不信任，无论是生活中还是工作中。您会推测这位乔治老兄有人格障碍，因为他在生活中不同方面的各种情况下，都会采取这种不适宜的态度。事实上，乔治似乎具有一种妄想型人格。

妄想型人格

1. 不信任

- 揣测他人对自己图谋不轨。
- 总是处于防备状态，异常关注身边发生的事情，从不吐露心声，满腹怀疑。

- 质疑他人甚至亲近之人的忠诚，常常心怀嫉妒。
- 积极地在各种细节中寻找能够证明自己猜测的证据，却无法纵观全局。
- 一旦被触怒，就会准备实施过度的报复行为。
- 总是担心自己的权益受到侵犯，担心眼前出现的问题，很容易感到被冒犯。

2. 顽固

- 表现得理性、冷漠、富有逻辑，坚决抵制他人的辩解。
- 难以表现出温情或积极的情绪，缺乏幽默感。

乔治如何看待世界？

诚然，乔治是个难搞的人，但我们应该尝试去理解他的观点。他认为这个世界充满危险，而自己又脆弱不堪，因此必须要自我保护。

他的基本原则可能会是："这个世界上骗子和坏人到处横行，我不得不时时提防。"乔治就像是一辆预警系统运作不良的汽车，再小的摩擦都会触发警报。

正因为面对未知或不可见的危险要比面对真实的危险更加令人焦虑，乔治才会在最终发现某个敌人的时候感到如释重负，因为这就证实了他对世界的那套观点。从某种方式而言，可以说他需要为自己树立敌人，以获得内心的平静和证实自己的不信任。这就是为什么他有寻找敌人的倾向，并不断地想要证实自己的怀疑。同时，他也因嫉妒而备受折磨，他只有在得到伴侣不忠的证据（或他所认为的证据）时，才可能获得真正的解脱。

这种情况悲剧性的一面就在于，乔治最终坐实了自己的臆想：对他人始终如一的敌意和怀疑，终究会引起这些人对他的敌视。这些被乔治的行为惹怒的人，或许真的会做出伤害他的举动，于是乔治终于可以得意洋洋地大声宣告："我就知道不能信任你们！"

有些妄想型人格者就像那些独裁者，因为极度害怕被推翻，所以将人民置于军警的监视之下，把所有对他们推行的政策怀有敌意的嫌疑人统统拘禁起来；因为害怕身边的人叛变，他们经常会对亲信处以极刑，最终令人们产生了推翻其统治的愿望。在这类独裁者发现真正的阴谋时，他们会更加坚信自己有理由令恐怖蔓延，并变得更加凶残。

独裁者的例子并非是偶然的：他们通常都具有妄想型人格和强烈的自恋特征。深重的怀疑心可以帮助他们在险境丛生的状况中生存下来，而他们也正是在这样的状况中夺取了政权（战争、政变、革命）。此外，顽固和旺盛的精力会令他们成为困惑茫然、惶恐无措的民众眼中令人信心百倍的领袖。他们提出的解决办法简单粗暴、激动人心，相同之处就是只需找出那些该为眼前的不幸负责的敌人，并阻止他们继续加害于人，这样就可以重新迎来和平与幸福。在不同的年代和政治风向之下，敌人也会不同，但妄想型人格者却始终如一地坚信，只要把这些敌人全部消灭，一个更加幸福和公正的社会就会诞生。

读者可能会发现，我们并没有给独裁者打上政治标签，这并不是害怕某位对号入座的当权妄想型人格者实施打击报复，而是因为妄想型人格者可能是左派，也可能是右派，两派中这样的例子在每个年代都不胜枚举。

想想您最近碰到的某位妄想型人格者，肯定不会是个独裁者。然而，在混乱不堪的年代，您很可能会发现妄想型人格者是人民法庭的法官，肩负着清除全民公敌的重任，或者街区自卫队的领袖，一心想要剿灭背弃祖国的叛徒——说的就是您啊，亲爱的读者，像您这样没能警醒及时逃离故土的人……

但妄想型人格者也有可能站在压迫者的对立面。在这种情况下，妄想型人格者的顽固会转化为对叛变的期待，而他也会变成地下抵抗组织的首脑之一。因为妄想型人格者总是疑心重重，所以能够避开政治警察设下的陷阱，而对敌人的仇恨会把他变成受到众人敬畏的大英雄……

因此，根据为自己挑选的敌人；妄想型人格者可能变成英雄或罪犯——这就证明他们无法回避基于人类境况的道德选择。无论他们身在哪个阵营，这么说吧，创造历史的往往是那些妄想型人格者。

适度的妄想

正如所有其他的人格障碍，妄想型人格障碍也存在大量的中间形式，这些形式的妄想特质没有那么明显，或只是在某些应激状况下才会出现。

34 岁的汽车机械师马克，因抑郁症前来寻求帮助，让我们听听他是怎么说的 ：

我觉得自己一直都对人不信任。在学校的小班上课时就是这样，我总觉得班上的同学会嘲笑我、背叛我。实际上，我记得自己总是难以分清玩笑和嘲笑的区别。现在依然如此，我无法理解幽默，我的第一个反应就是发火，虽然有时候也能稍加控制。

我在军队里感觉很不错，因为玩笑，哪怕是带有攻击性的玩笑，已经成为一种惯例，而且我觉得自己比其他人都更开得起玩笑。有时候，我会觉得应该延长服役期。比起平民生活，我更适应军旅生涯，因为我在平时的生活中没有安全感。在工作中，我无法与人为友。我知道，别人都觉得我是个封闭的人，但我跟他们在一起时没法放心。不过，我们工头倒是挺喜欢我的，因为我的技术很过硬。

我唯一能够吐露心声的人就是我姐姐，因为我觉得她是个可以信任的人。当我跟她讲述自己的事情时，她说我有种凡事“都往坏处想”的倾向，我知道她说得没错，但我每次都是事后诸葛亮。

我的感情生活就像人间地狱。每次有女孩向我示好，我都会觉得她有私心，觉得她想要我的钱。所以我就会开始盘算为她花了多少钱，有多少次到餐厅吃晚饭她没有提出付账。我还是个善妒的人，她只要多看其他男人几眼，我就会觉得她认识那个人，并且跟他有过一段，没准他们现在还是情人。是的，您可以想象得到，她们最终都离开了我。这让我更加确信她们从没真正爱过我。

我只有两个朋友，是在军队认识的，从那时候起就一直是朋友。我们会在周六早上一起去骑自行车。他们俩都结婚了，会时不时地邀请我去家里吃饭。跟他们在一起，我可以放下戒心。

我不知道自己为什么难以相信别人。我父亲在我三岁时去世，我母亲改嫁给一个从没爱过我的男人。我跟那个男人发生冲突时，她常常站在他那一边。我的心理治疗师说，我或许就是在那个时候失去了对人的信任，并一直延续到现在。但我还知道，我的亲生父亲是个出了名的多疑和独来独往的人。

马克的幸运就在于对自己的问题有所察觉，他的情况很可能可以通过心理治疗得到改善。

实际上，马克表现得多疑和敏感，但却不是那么顽固：他对别人有疑虑，对自己也有；他似乎对自己的评价不高。

多疑、敏感、郁郁寡欢——他具有敏感型人格[1]的特征，这是一种更为隐秘的妄想型人格。精神病学家很早就做出了猜测，敏感型人格所具有的自我脆弱的感觉源于感到受人威胁的想象。这些人和妄想型人格者一样多疑而敏感，但相反，他们有一种糟糕的自我印象。他们郁郁寡欢，并在面对他人时感觉受到威胁。

在20世纪初，敏感型妄想被冠以“英国女管家的妄想”之名，因为这些女管家，通常都是些“老姑娘”，孤身一人苦守着主家的异乡领地，总是不受人待见，于是，抑郁的内心中生出遭到迫害的想法。

敏感型人格要比攻击型妄想人格常见得多。您肯定碰到过这样的人，比如这位保险公司的管理人员——菲利普，他得面对自己那个敏感型人格的女秘书——玛丽·克莱尔。

从某种角度来看，玛丽·克莱尔是个优秀的秘书。她守时、工作勤勉、总想着怎么把事情做好。我要是指出她哪个字打错了，她马上就会苦着一张脸，对我大发雷霆。有一天，我想跟她解释，我指出她的错误（其实很少）是很正常的事情，她不必为此发火。结果她大哭起来，指责我就知道批评她，是因为我给她的工作太多才导致她出错的。我当时惊呆了，没想到她会这么个闹法。之后，

1 E. Kretschmer，《妄想与敏感》（*Paranoïa et Sensibilité*），巴黎，PUF出版社，1989年。——作者注

事情稍微平息了一点儿，我试着跟她调侃这个小插曲，可她马上就板起了脸。

她跟其他女秘书的关系也好不到哪儿去。她跟我说，她会因为无伤大雅的笑话而动怒，再也不会跟她们一起吃午饭了。如果找不到文件或订书机，她马上就会指责是其他的女秘书弄丢或拿走去用了。当有人告诉她说弄错了，她马上会拉下脸，赌几天的气。还有，她总是一副郁郁寡欢的沉闷样子，我有时会看到她暗自流泪。不过，她的工作表现非常好，可这种情况我还能留她吗?

今天我们知道，借助抗抑郁药物，辅以心理治疗，敏感型人格通常可以得到很大的改善。玛丽 · 克莱尔就是这么做的。她并没有变成一个快乐开朗的人，但她渐渐放下了戒心，也更加容易接受别人的批评了。

因此我们可以看出，妄想型人格者往往在遭遇挫折时能够去向医生求助，并能够获得不同形式的帮助。

我们不都具有妄想型人格的特点吗?

第一次给学院一年级的学生上课时，我简直怕死了。那是一间坐了400人的阶梯教室，我从来没给那么多人上过课。头几分钟最难熬，我感觉喉头发紧、双手发抖，因为我之前花了很长时间备课，张开嘴话就自然流了出来，下面的学生看起来也挺专心。我开始平静下来。但我看到第三排有两个学生在讲小话，其中一个还笑了起来，我立刻想："他们是在笑话我！他们看出我怯场了！"

以上是大学助教阿兰讲述的一次所有要面对公众的人，如教师、报告人，以及那些需要在公开场合讲话的人都熟知的经历。如果听众席上有人发笑，讲话人首先会想到那人是在笑自己。要养成公开讲话的习惯，才能在面对这些情况时平静地去想"他们是在笑上个发言人"，或者"他们是在笑话另一个人"。这是否说明所有的发言人都是妄想型人格者呢？不是的，这只能说明，在身处一种令人紧张、高挑战（此处是引起所有听众的兴趣）的情况下时，我们会倾向于认为身边的环境具有威胁性，并做出带有敌意的阐释。

在面对少见或未知的情形时，我们也会做出最具威胁性的假设。到语言不通的异国他乡去旅行，尤其会让我们变得多疑。但说到底，有点疑心不是要好过太过天真吗？

妄想能派上用场吗？

对于持进化论观点的心理学家而言，某些人格之所以能够代代相传至今，是因为它们有利于生存和繁衍，从而在进化的过程中成为遗传的优选对象。这种假设同样适用于妄想型人格：多疑能够对敌人有所防范、避开潜伏着危险的陷阱，从而提高生存的机会。至于坚定不移，这种特质有时可以令人更快地获得领导地位，尤其是在一生中不大变化的环境中，就像千百万年前我们的祖先那样。因为过于灵活顺从可能会受制于更为专横的人，而在原始社会，这就意味着更少的配偶和更少的后代。另一方面，太过多疑可能会妨碍寻找盟友和协同工作，而太过顽固则不利于适应变化的环境，比如我们的现代社会。

因此，稍微的妄想可以在以下不同的情形中发挥作用：

- 必须懂得如何坚定不移地依法办案（警察、法官、诉讼人员）；
- 必须懂得如何在发生争端时维护自己的权益，无论是跟汽车修理工还是行政管理部门；
- 必须懂得如何面对奸诈而危险的潜在对手（在警察局、海关、反恐部门工作，或是在政局不稳的国家谋生）。

我们并不是说在这些部门工作的人都具有妄想型人格的特质，这么说就错了，而是说如果您从事这类职业，拥有某些妄想型人格的特质会有所帮助。就比如 42 岁的伊夫跟我们谈到的 A 先生——他是所在居民楼的业主委员会主席。

三年前，他第一次成为业主，并且开始参加业主委员会的大会。多次当选主席的A先生，是个退了休的企业老板。他是个精力充沛的人，支配欲比较强，跟生人见面时表现得不那么自在。但让他做我们的代表，确实是件令人庆幸的事。就是他，发现了第一任居民代表在管理上的违规行为，大家也都为此付出了代价，他根据程序，找出了种种证据，最终让那个居民代表辞了职。新任代表因此不得不好好表现！

后来，他找来一位专家，查出负责维修大楼的包工头在工程中不仅粗制滥造，还伪造工程发票。他再次提出申诉，包工头被我们主席的原则性给震住了，最终做出经济赔偿，并立即进行修复工作，而不是上法庭。

还有最近发生的一件事：一位开发商想在我们大楼旁边的旧花园里建造一幢八层高的大楼，这样会影响到不少住户的采光。A先生立即开始着手准备诉讼卷宗，有关部门迫于压力正在取消其建筑许可！我认识他为这件事聘请的律师，是我的一个朋友，他跟我说，他不得不仔仔细细地重新查看判例，因为我们的主席带着百般的热情钻研过房产法规，甚至发现了几处被他忽略的细节！

另外，A先生对我们非常友善，看得出来，他对自己受到大家认可的角色深感满意。很显然，没有人会因为不放心而去妨碍他的工作……

对于妄想型人格者在自身利益需要得到维护或权利需要得到尊重的情况下所发挥的社会效用，这个例子堪称鲜活无比的证明。

当妄想成为一种疾病

在敏感型人格和顽固型人格之间，存在着各种各样的中间形式，但都很难定义为妄想型人格，而我们在上文中所描述的妄想型人格，以及真正的被迫害妄想，患者会将所有事件想象成是针对自己的阴谋。

阿黛尔，53岁，单身，认为她居住大楼的业主——一家大型保险公司，想方设法要把她赶走，好以更高的租金把房子租给其他租客。渐渐地，她在大楼里注意到的一切都成了保险公司想把她赶走的蛛丝马迹。

电梯旁那几个身穿蓝色工作服的工人，他们肯定是来监视阿黛尔进出的。她门口楼梯间的涂鸦，是为了恐吓她。她不在家时跟门卫一起来查看水电表的工人，他们肯定放了窃听器。在那以后，阿黛尔禁止门房在自己不在家的时候前来查看，并要回了放在门房那里的备用钥匙。但她越来越确信，自己不在家的时候曾有陌生人来过，因为她每次回来都坚信有东西被挪动过。

这种坚信受到监视和追踪的想法令她陷入了无比的焦虑，夜不能寐，竖起耳朵聆听大楼里的动静，甚至水管里的汩汩声都变得甚为可疑。她去找精神科医师开了安眠药。医生做出了诊断并开具了药方，让她的妄想症状在几个星期内消失不见。在这位精神科医师的建议下，阿黛尔约见了那家大型保险公司，一起讨论房屋租金问题，结果发现人家对她毫无恶意，那以后，她痊愈了。

在这个病例中，阿黛尔超出了过分多疑的极限，或者说做出了错误的揣测，以致想象出荒唐可笑的阴谋。这是一种受迫害妄想。令人惊异的是，这些戏剧化的妄想在经过治疗之后，往往比妄想型人格的症状更容易消失。

应该服用什么药物呢，医生？

妄想型人格患者很少会主动求医，因为他们绝不会认为自己有病。然而，不断地跟别人发生冲突和感到被抛弃，会让他们陷入抑郁，或觉得需要对人一吐为快，他们通常在这种情况下才会去找全科医生或精神科医师求助。治疗妄想型人格者堪称名副其实的挑战，因为首要条件就是唤起病人对他人的信任，而这恰恰是病人最难以给予的东西。

至于药物，两种分子药物在病症发作期间可以有一定的疗效：神经镇静药物和抗抑郁药物。神经镇静药物是最早被使用的药物，堪称真正的“抗妄想药物”，可以缓解或消除受迫害的想法和某些攻击型妄想症状。但由于此类药物具有某些弊端，治疗过程需由医生严密监控。而抗抑郁药物则可以帮助敏感型人格患者的情绪变得更加乐观，自我感觉也变得没有那么脆弱。所有的精神科医师都曾碰到过敏感型人格的病例，有时稍带点儿妄想，这些患者在经过往往少量神经镇静药物辅以抗抑郁药物的治疗后，症状完全消失。相反，对一些妄想型人格患者，任何心理治疗和药物治疗的尝试都无法起效。

电影和文学作品中的妄想型人格

布努埃尔（Buñuel）的《奇异的激情》（*El*，1952 年），无异于是一个对爱情中妄想症的临床研究案例。富有的墨西哥业主弗朗西斯科与一位美丽的少妇一见钟情。两人结婚后踏上了美妙的蜜月之旅。但事情并非像想象中那样美好，婚礼当晚，弗朗西斯科俯身亲吻新娘，新娘激动地闭上双眼，可他马上问道：“你在想谁？”

爱德华·迪麦特雷克（Edward Dmytryk）的《叛舰凯恩号》（*The Caine Mutiny*，1954 年），是一部根据赫曼·沃克（Herman Wouk）的同名小说改编的电影。亨弗莱·鲍嘉（Humphrey Bogart）在片中饰演了一个令人痛心的偏执狂，这位专横无能的舰长激怒了所有的舰员，最终使得他众叛亲离。

在斯坦利·库布里克（Stanley Kubrick）的经典之作《奇爱博士》（*Dr. Strangelove*，1963 年）中，斯特林·海登（Sterling Hayden）饰

演的空军将领杰克·D. 里巴，是一个坚不可摧且充满自信的妄想狂。他坚信苏联人在自己的“体液”中下毒,并发起了第三次世界大战。(希望掌握核武器的当权人物都通过了能力倾向测试，不然因妄想随意按下发射键，挑起世界大战那可就麻烦大了)。

英国作家伊夫林·沃(Evelyn Waugh)在《怪谈》(*Diablerie*)中描述了一段妄想性的谵妄体现。在一艘游轮上，他不断听到船员和旅客对自己语出不敬，并伴随着越来越强烈的幻觉。

如何应对妄想型人格?

应该做的

‖ 明确表达您的动机和意图

妄想型人格者会始终抱有怀疑您图谋不轨的倾向。因此，不要对他表露出能够证实其猜测的“迹象”。最好的办法是，以最不会令人感到模棱两可的方式与他进行交流。您所传达的信息不应留有任何可被歪曲的余地。尤其在您必须对他提出批评时，态度要坚定、清晰、明确。

要这样说：“你在没有通知我的情况下就让老板把这个卷宗交给你来处理，这让我感到很不舒服。下一次，我希望你能先告诉我一声。”(对具体行为的描述。)

不要这样说:“怎么可以这样?没法跟你一起工作了。你出了问题可别来找我。”(含混不清、语带威胁的批评。)

‖ 严守程序

有一次,我的一位朋友在一次工作会议中被同时介绍给几个人。他开始跟那几个人握手,因为一个小小的同时性失误,而非礼节的不合,他在跟眼前这位握手的时候把目光投向了下一位。握手的这位具有妄想型人格,马上就觉得我朋友是故意转过头去,以此表示对他的轻视。从此开始了一段龃龉不断的合作关系。

所有来自您这一方的礼节性错误,都有可能被对方理解为嘲笑或轻视的表现。所以,如果跟您打交道的是个妄想型人格者,您就必须严守“游戏规则”:不要让他等待、迅速回复他的邮件、注意使用礼貌用语、在向别人介绍他时不要出错、避免打断他的说话(除非出于必要)。

注意!这并不意味着您必须表现得奉迎巴结或过于友好:妄想型人格者异常灵敏的触角会探察到您缺乏诚意。他立即会怀疑您想要解除他的戒心,以便对他图谋不轨。

‖ 跟妄想型人格者保持定期的联系

鉴于经常接触妄想型人格者所导致的巨大压力,我们常常会不由自主地想要尽量避开他们，甚至完全不要看到他们。如果对方是个您选择远离也不会带来伤害的人，那么请尽管这么去做。但如果生活的情境让您不得不面对这个妄想型人格者——上司、邻居、同事、父母，那么您在搬家或换工作之前，就不得不学会怎样应对他们。在这种情况下，拉开距离的策略并不一定是最好的办法。来听听利兹的故事，54 岁的她刚刚和丈夫在乡下买了一幢别墅。

我们买下这幢乡间别墅的时候，根本没想到邻居的性格会那么糟糕。他是个退休的农场主，跟妻子一起住在他们以前农场旁的一间小屋里。我们刚开始料理农活儿，他就来投诉，说我们找来的砂砾车在他的草坪上留下了车辙痕迹。我们对他语气中的不善感到有些惊讶，于是马上开始尝试缓和气氛，我们一边道歉，一边热情地请他进屋，但他还是不依不饶。我们陪着他一起去查看了草坪。简直可笑！草坪的一角上确实有一块轮胎印，可就巴掌那么大！

他就为这个来跟我们闹！我差点没笑出来，可我丈夫示意我保持冷静，然后弯下身查看轮胎印，就好像轧得很厉害似的。接着，我丈夫向我们的邻居提出赔付修整草坪的所需费用。邻居看起来很吃惊，咕哝着说他要考虑一下，然后没再说什么就走了。事后，我丈夫跟我解释说，他当时就觉得我们的邻居是个“妄想狂”，不能跟他硬碰硬。

经过第一次令人不快的接触之后，我们开始刻意避开这位邻居：出来之前先确认他没在外面，然后趁他不在的时候出门。结果大错特错！每次我们开车碰见他时，他都会向我们投来越来越怨恨的目光。

一天，我们邀来几位朋友在花园里吃午饭，他来到栅栏边敲门。我丈夫去开了栅栏门，邻居满脸通红，抱怨我们的声音吵得他无法忍受。

经过这两件事，我们想了好久，是应该在事态变得更加严重之前把房子卖掉，还是尝试去改变这种状况？我们决定采取第二个办法。那以后，我们特意赶在邻居在田里耕种的时候出门。在从他身边经过时，我们一开始主动跟他打招呼，接着开始聊天气，然后是各自的花园。我开始跟他妻子接触，我觉得她很羞怯，也很顺从。我们会谈起各自的孩子和孙辈，她看起来很高兴能跟我说说话。

慢慢地，邻居开始放下戒心，我们之间再没发生过什么争执。我们继续跟他保持定期的联系，而我们的对话内容也只涉及无伤大雅的话题。前些天，我们的邻居去打猎，他回来的时候竟然给我们带了一只野兔！

这个例子告诉我们，您必须跟具有妄想型人格的邻里保持定期但不要太过亲近的联系。如果您刻意回避，那么妄想型人格者就会觉得您在轻视他或是笑话他，就像上一个例子那样。

我们可以想见，那位有点妄想特质的退休农场主倾向于认为城里人对自己是不屑一顾的。利兹和丈夫对他避而不见，反而证实了他的猜想。

遭到您的回避，妄想型人格者甚至会认为您在背后对他有所图谋，或者您怕了他，因为您做了还没被他发现的坏事而担心遭到他的报复。比如，他被上司训斥，而您在几个星期里都对他采取回避的态度，那么他就会认为是您在上司面前说了他的坏话！您的不在场会让他尽情想象您对他的图谋不轨。因此，跟他保持正常的定期联系，并严守规矩，不要表现出特别的担心或敌意，让他能够时不时地重新正视您，并渐渐平复自己荒诞的想象。

‖ 以法律或条规为参照

妄想型人格者自认为是遵纪守法之人，一心想要公正，即便是著名的妄想型独裁者也是这样，他们总是认为自己的所作所为都是为了人民的福祉，甚至不惜为此消灭一部分人，以此把剩下的人从水深火热之中拯救出来。此外，大部分妄想型人格者还会表现出对法律和条规的迷恋，他们写信的风格往往具有司法文件的风格，逐条陈述他们的立场具有怎样的合理性，他们对程序有着极大的热忱。所有的律师都很熟悉这类客户，总是摩拳擦掌地要为某件根本不值当的事情提起诉讼，不惜花费时间和金钱，最终跟自己的利益背道而驰。

妄想型人格者在被人制服时有多气愤，他们在行政机构、法律或条规的面前就有多顺从，除非他们认为法律条规的内容并不适用于自己所处的情况。

但请注意，热衷于具有司法性质事物的妄想型人格者，往往比您更了解法律和条规，并懂得如何为己所用。您在跟他进行这一领域的交锋之前，要做足准备，但凡感到不确定，就不要轻举妄动，最好在事前咨询一下相关领域的专家。

‖ 让妄想型人格者赢得小小的胜利，但要仔细选择是哪些胜利

跟我们所有人一样，妄想型人格者也需要获得成功，小的也好，大的也罢，以此来保持自己的士气。如果您将他彻底挫败，那么您很可能会让他恼羞成怒。所以，要懂得在某些在您看来属于细枝末节的事情上有所退让，但要划清不可逾越的界限，以保证在原则上的决不妥协。在工作中，只要您认为不会伤及自身，不妨让您的妄想型同事拥有一些他们认为理所应当的特权。相反，一旦他们越过您划定的界限，就要还以颜色。

一位妄想型患者对自己的全科医生怨念深重，因为他觉得医生没有给他好好治病。医患见面变成了患者滔滔不绝的辱骂和挑衅，医生根本无从插口。一天，医生表示不愿再跟这位患者见面了，而患者呢，变得愈发怒气冲天，进而通过言辞越来越激烈的邮件

和电话对医生进行骚扰。在经人建议之后，医生向患者提出面谈，前提是两人必须签署一份明确双方各自责任的协议，并在协议中规定，一旦患者表现出攻击性，医生有权立即终止会面。妄想型患者接受了，当然是在对协议的几个条款提出修改之后才接受的。在压力保持在可以承受的范围内，会诊重新开始。(期间，妄想型患者找到了新的假想敌——他的房东。)

‖ 寻找外部盟友

在工作或私人生活中躲不开的妄想型人格者，常常会令人备受折磨、精疲力竭，有时还会令您身陷险境。但您可以从其他人那里获得建议、支持和安慰，尤其是，如果这些人也要跟同一个妄想型人格者打交道的话。这种情况在职场上尤为常见。不过，当您发现别人对是否要帮助您而犹豫不决时，请不要感到惊讶，就像让 · 马利，一位地方当局行政主管的遭遇。

我跟马塞尔的冲突已经持续了几个月，更确切地说，他一直对我有成见,可我却不知道为什么。或者说我觉得自己知道为什么：我比他年轻，学历也比他高，其他部门的人都更喜欢我。可昨天早上，我在柜格里发现一份复印文件，是他刚刚交给我们部门主管的信函。我看到那封信，整个人都惊呆了！他列了一长串自认为我针对他的不当行为：独占了我们共同的秘书，好让她没有时间给他打文件；想着法儿地要把他的想法据为已有；在市政府代表的面前说他的坏话,好让他们以后有事只会来找我;最后还写道,我跟其他的年轻同事一起笑话他,好让他失去威望。

我感到胸中升起一股无名火。我知道这封信里没有一句话是真的。确实,我是给秘书分派了工作,可从没想着要独占她。我从没说过什么坏话,因为眼下的情况已经够不容易的了。我也从没笑话过他,我是更想冲他发火。气过之后,我开始担心:我知道他所说的事情没有一件是真的,可他写给部门主管的信言之凿凿,就像司法信函,看上去很有说服力。

我赶紧要求跟主管见面,他同意了。我开始跟他陈述自己的观点,因为那封信里写的只是马塞尔的一面之词。让我感到极为惊讶的是,主管在听我陈述的时候面露厌倦之色,几近不耐烦,他没有对我表示任何看法,而只是建议我避免去做可能跟马塞尔发生冲突的事情。

我挺失望的。我跟另一位同事讲了这件事,他跟我解释说,几年前,就是这位主管想把马塞尔调到其他部门去。马塞尔立刻发动工会,并给当地报纸写了一封长信,还威胁说要到劳资调解委员会投诉,甚至找来了当地的议员。他整理了一份非常清晰、非常具有说服力的资料,就像那封我看到的信。公司高层放弃了他的调动,以避免无休无止的纠纷。

这个故事可以让您明白,为什么在面对一个妄想型人格者时,其他人不总会伸出援手:他们曾因不堪的经历而受到伤害,所以有时不愿意为了维护您而再次陷入纷争。

不该做的

‖ 不要放弃澄清误会的机会

因为妄想型人格者令人疲惫，并且常常令人恼火，所以人们会倾向于在发生误会之后放弃解释，想着反正都是妄想型人格者的错，应该由他们去澄清。这种态度可能会造成问题，原因有二：

- 从您的利益出发，如果有机会澄清误会，为什么不呢？
- 从道德的角度出发，将过错全部推给妄想型人格者，等于剥夺了他得到改善和改变对人际关系悲观看法的机会。

帕特里克是名 43 岁的银行主管，他跟我们讲述说，罗杰是他相识已久的一位老友，但有时候跟他的相处很累人，因为他过于敏感。从我认识他的时候就一直是这样。不过，他这个人倒是挺慷慨，对朋友也很忠诚，放松下来的时候还挺逗的。

有天晚上，我们几个朋友一起吃晚饭，当时大家都在说笑话，我就讲了罗杰是怎么跟他的第一任老板闹翻的事情，我们就是在他第一份工作中认识的。那个老板是个自以为是的小老头，一本正经的样子，其实没什么本事，罗杰对他没有表现出他所期待的尊重。那件事挺逗乐的，惹得大家笑了好几回。我当时绝对没有嘲笑罗杰的意思，只是想告诉大家，跟着一个莫名其妙讨厌你的老板，事情有时候是如何变得不可收拾的。

后来我才发现，别人都在笑，可是罗杰却满脸愠色。我马上换了个话题，大家继续聊天，但罗杰却一言不发。在大家道别的时候，我感觉到他对我很冷淡。我知道，他觉得我在事业上比他成功，所以我明白了，在他看来，我讲那个故事就是一个自以为高人一等的人在嘲笑他。

我无法确定应该采取怎样的态度。我当然可以什么都不解释，只等着时间抹去他感到的冒犯。但是我太了解他了，我觉得罗杰会牢牢记住这件事。所以我决定主动出击，我给他打了电话，说我发现我讲那个故事让他很不高兴。

他否认了自己的不高兴。我没有试图让他“承认”，而是说，我后来才发现那件事对于他而言，也许并不是一段令人舒服的回忆，而我一想到他为此不高兴，心里就忐忑不安。我还跟他说，在我看来，可笑的人是那个老板，就是因为这个我才觉得那件事情值得一讲。他表示自己也觉得在整件事情中，可笑的那个是老板。最后我跟他说，也许我不该给他打这个电话，但这么一直误会下去让我心中难安。他回答说，我们之间不存在误会。他的语气一直都很冷淡，但等我再次见到他时，我能感觉到他很高兴再见到我。

帕特里克对澄清误会的尝试给出了一个极好的例子。他遵守了跟有点妄想症的人打交道的两条金科玉律：

- 他把造成误会的责任揽到自己身上，而没有推给朋友。
- 他并没有强迫朋友承认自己生气了，因为这么做会让对方不得不承认自己不应该生气。

最终，帕特里克表现出的澄清误会的愿望，肯定促使罗杰明白了朋友对自己的感受是很在意的，因此这位朋友不会是他真正的“敌人”。

不要攻击妄想型人格者的自我形象

出于自身的顽固、表面的恶意（实际上，他们自认为那是绝对的好意，请不要忘记这一点）和令人讨厌的作风，一些妄想型人格者会让我们暴跳如雷，让我们想对他们发作一番、大骂一顿。这种想法，您最好忍住。用伤人的话去羞辱他们，您也许能够得到发泄，但却会愈发激起他打败您的怒火，而且进一步证实了他对您的怀疑：是呀，您从一开始就讨厌他，看不起他，他不相信您是对的！

即便要发作，也要确保您的指责只针对他的行为。

如何对妄想型人格者表达您的愤怒

要这样说：“我再也听不下去您的种种要求了。”或是“您总是不断地重复同样的事情，我烦透了！”在这两句话中，您指责的是他的某个行为，而非他本人。另外，对强烈情绪的直率表达，会让他感觉到您的诚意，从而令他的内心产生动摇。

不要这样说：“你不过是个蠢货！”或者“真该让人把你关起来！”又或者“你得去看医生了！”因为这种说法是对他本人的攻击，他会对此无法忍受，您也会遭到他夸张的报复。

‖ 不要被妄想型人格者抓到错处

在工作关系中，一旦妄想型人格者将您认定为敌人，他就会想方设法寻找打击您的机会。您再小的失误、不当和错误，都会让他欣喜若狂，因为他会立即利用这些对您发起控诉和中伤。要在他面前做到滴水不漏，一旦他出现在您的视线之内，马上把自己变成状态满满的机器人。

跟妄想型人格者打交道是一个训练得当言辞和惜字如金的好机会。

‖ 不要说妄想型人格者的坏话，他总有一天会知道的

说人坏话通常有几个好处：能够跟一起背地里说坏话的人形成共谋关系，一起说别人坏话会建立起某种友情；跟同谋之

人在背地里说些当着强于自己的对手不敢说的坏话，能够舒缓自己的神经，比如说老板的坏话。

但说人坏话也存在弊端：这种发泄太过容易，会消除与对方直面相向的渴望。与其说同事的坏话，不如当面对他表达自己的不满。

说妄想型人格者的坏话风险就更大了。凭借那种探察假想敌的过度敏感和证实自己猜测的积极意愿，妄想型人格者绝对有可能通过这样或那样的方式得知您说他的坏话。而且，如果您的哪个对头知道了妄想型人格者的危害能力，他就会把您说的话添油加醋一番转告给妄想型人格者，令他把枪口对准您。

‖ 不要谈论政治

在跟妄想型人格者打交道时，另一个需要特别谨慎的话题就是政治。谈论政治很容易让人冲动，而在观点出现不合时，对话往往会变得硝烟弥漫。或许就是因为这一点，教人为人处世的书籍总会建议避谈这个话题。但在大多数情况下，当一群人在谈论政治并发生分歧时，人们总会本能地转换话题，或者尽力在某一明确主题上达成共识。每个人都会停止针锋相对，以避免造成过于紧张的气氛。

但妄想型人格者对此可不会这么看。在他们看来，不为自己的观点辩护到底就等于失败。他们把对话视作一场决不能让步的战斗，不要期望他们会尝试和解，他们只会执着于无可置疑的争辩。鉴于妄想型人格者总会被极端的政治立场所吸引（极端政治立场的特点是，认定某个不怀好意的敌人该为所有的社会之痛负责，并受到严惩[1]），因此，关于政治的讨论很可能会变得无法收场。以下是达米恩，一位建筑学毕业生的经历。

我们系的同学毕业后一直都有联系，而且会定期见面。我们都是20世纪70年代的大学生，跟当时很多年轻人一样，我们都特别拥护左派立场，有些人自称是毛泽东或恩维尔·霍查（Enver Hoxha）的门徒。当然，随着年纪的增长、家庭和工作的责任增多、左派的当权、对自己敬仰领袖的了解，还有柏林墙的倒塌，我们的热情渐渐散去。我们中的大多数人依然保持着左派立场，但确切地说是社会民主的立场。除了埃里克，他一直保持着20岁时的那种革命信仰。

有人可能会觉得这样挺好，但在他身上，这表现为一种在对话中令人难以忍受的态度。每次我们一谈到政治，埃里克就会用自己的信仰猛烈地抨击别人，坚持认为应该实行无产阶级专政。他言辞粗暴，似乎认为所有态度比他温和的人，要么就是对民众痛苦视而不见的没心没肺之人，要么就是对此不屑一顾应该在革命中受到惩罚的混蛋。如果有人反驳他，他就像找到了极大的乐趣，情绪高昂地跟对方大加辩论，对话就会变成他一个人的滔滔不绝。

1 H.V. Dicks，《集体谋杀》（*Les Meurtres collectifs*），巴黎，Calmann-Lévy出版社，摘自《社会科学文献》（*Les archives en sciences sociales*），1973年，333—334页。——作者注

这让我们所有人都很尴尬，只要有他在场，大家就会不约而同地避谈政治。他是个勇敢的人、可以信赖的人，但一谈到政治他就会怒发冲冠。

但我发现，埃里克并不是唯一一个不能跟他谈论政治的人！在海边，我们有一个邻居，是个退休的老先生，跟他妻子住在一起。初次接触，你会觉得他挺讨人喜欢，我们不在的时候会让他帮忙照看房子，我经常跟他一起钓鱼，我妻子跟他妻子相处得很不错。有一天晚上，我们邀请他们夫妻俩来吃饭，事后发现那是个错误。本来一切都很顺利，直到我们谈到了政治。他就像变了一个人——之前还是个讨人喜欢的客人，突然之间就变成了狂热的信徒，带着无可反驳的语气跟我解释说，这个国家已经堕落不堪，所有的不幸都是过度的民主造成的，人人都有投票权是件不正常的事，这是连法国大革命都没有预料到的，只有受过良好教育的人才应该投票。我们试着反驳他的观点，一开始是以玩笑的口吻，可我们感觉是在对牛弹琴。之后，他又说到了移民，说应该采取极权国家那样的措施，但我及时转换了话题，因为我感觉到我妻子有点儿绷不住了，而我又不想跟邻居闹不和。那天晚上之后，我们的关系就开始疏远了。

以上两个例子都清晰地体现出妄想型人格的特点。首先是顽固，两位主角都无法容忍对自己信仰的丝毫抹杀，即便是朋友之间的闲聊也不可以；其次是通过指定应该为所有不幸负责并接受严惩的敌人来简化政治问题的倾向。结论：在谈论政治话题之前，迅速确认您的对话者是否可以冷静地遵守辩论的规则。（注意，我们的意思并非指所有一谈到政治就面红耳赤的人都是妄想狂！）

‖ 不要让自己也变成妄想型人格者

有时候，跟妄想型人格者的关系预示着不可避免的争吵：一方的无心之语刺激到另一方，后者感到被冒犯，粗暴地予以回击；前者甚感惊讶和愤慨，又以更加激烈的言语进行反驳，结果激得对方动了手，于是两人拳脚相向。在这个时候赶来的观众，很难分辨出“是谁引发了争斗”。

在面对妄想型人格者时，您应该当心不要让自己陷入这种状况：有时候只需拉开一点距离，给对方留一点余地，甚至可以试着真诚地澄清误会，以解除冲突的风险。简而言之，避免因为太过愤怒、为了无足轻重的冒犯而挑起争吵、夸张的报复，进而令自己做出妄想型人格者的举动。

但这么做并不容易，因为妄想者会让我们不胜其烦、深感受挫，而怒火会让我们愈来愈觉得自己的正当权益不可侵犯，对妄想型人格者的一举一动越来越小心提防，随时可能因极小的误会而情绪爆发。从某种意义上来说，妄想型人格者把我们变成了妄想型人格者。在乡下，那些邻里间标定田地界限的冲突会以枪击收场，而开枪射杀对方的那个并不一定是两人中最疯狂的那个，有时会是那个被不折不扣的妄想狂逼到极限的人。

最后我们可以看出，妄想的程度各有不同，不应该对所有的妄想型人格者都采取在面对“战斗型妄想狂”——也就是著名独裁者简化版时——那种拒绝和害怕的态度。相反，几分通融和谨慎就可以避免不少与具有妄想特质之人的冲突，甚至会对他们生出几分喜爱。

如何应对妄想型人格?

应该做的

- 明确表达您的动机和意图。
- 严守程序。
- 跟妄想型人格者保持定期的联系。
- 以法律或条规为参照。
- 让妄想型人格者赢得小小的胜利，但要仔细选择是哪些胜利。
- 寻找外部盟友。

不该做的

- 不要放弃澄清误会的机会。
- 不要攻击妄想型人格者的自我形象。
- 不要被妄想型人格者抓到错处。
- 不要说妄想型人格者的坏话，他总有一天会知道的。
- 不要谈论政治。
- 不要让自己也变成妄想型人格者。

如果妄想型人格者是您的上司：换部门或换工作，或者扮演忠诚下属的角色。

如果妄想型人格者是您的伴侣：向心理医生求助。

如果妄想型人格者是您的同事或合作伙伴：在采取进一步行动之前咨询一位好律师，然后重读这一章的内容。

您是否具有妄想型人格的特点？

	有	没有
1. 我很难接受别人开我的玩笑		
2. 我跟好几个人都闹翻了，因为我觉得他们对待我的方式欠妥当		
3. 我对新认识的人具有怀疑的倾向		
4. 我们的敌人要比想象中的多		
5. 在我对人吐露心声之后，我总会担心那个人借此来对付我		
6. 别人责备我疑心太重		
7. 要想在生活中取得成功，就必须表现得无情而坚定		
8. 如果有人对我示好，我会觉得那个人想从我这里得到些什么		
9. 我经常会想到那些应该为自己的恶行受到惩罚的人		
10. 这个问卷让我觉得不舒服		

第三章

表演型人格

Les personnalités histrioniques

28 岁的布鲁诺在一家大型企业的总部任管理人员，他跟我们讲述道：

卡洛琳娜和我几乎在同一时间进入公司，同样的职位，所以很自然地，我们很快就认识了，而且会相互交换对公司的看法。没人会对她视而不见：入职第一天我就在走廊上瞥见了她，她穿着灰色套装，上装很优雅，但下装却是一条令人印象深刻的迷你裙，每个人都会注意到她那双美腿。当时，只要一有人跟她搭腔，她就摆出一副只谈工作的淡然态度——就是所谓的有事说事，没事走人——跟她性感的装扮形成鲜明对比，就好像她没有意识到自己正呈现出一副挑逗的模样。

第一次开会时，她没怎么说话，只是用有点意味深长、欲言又止的目光看了我几眼。当然了，过后我去找她说话了。

卡洛琳娜面露倾慕之色地听着我说，用灼热的目光看着我，我的笑话逗得她笑个不停。可我不敢相信那是真的，因为不可能这么美好。很快，我就证实了自己的猜测：我们老板阿莱克斯走了过来，他也受到了卡洛琳娜的“礼遇”。我挺失望的，还有点生气，后来的几天都没跟卡洛琳娜说话。

一天傍晚，我正准备收拾东西去看牙医，卡洛琳娜走进我的办公室坐了下来。我当时很赶时间，但她用小孩子一样娇滴滴的声音问我为什么不跟她说话了。我跟她解释说我有个约会，我们或许可以明天再说这件事情。她说她觉得我不再喜欢她了。她整个声音都是哑的。我不得不承认，她流着泪坐在那儿，像个被人抛弃的小姑娘一样满眼哀怨地看着我，那模样确实令人不忍。我提议送她回去，这样我们可以在车上谈一谈。她跳起来搂住我的脖子，用孩子一样的声音说谢谢我，可我不会忘记，那可是个一米七五的性感女郎。

最后，我带她去吃了晚饭。她又像上次那样对我言听计从，满脸微笑，我忍不住提议让她去我家喝一杯。她听了这话语气就变了，面带不安地跟我解释说这会儿她没什么空儿，还说男人怎么怎么靠不住。卡洛琳娜总是言辞闪烁，我听不出来她到底有没有情人。我最终对她失去了耐性，把她送回了家。我们在路上没怎么说话，可在下车的时候，她竟然吻了我的嘴。

我就不跟您说我们之间的各种波折了！我对她献了好几星期的殷勤，她一直都表现得忽冷忽热；一旦我对她阴晴不定的态度表现出不耐烦，她就会来挑逗我。最终，我们在一起过了一夜。但做完之后还在床上的时候，她凑在我耳边吐露说，她曾经当过一个有妇之夫的情人。她眼神迷离，跟我描述那个男人如何强大，如何好，如何神秘，露出一副沉醉的神态。就在那一刻，我实在是无法忍受了！我决定不再跟她有任何瓜葛。我一句话也没说，把卡洛琳娜送回了家。道别的时候，我跟她说我们以后最好不要在办公室以外的地方见面了。后来的几天，她一直都在为这事怨我，但我很快就发现，她开始跟一个新同事抛媚眼了。

在工作上，有的人欣赏她，有的人讨厌她。卡洛琳娜对待客户很有一手，客户都觉得她能了解自己的需求。开会的时候，她往往能提出好的建议。相反，一旦涉及中规中矩的文件，她就会开始不安，变得漫不经心，把工作塞给别人去做。她在会议上的表现总觉得像在演戏，好像把一切都放在心上，就好像决定为一瓶酸奶发起广告攻势简直就是一场悲剧似的。不过新来的员工在厌烦她之前倒是挺吃她这一套。

我跟卡洛琳娜成了普通朋友。我觉得她能感觉到我并没有怨她，但她也无法再把我玩弄在鼓掌之间。她有时候会来跟我倾诉一番，都是说些哪位新任的生产主管如何了不得，如何英明神武，而两个星期之后，她又会跑来跟我说这个人是个混蛋、小心眼。跟她在一起，那就是一部永不落幕的大片。

现在我们已经认识两年了，但我总觉得她从来没有对人真诚过，即便是在跟我倾诉的时候，她也只是在扮演某个想要引起我注意的角色，她永远无法表现得落落大方。说到底，或许这就是她的本性！

如何看待卡洛琳娜？

卡洛琳娜总在费尽心机地吸引别人的注意，不惜用上所有可能的办法：不露声色的招摇、挑逗的举动、会议上夸张的发言、令人困惑的阴晴不定（从挑逗变成漠然）、声泪俱下的求助（表现得像个痛苦难当的小女孩），她为了博取别人的关注花活无数。

布鲁诺也注意到她的情绪变得很快：在同一天晚上，她从绝望变成因挑逗而兴奋不已，接着又是让人有点猜不透的忧伤和冷漠，最后更是献上了一记热吻！

总的说来，她有种将一些人理想化的倾向，语带倾慕地谈论他们，而对另一些人则大加贬斥，但他们往往就是她之前赞赏不已的人！

布鲁诺还意识到，自己再也无法分辨卡洛琳娜是在演戏，还是这种戏剧化的行为就是她真正的本性！

卡洛琳娜具有表演型人格的所有特质。

表演型人格

- 费尽心机想要引起他人的注意，难以忍受自己不是众人的焦点。不遗余力地想要博取周围人的爱慕之情。
- 夸张地表达自己的情绪，而且情绪往往变化无常。
- 说话的方式颇为激情洋溢，令人印象深刻，但缺乏精确和细节。
- 具有将周围人理想化或肆意贬低的倾向。

卡洛琳娜如何看待世界？

开会时，卡洛琳娜总想成为与会者的焦点；单独相处时，她想要完全吸引对方的注意。她的基本信念很可能是“我必须时时让别人注意我、喜欢我，这样他们才会来帮我”。那么言下之意就是，她觉得自己在生活中没有独立解决问题的能力，她需要帮助。实际上，表演型人格者往往只是表面光鲜，实则缺乏自信，他们不断地在他人迷恋的目光中寻找自信。他们的情绪变化多端，很难判断是为了出人意料还是引起关注，又或者就像孩童，笑完就哭是他们的真情流露。

女人不都有点像卡洛琳娜吗?

提出这个问题的目的不是想要引起女权主义者的不满，而是回顾一个精神病学热议的论题。

需要讨人喜欢、情绪多变、寻求帮助……这些不都是传统的女性特质吗？数百年间的文学作品让我们懂得了“女人善变”，女人总想诱惑别人是因为乐在其中，女人表现得楚楚可怜是为了独占男人的力量，女人总是背信弃义，而且善于表演，诸如此类。

在表演型人格这种说法出现之前，这种人格被称为“癔症型人格”。“癔症”源自希腊语 husteros——是对女性特有的器官——子宫的称呼。古希腊人确实认为女性的吵闹不休和歇斯底里都是因为子宫内的躁动不安。除了我们在前文中描述的人格特点，医生们还常常在这些表现出不同戏剧化症状的女性病患身上观察到麻痹、痉挛、腹部疼痛、类似癫痫的病症发作、健忘等症状。这些症状不同于器质性病变中的症状，因为它们莫名其妙地出现，又莫名其妙地消失，可能在发生重大事件之后出现或消失，而且检查不出任何相应的器质性病变。直到 19 世纪，这些病症依旧被称为“子宫的暴怒”。

1980 年，美国《精神疾病诊断与统计手册》（第三版）在对心理障碍的分类中取消了“癔症型人格”的说法。病患夸张的戏剧化情绪表现为“癔症型”人格的恒定特点，于是选择了

“表演型人格”这种说法，源于拉丁语 histrio，指在笛子伴奏下表演哑剧的演员。此外，癔症的戏剧化症状（麻痹、晕眩、健忘）被归入了其他的诊断：身心症、解离症、转化症。

弃用“癔症”一词的原因

1. 医学的进步证明，被冠以“癔症”之名的对象所表现出的行为和病症，与子宫没有任何关系。

2. 另一个证明：一些男性也表现出一模一样的症状[1]，而男人是没有子宫的。（瞧，至少这一点是确信无误的。）

3. 此外，在癔症型人格者中，很多人从未出现过诸如麻痹、晕眩等夸张的癔症症状。再者，苦于这些症状的人也不都是“癔症型人格者”。

4. “癔症”变成了带有歧视性的用语，常常被男性精神病学家用来指称自己无计可施的女性病患[2]。“癔症”在生活用语中还带有辱骂的意味。

---

1 A. Robins，J. Purtell，M. Cohen，《男性的“癔症”》（*“Hysteria” in Men*），《新英格兰医学杂志》（*New England Journal of Medicine*），1952 年，第 246 期，677—685 页。——作者注

2 B. Pfohl，《癔症型人格障碍》（*Histrionic Personality Disorder*），第八章，181—182 页：《对病人的诊断方式是否带有偏见？》（*Is the diagnosis used in a manner prejudicial to patients?*），摘自《精神疾病诊断与统计手册第四版：人格障碍》（*The DSM IV: Personality disorders*），John Livesley 主编，The Guilford Press 出版社，纽约，1995 年。——作者注

从癔症说到历史

想要读完自 20 世纪以来精神病学家和心理学家对癔症的所思所著，您需要非凡的勇气：几年的时间是不够的。此举倒是能够让癔症患者祈求获得关注的心愿得到满足呢！

弗洛伊德对维也纳上流社会女性癔症患者的观察为他的理论奠定了基础，这让我们提出了两个“亵渎圣人”的问题：这种用来解释某些维也纳贵妇的癔症的理论，是否适用于其他形式的心理病症？弗洛伊德根据有头有脸的女病患为了引起医生的关注和帮助而对自己症状做出的描述（包括投其所好的描述）来创建这种理论，这种做法是否足够谨慎？

弗洛伊德本人也对此提出了诸多疑问[1]。很多女病患都告诉他曾在童年时期遭受过性侵犯或乱伦，因此，弗洛伊德首先看到的是她们痛苦的根源。接着，弗洛伊德开始思考，这些女病患的陈述是否出于想象，女性的幻觉与被压抑的恋母情结冲突直接相关，这也是他理论的基础。事实上，基于今天对儿童频繁遭受的乱伦和性虐待的了解，很多研究者认为弗洛伊德的女病患们确实遭受过家中男性的侵犯。美国的女权主义者甚至指责弗洛伊德对精神病学家长期对女病患的陈述抱有怀疑态度负有间接的责任，因为精神分析法认为那些都是“无中生有”。

---

1 E. Trillat，《癔症的历史》（*Histoire de l'hystérie*），巴黎，Seghers 出版社，1986 年，214—240 页。——作者注

（今天，出现了一股极端的倒戈潮流：有一种治疗学派试图说明，所有成人的心理病症都源于童年时期遭受的性侵犯。）

您看，癔症多么引人注目。关于癔症的讨论让我们有点离题了，现在让我们回到表演型人格上来。

流行病学根据与前文描述相似的表演型人格的判断标准为基础进行了研究，结果显示，患有表演型人格障碍的女性是男性的两倍。当然，男性表演型人格者的行为举止与女性不尽相同。比如，男性的挑逗行为会因现存的男女社会角色而不同。男性表演型人格者会表现得非常自信，发表热情洋溢的告白，就像戏剧中追逐女人的角色。他们也渴望成为众人瞩目的焦点，也会通过自己的外表、衣着和表面上给人的好印象来博得别人的关注。当然了，表演症在世界上不同的地区有着不同的表现，我们应当在不同的文化背景中对人格进行区别定义。在瑞典人看来，一个意大利南方人的行为举止就好似表演型人格。阿多·马西奥内（Aldo Maccione）出演博格曼（Bergman）的电影大概会令人大跌眼镜。

适度的表演可能会派上用场

演员、律师、政客或公关人员的工作就是引起公众的关注，让观众为之倾倒从而操纵他们的情绪。这类人往往具有表演型人格。他们被这些职业所吸引，是因为在其中可以获得属于自己的一方“舞台”。毫无疑问，广告业和传媒业的表演型人格者要比冶金业和农业多得多，而较之乡间，广告人和传媒人更青睐大城市。我们来听听28岁的萨宾娜是怎么形容她那位律师未婚夫的。

安德雷表现出的非凡魅力让我着迷。他能言善辩、引人注目，前一分钟还滔滔不绝，后一分钟就变得惜字如金，他可以很快就跟我的朋友们打成一片，我很快就对他心生爱意。但我渐渐发现，他总是处在一种表演的状态。我们一起跟人吃饭的时候，他不引起大家的注意决不罢休。为了这个，他甚至不惜做出失态的举动，比如发火。每次我试着跟他解释说他做得过头了，没有必要想尽办法要引人注意，好让别人对自己另眼相看，他都会感到很受伤，难以接受，坚持说他不过是一时冲动，根本不是为了吸引别人的注意。更糟的是，他真心诚意地这么认为！我觉得他意识不到自己的行为方式有什么问题。就连跟我在一起的时候，他也无法放松下来，总是表现得有点过头。现在，我对他的感觉不是迷恋，而是累。只要我表现得有点冷淡，或只是疲惫，他就会赌气，或是大发雷霆，到最后就装哭。

萨宾娜在她未婚夫身上观察到了典型的表演型人格特征，这类人几乎无法察觉到自我，并看到自己情绪的真相。安德雷说自己要宝是因为感觉到快乐，或者发火是因为别人惹恼了他，但这其实是因为他害怕别人不喜欢自己，所以才促使他上演了种种闹剧。意识到这种害怕对他而言或许太过令人不安，于是他通过一种精神分析学家所称的“防御机制”来进行宣泄，这种机制保护了过于痛苦的情绪意识。[防御机制和自我心理学是精神分析理论中研究成果最丰硕的分支，这门由安娜·弗洛伊德（Anna Freud）创建的学科在英语国家发展到了相当的水平。[1]]

过分的表演可能导致挫折

安德雷的表演症肯定促使他选择了律师的职业，或许还帮助他取得了事业上的成功。另一方面，他的表演行为在法庭上管用，却妨害了他的个人生活。在魅力幻灭之后，萨宾娜离他而去。

在最初的接触中，表演型人格者可能会很吸引人，但他们极端的表现、善变的情绪和对关注的渴望，最终会令身边的人感到疲惫不堪，转身离去。因此，他们就会更加确信应该不停

---

1 G. O. Gabbard，《临床实践中的心理动力精神病学》（*Psychodynamic Psychiatry in Clinical Practice*），摘自《精神疾病诊断与统计手册》（第四版）（*The DSM IV Edition*），华盛顿，美国精神病学出版社（American Psychiatric Press），1994 年。——作者注

地诱惑和讨好，否则别人就会离开他们，接着呢，他们会以更加夸张的表演方式对待新结识的人，而后再次遭遇挫折。

一些电影明星不幸的感情生活可以说是表演型人格的表现：他们总是被先是对他们迷恋不已最后不堪他们戏剧化行为的伴侣抛弃，或是他们离开伴侣，转而寻找暂时对自己更为关注的新对象。

电影和文学作品中的表演型人格

在影片《日落大道》（*Sunset Boulevard*，1950 年）中，葛洛丽亚 · 斯旺森（Gloria Swanson）扮演了一个过气明星，试图以一连串的表演型人格举动去诱惑年轻的编剧，最终落得悲惨结局。

在维克多 · 弗莱明（Victor Fleming）的影片《乱世佳人》（*Gone with the Wind*，1939 年）中，费雯·丽（Vivien Leigh）扮演的斯佳丽·奥哈拉（Scarlett O' Hara）表现出极为明显的表演型人格倾向，以引起男人们的注意，但只有在这些男人变得无法企及的时候，她才会心生爱意。

我们当然也不会忘记埃德沃德 · 莫利纳罗（Édouard Molinaro）的影片《一笼傻鸟》（*La Cage aux folles*，1978 年），米歇尔 · 塞罗（Michel Serrault）在片中扮演阿尔班（Albin），一个 50 岁上下的同性恋，极为情绪化，表演欲很强，具有典型的表演型人格特征。

古斯塔夫 · 福楼拜在小说《包法利夫人》（*Madame Bovary*）中，

塑造了一位多愁善感的女性形象，她渴望爱情、情绪多变、喜欢幻想，具有把平凡无奇的情人理想化的倾向，堪称是对表演型人格的生动描摹。

在安东·契诃夫的小说《决斗》（*Le Duel*）中，娜洁妲（Nadejda）是个具有表演型人格的漂亮姑娘，她离开丈夫跟着一个年轻英俊的公务员到了里海边。在公务员对她心生厌倦时，娜洁妲开始出现各种原因不明的疼痛，但公务员对此无动于衷，她只好转去诱惑另一个男人——军官吉瑞利尼（Kiriline）。

如何应对表演型人格?

应该做的

‖ 对极端和戏剧化的行为做好心理准备

如果您很清楚什么是表演型人格，那么您就会知道，这些过分和戏剧化的行为并非“任性”所致，而是一种他们人格的存在方式。因此想着“他能不能别再闹了”或发火是没有用的。对表演型人格者而言，这不是在闹腾，而是他的正常行为，是一种从他人那里获得自信、将某些太过沮丧的情绪扼杀在摇篮里的方式。当表演型人格者表现得太过分时，您与其大发雷霆，不如接受表演症是一种自然现象，就像近视或脱发。您会因为自己的朋友是近视眼或秃子而恼火吗?

‖ 时不时给表演型人格者一方舞台，但要划定界限

在工作中，尤其是在开会时，表演型人格者有时会感到极不自在。当有人要求他们对解决问题的办法进行详细、客观和明确的发言时，他们只能发表一通含糊、夸张和指向情绪的大论。这个时候，上司可能会把他们“将死”，不再给他们高谈阔论的机会。

乔瑟琳娜在医疗服务部门做社工，她在每周五的会议上让所有人都不胜其烦。由于时间紧迫，医疗小组必须审查所有病患的资料，然后集中讨论重要的问题，而乔瑟琳娜却不停地打岔，说哪个哪个病人又跟她说了些什么知心话，夸张地形容她心理上的苦闷，她又是如何安慰对方的。护士们非常讨厌她这种自吹自擂的行为，医生们则难以忍受她的打岔，因为这会妨碍大家将注意力集中在病人的医疗问题上。

一位门诊主管在乔瑟琳娜每次开始讲话时都会粗暴地打断她。乔瑟琳娜一开始很震惊，接着就两眼泪汪汪，之后再也不说一句话了。等到下次会议，她会换个新发型，并开始讲述病人向她吐露的悲惨故事，试图博得大家的关注，可医生们会以更加粗鲁的方式打断她。她尝试再次开口说话的企图屡屡受挫，最终甩上门离开了会议室。

大家都很尴尬，事后才意识到，整个小组都不由自主地对她采取了回绝的态度，但乔瑟琳娜还是能够时不时提供一些有助于追踪病人病情的信息的。

这个故事让我们清楚地看到两个常见的事实，首先，表演型人格者实在令人恼火，就连他们的心理治疗师也难以忍受。其次，对他们采取回绝的态度，只会让他们的行为变本加厉。您可能会想，表演型人格者把自己的举动当作一种——比如引起冷漠父亲关注的理所应当的方法。医疗小组越是拒绝乔瑟琳娜，乔瑟琳娜就越是想方设法地要通过越来越夸张的行为重新引起大家的关注，而这会加剧小组对她的敌意，直到乔瑟琳娜做出越发夸张的反应，请病假离开了。

您或许想说：为什么乔瑟琳娜意识不到她不断打岔惹恼了所有的人呢？她为什么不换一种方式，在会议上少说两句呢？确实，如果乔瑟琳娜具有“正常的”人格，她就会根据情况调整自己的行为。可她之所以成为本书的描述对象，正是因为她有“人格障碍”，也就是说，她难以适情适景地调整自己的行为方式，而是相反，只能刻板地重复自己的行为方式。

故事并没有结束。医疗小组就乔瑟琳娜的“案例”咨询了一位精神病学家。这位精神病学家在听取了每个人的描述之后，给出了几个建议，让大家能够更好地与乔瑟琳娜相处。

在乔瑟琳娜复工那天，大家热情地跟她问好。在她走进会议室的时候，所有的小组成员唱着生日歌迎接她的归来，乔瑟琳娜惊喜交加。当医疗小组开始审查病历时，乔瑟琳娜忍不住插嘴讲述病人对她说的知心话。这一次，门诊主管没有打断她，而是一直听她讲完，然后说她收集的信息对更好地了解病患至关重要。接着，他建议乔瑟琳娜以后在开会之前先写个书面小结，这样，对每个病人的问题很快就能一目了然。于是，乔瑟琳娜觉得自己被赋予了一个“真正的”角色，而这正是她一直所期望的。确实，手拿记事本、满面严肃的她，从此可以迅速念完自己对每个病患的记录，令会议更加有效，也令小组成员可以获得关于病患的重要信息。

明白了？正是通过对乔瑟琳娜投以关注，为她划定游戏的规则，小组才能够引导她做出更为恰当的举动。所以，在面对表演型人格者时，给他一方舞台，但要划定界限。

‖ 当表演型人格者做出正常举动时，对他表现出您的兴趣

有时候，尤其是您对他表现出兴趣的时候，表演型人格者会暂时放弃自己戏剧化或操纵性的行为。注意！不要错过这阴雨天的短暂晴朗，要立即采取行动！要在这个时候表示您很欣赏他这样的行为。让我们听听心思缜密的管理人员查理是怎么说的。

在某些工作中，苏菲是个好搭档。特别是她很懂得“感受”一家公司的氛围，从而令我们避免某些错误。另一方面，她在开会的时候话太多，说自己要说的太多，她会忍不住以各种理由来

见我，大多数时候只是为了引起我的注意。我采取了一种策略：每次我觉得她废话连篇的时候，就只用“嗯”“啊”之类来回应，做出心不在焉的样子。相反，在她可以提供恰当信息的时候，我就会看着她，点头称是，并提出问题表示我在听。三个月来，我经常使用这个办法，我得说，从我的角度来看，苏菲的表现已经好了很多。

这个例子体现了一种既适用于儿童教育，也适用于管理工作或应对人格障碍的原则：让惹人厌烦的对象打退堂鼓，最好的办法往往是对他相反的行为大加鼓励。

‖ 对自己在表演型人格者眼中从英雄变为走卒或走卒变为英雄做好心理准备

表演型人格者具有将身边之人理想化或贬低的倾向。为什么？或许他们是在追寻强烈的情感，那些他们自己无法真正体会到的情感。某些表演型人格者就好像带着某种切断他们深层情感的“保险丝”，有意识地去承受这些情感对于他们而言太过困难。于是，他们就会用替代性情感来保持情绪的激活状态。或许，他们也是在重复体验自己在童年时期的经历：想要引起被理想化的冷漠父亲的注意。如果您的工作伙伴具有表演型人格，他可能会像粉丝一样将您视作他心爱的偶像，可如果您辜负了他，他就会（象征性地）将您的形象撕成碎片，并将您形容为彻头彻尾的坏人和小气鬼。对此，您不必太过担心，如果您重新表现出对他的兴趣，您在他心目中神圣的地位就会恢复如初。

不该做的

‖ 不要嘲笑表演型人格者

表演型人格者往往会略显可笑，结果招来周围人的嘲笑。这或许是因为他们那种昭然若揭的对引起关注的渴望，以一种不露痕迹的形式也存在于你我的心中。我们越是对这种渴望嗤之以鼻，就越不愿意承认自己也有这种渴望。就好像一个两岁的孩子因为父母对新出生的妹妹太过关注而前来哭闹，结果父母却对他嘲笑一番。

我们也会以同样的方式去嘲笑表演型人格者，因为他们容易激动，对他人的看法极为在意，不会是令人生畏的对手。（我们很少看到有人会去嘲笑妄想型人格者！）然而，可以对任何人造成伤害的嘲笑行为，或许对表演型人格者的伤害更大，而且可能导致表演型人格者不择手段地去赢得您的关注：痛哭流涕、自杀、停工。

‖ 不要对表演型人格者的诱惑行为动心

表演型人格者会不惜一切代价以获得您的关注。所以，他会尝试令你们的关系蒙上性的色彩，即便在工作中也是如此。

不露声色的性感装扮、魅惑的笑容、意味深长的眼神，这些行为都会让天真汉觉得自己“有机可乘”。所以，当他们试图接近表演型人格者却被对方满脸讶异甚至愤怒地推开时，是不应该感到意外的！那是因为他们没能明白，所有这些堪称招摇的挑逗行为，都是为了引起对方注意和迷惑对方，而不是希望发展更加亲密的关系。因此，具有表演型人格的女性常常被人当作“勾魂女郎”。

随着人们道德观念的日渐开放，一些具有表演型人格的女性甚至不惜利用性关系来博取关注。她们会表现出极为开放的姿态，频繁地更换伴侣，这并非出于真实的欲望，而是想让别人觉得她们很有吸引力（而且可能确实如此，至少在某些时候是这样）。一些具有表演型人格的男性也会令无法了解他们真实意图的女性感到困惑，因为他们只管施展自己的魅力和吸引力，却从不坦露心怀。虽然“勾魂男”这个词并不为人所用，但可以用来描述男性的某些表演行为。（当然了，那些因为羞怯或顾虑而犹豫着要不要更进一步的男性，并不在此列。）

‖ 不要对表演型人格者表现出过多的同情

另一方面，表演型人格者的多愁善感、内心深处的脆弱不堪和孩子气的行为，可能会让您心生同情，并想要去保护他们，（哪个男人不曾对某个具有表演型人格的美女心生爱慕，并想要珍惜她、爱护她？）当心了，如果无法跟表演型人格者保持距离，您可能会陷入他阴晴不定的情绪漩涡，对他变化多端的态度深感疑惑，将自己也卷入到他夸张的表演当中。如果只想着尊重他的渴望，您就无法真正地帮助到他。

从一开始，我跟克莱尔的关系就让人难以忍受。比如有一次，我们正在享受美妙的浪漫晚餐，吃甜点的时候，她一句话没说就忽然间声泪俱下。我一下子呆住了，一个劲儿问她怎么了，她最后跟我说，她点了最后一次跟父亲吃晚餐时的那道甜点，她跟父亲已经不睦三年了。还有一次，我们在朋友家吃完晚饭回来，她气咻咻的，因为她认为吃饭时我在勾搭坐在旁边的姑娘，可这根本是无稽之谈。我为自己做了辩解，最终发了火，而她呢，又像个小女孩一样地哭了起来，而感到内疚的那个人居然是我。

慢慢地，我明白了，所有这些闹剧就像是她为了引起我们之间情感交流的条件反射，所以我不再陪着她一起瞎闹。一旦她开始使性子，我就叫她别闹了，或者过后再跟她说话。她渐渐地平静下来，我们得以进行更为正常和真诚的交流。我从她的一位女友口中得知，她曾经跟这位女友说，我是第一个可以忍受她的男人，这在根本上让她安下了心。

不要忘记，在面对表演型人格者时，您就是他的观众。而对太过“顺从”的观众，他们很快就会失去兴趣。总而言之，我们要记住，本章中所描述的表演型人格，只能代表所有过去被统称为“癔症”的不同症状的一个方面，而这种难以解释的病症至今仍是心理医生们各持己见的热议主题。

如何应对表演型人格?

应该做的

- 对极端和戏剧化的行为做好心理准备。
- 时不时给表演型人格者一方舞台，但要划定界限。
- 当表演型人格者做出“正常”举动时，对他表现出您的兴趣。
- 对自己在表演型人格者眼中从英雄变为走卒或走卒变为英雄做好心理准备。

不该做的

- 不要嘲笑表演型人格者。
- 不要对表演型人格者的诱惑行为动心。
- 不要对表演型人格者表现出过多的同情。

如果表演型人格者是您的伴侣：欣赏他（她）的闹剧和善变。说到底，您就是因为这一点才跟他（她）结婚的。

如果表演型人格者是您的上司：如果他（她）提出违背您本性的要求，一定要尝试坚守自己的原则。

如果表演型人格者是您的同事或合作伙伴：保持距离，让他（她）能够将您理想化。

您是否具有表演型人格的特点?

	有	没有
1. 别人的目光对我而言就像兴奋剂		
2. 有时候别人会指责我“自导自演”		
3. 我很容易被感动		
4. 我非常喜欢诱惑别人，即便是在我不想更进一步的时候		
5. 想让别人帮您，首先必须让别人喜欢您		
6. 在一群人中，如果没人注意到我，我很快就会觉得不自在		
7. 我具有爱上冷漠或无法企及之人的倾向		
8. 有时候，别人会提醒我穿得太过怪异或性感		
9. 在面对尴尬的情形时，我有时候会晕倒		
10. 我经常猜想别人对我的印象		

第四章

强迫型人格

Les personnalités obsessionnelles

一旦我做出决定，便会犹豫良久。

——儒勒 · 雷纳尔（Jules Renard）

有一天，我受够了给别人工作，于是决定成立自己的公司，38 岁的达尼埃尔讲述道：

我知道自己具有创业的品质：我有人们所说的商业嗅觉，还是个挺有创意的人，我有搞批发零售的劲头。但我也了解自己的不足：我不喜欢账目，所有跟行政相关的事务都会让我不耐烦，我也不太擅长管理。所以我想跟我的姐夫让·马克合伙干。我认识他好多年了，我们经常在家庭聚会上见面，我一直都觉得他是个可以信赖的人：认真可靠、吃苦耐劳，以至于我姐姐常常抱怨他总是不着家。他这个人比较稳重、谦虚，非常重视孩子的教育，我一下子就对他产生了好感。

我从我姐姐那里得知，让·马克也觉得自己的工作在公司里没有得到认可，于是，我就跟他提议合伙开公司。他听了之后显得很吃惊，还有点担心，然后跟我说会考虑考虑。接下来的几个星期，他经常给我打电话，询问创业计划的其他细节、合伙条件等等。到最后，我有点烦了，跟他说，要是他不相信我，我就没法跟他合作。后来我姐姐给我打了电话，解释说，让·马克不是不相信我，他并不怀疑我的真诚，只不过他在做决定之前，无论是购买洗衣机还是选择度假地点，都需要了解所有的细节。挂了电话之后，我觉得让·马克和我是互补的，他可以对让我厌烦不已的细节极为关注。

公司很快成立了，我的好几个老客户都愿意继续跟我合作下去。让·马克不辞辛劳地制定了各种章程和规范，他做得很出色，虽然我觉得他花在上面的时间太多。我姐姐不停地给我打电话，说我给他丈夫的工作太多了，他每个周末都坐在电脑面前！

我试着跟让·马克解释这事，让他少做点儿，不要在细节上花费过多的功夫。但我很快就放弃了，因为每次我去找他，他都会长篇大论地跟我解释他为什么会这样做，我根本没法打断他，最终把我自己的时间都搭进去了！

不久我们就招了十个员工。三个月前，我们接到了第一笔所有小企业主都梦寐以求的订单。一家特大连锁市场要求我们为他们的一条乳制品生产线提供包装。我成功地签下了对我们颇为有利的合同，相信我，跟这样的客户签订这样的合同绝非易事！

让·马克最让我生气的是，他丝毫没有表现出激动之情，而是把合同看了又看，然后说我没有考虑到哪一点哪一点，其实他说的都是些不可能发生的事情。到最后他才承认，这是桩好买卖。但到生产时，他解释说，如果按照标准生产包装，我们是无法达到客户要求的生产速度的。可客户对我们已经交付的包装感到很满意！但是让·马克坚持要遵照极为严格的统计标准。他想让公司购买一种我们当时无力承担的新材料。我建议他不如设置检验关卡，以找出和扔弃不合格的残次品。他同意了。他制定了一套极为复杂的检验程序，结果生产部门的人跑到我的办公室里，说他们拒绝执行这套程序。

最终，在征得让·马克的同意后，我解除了他所有的生产和商务职权，让他只负责账目和行政事务，您要知道，我们可真是做得一丝不苟啊！那以后，我姐姐提出了离婚。让·马克不仅把所有的时间都花在工作上，而且在回家以后还明察秋毫地说我姐姐的家务做得不好！

如何看待让·马克？

让·马克似乎所有的事情都要做得完美：合同、包装、手续，甚至家务也不例外！可以说他是个完美主义者。他对细节表现出极度的专注，以至于看不清大局：不停地询问合作的细节，几乎惹怒了达尼埃尔。在做成了大买卖时，他注意到的却只有法律手续上可能的疏忽。他制定了极其严格的生产程序，结果就是无法再向客户提供包装。还有，他没能意识到妻子因为自己整天不在家而深感沮丧，最终因为觉得家里没有打扫干净而令妻子彻底失望。

当别人指出他行事太过夸张，对细节太过注意，他就会据理力争，不厌其烦地向对方证明自己没错。他的固执令人感到精疲力竭。但是，达尼埃尔却认为让 · 马克是个谦逊的人。或许他说得没错。让 · 马克的自我辩解并非出于个人的荣誉感或是觉得自己比别人聪明，而是因为他总想把事情做得无可挑剔，才会表现得如此固执。他觉得只有按照自己的方法才能把事情做得完美，从某个角度来说，确实如此，即便他对规则和细节的专注有时可能会影响全局。

此外，让 · 马克似乎对自己在工作中和生活中令人感到的不快无动于衷。而在遇到可喜之事的时候，他也不会表现得特别高兴。可以说，他是个难以表达热烈情感的人。

达尼埃尔最终懂得了如何去适应让 · 马克，作为一个优秀的企业领导人，他知道如何在最大程度上发挥让·马克的优势。因为他明白，自己合伙人的完美主义可以为行政和财务所用。另外，他对让 · 马克极为信任，因为他看到了让 · 马克诚实守信、一丝不苟的品质。

强迫型人格

- **完美主义**：对细节、程序、井然有序和合理安排过分专注，往往损及最终结果。
- **固执**：顽固、执拗地坚持应该按照自己的看法和规则做事。
- **人际关系冷漠**：难以表达热烈的情感，往往表现得很正式、冷漠和令人尴尬。
- **疑虑重重**：因为害怕犯错而难以做出决定，过分犹豫，喜好辩论。
- **严守道德规范**：高度的责任心和一丝不苟。

让·马克如何看待世界？

让·马克似乎尤为担心不完美（关注细节）和不确定性（关注程序和查对）。他觉得有责任保持周围环境的井井有条。他的根本信念可能是“如果遵守规则，一切都会更好”和“如果事情不是百分之百的完美，那就是彻底的失败”。对他而言，这种公式既适用于别人的结果，也适用于自己的结果。

可以说，具有强迫心理的他“对别人和对自己一样苛刻”。他觉得自己完全有责任追求完美，两相对比之下，他最终会觉得别人做事没有条理、缺乏责任心。强迫性人格者往往坚信“人都是不可靠的，要时时检查他们在做的事情”。每次回到家看到壁炉上巴掌大的灰尘和水槽里没洗的碗碟，他的信念，也就是他心中的完美典范，都会让他确信这个人无法做好家务。

适度的强迫

让·马克体现出典型的强迫性人格特征，但同样，这里也存在其他的中间形式。一些人对秩序、细节或程序极为关注，但不会失去对最终结果的考量。强迫型人格者都喜欢干净整洁的房子，但并非所有人都会因为孩子把玩具丢得到处都是而大发雷霆。此外，一些强迫型人格者对自己的强迫倾向有所意识，并会尝试加以纠正。我们来听听 43 岁的专业会计师利昂内尔是怎么说的。

我从记事起，就喜欢收拾排列得整整齐齐的东西，还有对称。我小的时候会把弹珠收到一个小盒子里，并且按照不同的标准进行分类：大小、颜色、材质，还有得到这些弹珠的方式：自己买的、别人送的、玩的时候赢来的。我经常变换分类标准，然后呢，我就会开始新的分类。后来，等到我进了大学，我喜欢把书桌上所有的东西都按平行或垂直的顺序进行排列：书籍、尺子、笔，我甚至会把钥匙沿着桌边排列起来。我的朋友都很惊讶，有些人甚至被吓到了。我喜欢把课堂笔记做得完美无缺，我不会花时间去看这些笔记，而是不知疲倦地把它们干干净净地誊抄下来，并用不同颜色的笔划出重点，结果就是经常在六月份的期末考试挂科。

我很早就意识到自己把太多的时间花在整理和查验上，并且尽力地去加以控制。我的妻子帮了我很大的忙，每当她觉得我太过夸张的时候，就会毫不犹豫地告诉我。她这么做我是可以接受的，因为她自己也是个井井有条的人。在工作中，我颇受赏识，我的客户都很信任我，虽然一开始我很难遵守最后期限，因为我会花很长时间去不断地确认。计算机的出现在我可派上了大用场。我的合作伙伴们都知道，我的火眼金睛总能看出不妥的细节，但是我觉得，我在毫无意识的情况下让他们感到了压力。

我不擅长表达情感，在别人对我表白或恭维的时候也会感到不自在。我从来都不知道该如何回应，我也不懂得怎么开玩笑，怎么跟人聊天。对我来说，在聊起一个话题的时候，我总想把它深入到底，要有开头、中间和结尾，这时候别人就会打断我，或者聊别的去了。这么些年，我的情况有所改善。我觉得是我妻子让我意识到我也有幽默感，并且可以发挥这种幽默感。

确实，朋友们有时候会打趣我对井井有条的热衷。一开始，我感到伤自尊，现在不会了。首先是因为我觉得我的这种情况有所改善；其次，从某些方面而言，这些“缺点”也是我在工作中取得成功的法宝。

我工作不像以前那么拼了，但还是很难放松下来。即便是周末，我也会情不自禁地去想家里有什么需要修补的，或者想着有什么文件最好提前处理。但我强迫自己不要陷得太深，而是该花时间陪陪孩子们。

利昂内尔是典型的强迫型人格，因为对自己的怪癖有所意识，他的行为得到了修正，而且他是个幸运的人：拥有一份能够把自己的强迫型人格特征变害为利的工作，遇到了能够接受自己本来面目的妻子，她的价值观跟自己颇为相似，但又有不同之处，所以能够帮助他不断进步。

当强迫成为一种疾病

除了强迫性人格，还有一种真正的疾病，那就是现在频繁出现在各大媒体上的“强迫症”，又称 TOC（Trouble Obsessif Compulsif）。强迫症患者认为自己必须遵守仪式般的整理习惯，必须一次又一次地清洗、不断地确认，只有这样做才能减轻他们的焦虑。他们还具有种种非本意的痴念，大多跟卫生、完美或负罪感有关。这些念头在一天中会在他们心里纠缠几个小时，令人苦不堪言。以下是两个案例。

强迫症患者玛丽，在开车的时候总是害怕自己会不知不觉撞到某个路人。每次抵达目的地之后，她都觉得必须得返回一段路去确认自己有没有造成意外。她知道这种想法很荒唐，但如果不返回去确认没人躺在马路上呻吟，她的焦虑就无法得到缓解。

菲利普，43岁，强迫症患者。他无法忍受一丝一毫的污秽和灰尘，一天要洗十几次手，无法接受妻子做家务，不让任何人穿着鞋走进他家里。他每天要花四到五个小时洗手和做家务，整个人处于一种极度焦虑紧绷的状态。

这两个例子远远未能体现出强迫症的所有特征。有兴趣的读者可以查找更多的相关著作。

强迫型人格和强迫症之间的关系，远没有精神分析理论做出的假设那样清晰。实际上，不同的流行病研究结果显示，在强迫症患者中，有50%到80%都不具有强迫型人格[1]！而很多强迫型人格者从未罹患过强迫症。根据美国《精神疾病诊断与统计手册》（第四版）的分类，如果每天花在强迫性行为和仪式性的无用行为上的时间超过一小时，就可以诊断为强迫症。

---

1 J.M. Pollak，《强迫型人格障碍评述》（*Commentary on Obsessive-Compulsive Personality Disorder*），摘自《精神疾病诊断与统计手册第四版：人格障碍》（*The DSM IV Personality disorders*），同前引，281页。——作者注

应该服用什么药物呢，医生？

对于强迫症这种直到 20 世纪 70 年代依然被认为难以治愈的疾病，抗抑郁药物的出现堪称治疗的曙光。并非所有的抗抑郁药物都有疗效，只有那些对 5- 羟色胺具有生成和破坏作用的抗抑郁药物才能发挥作用，5- 羟色胺是一种在自然状态下存在于神经中枢系统中的分子。将近 70% 的强迫症患者在连续几周服用足够剂量的 5- 羟色胺类抗抑郁药物之后，症状都得到了缓解[1]。多项研究证实，如果患者接受行为疗法，还将获得更加显著的疗效。对于绝大多数强迫症患者而言，抗抑郁药物和行为疗法双管齐下比单独一种治疗的效果要好[2]。

如何帮助强迫型人格者？精神病学家显然会在强迫症治疗中使用有效的抗抑郁药物，因为他们认为这两种病症不无相似之处。他们的想法没错！当强迫型人格者陷入抑郁时，5- 羟色胺类抗抑郁药物往往是最有效的。

好吧，您会说，这对陷入抑郁的强迫型人格者有效，但其他情况呢？我们总不能让人终生服用某种药物来改变他的人格

1 M. A. Jenike，《强迫型人格障碍的治疗新发展》（*New Developments in Treatment of Obsessive-Compulsive Disorders*），Review of Psychiatry，第十一卷；A. Tasman，MB Riba 出版社，华盛顿，美国精神病学出版社（*American Psychiatric Press*）。——作者注

2 J. Cottraux，《生物疗法》（*Traitements biologiques*），摘自《强迫性思维与强迫性行为》（*Obsessions et Compulsions*），巴黎，PUF 出版社，1989 年，161—121 页。——作者注

吧？因此，一些人指责医生是令人格更适合社会需求的“标准化推手”。这个宽泛的话题可以写成一整本书[1]，但落到实处，我们可以总结为三个问题：

- 患者是否深受强迫型人格之苦？
- 药物对患者是否有效？
- 患者是否被告知了治疗方法的好处和弊端？

如果对以上三个问题的回答都是肯定的，我看不出有什么理由不为患者推荐可以缓解其症状的治疗方法。之后，患者和医生都可以自行决定是继续还是终止治疗。

至于心理疗法，我们在本书的末尾再进行讨论。

适度的强迫有什么作用？

从某种意义上来说，我们的社会正变得越来越具有强迫特征。大规模生产迫使企业制定出越来越严格的程序，以保证产品全都一模一样、无可挑剔，好满足消费者的苛刻要求并应对

1 P. Kramer，《抗抑郁药物，处方上的幸福？》（*Prozac, le bonheur sur ordonnance ?*），巴黎，First 出版社，1994 年；E. Zarifian，《满脑子的天堂》（*Des paradis plein la tête*），巴黎，Odile Jacob 出版社，1994 年。——作者注

激烈的竞争。对安全性的考虑催生出各个领域的相关规范，从酸奶生产到汽车生产，还有婴儿座椅等等。所有这些程序规范本身，也要经受不停地评估和监察。最后，为了收取个人和企业税款，或是监管公民的健康状况，行政部门总会要求提供数据、数据，经过反复核查的数据。

因此，只要能够将强迫型人格者要求事事完美的顽念控制在合理的范围之内，他们在现代社会中是有一席之地的。可以说，但凡人类需要结队完成一项任务，无论是建造水坝还是创建报刊，选择恰当的强迫型人格者，能够为保证成品质量提供制胜的法宝。

电影和文学作品中的强迫型人格

夏洛克·福尔摩斯，热衷细节、喜爱分类、一副无动于衷的样子、总穿一样的衣服，他或许具有某些强迫型人格者的特征。

在电视剧《星际迷航》(*Star Trek*)中，长着一对尖耳朵的大副史波克，堪称是个具有强迫型人格的漫画人物：他异常冷漠和理智，无法理解自己那些地球队友们的情感流露和缺乏理智的举动。

在詹姆斯·伊沃里(James Ivory)的影片《告别有情天》(*The Remains of the Day*，1993 年)中，安东尼·霍普金斯(Anthony Hopkins)扮演一位勋爵公馆的英国大管家。他痴迷于所有细节的完美无缺，甚至在父亲垂死之际，依然能够不露声色地在外交晚宴上为宾客提供服务。后来，他面对自己心上人艾玛·汤普森的爱意竟无法做出回应。

在大卫·里恩（David Lean）的影片《桂河大桥》（*The Bridge on the River Kwai*，1957 年）中，亚利克·基尼斯（Alec Guinness）扮演的尼科森上校性格刚烈而倔强，堪称典型的强迫型人格。被日本人俘虏后，尼科森上校拒绝服从敌人的命令，最终答应在不对自己战友实施任何报复行动的前提下与日本人合作。他受命为日军建造一座通往缅甸的大桥。他使出了自己所有强迫型人格者的本领，修建了一座完美的桥梁，甚至忘记了这是为敌人造的，后来他竟然无法忍受同胞要炸毁自己的杰作。

在香特尔·阿克曼（Chantal Ackerman）的影片《巴黎情人，纽约沙发》（*Un divan à New York*，1995 年）中，威廉·赫特（William Hurt）扮演一位具有强迫型人格的心理医生，他跟一个放荡不羁的巴黎女郎互换了住所。他到了巴黎之后，就开始一刻不停地收拾整理巴黎姑娘乱糟糟的房子；而在纽约，巴黎姑娘则惊异于心理医生家里一丝不苟的整洁有序，这甚至让他家里的拉布拉多犬都郁郁寡欢。后来，我们的心理医生爱上了那位女郎，但却不知如何表达自己的爱意。

以进化论的眼光来看，强迫型人格的倾向在远古时代可没有什么优势，那个时候的人类以狩猎和采集野果为生，或许强迫型人格者可以避免因粗心大意而吞下有毒的浆果；但在进入农耕社会之后，强迫型人格者凭借自己对重复性劳作和整理的极大兴趣，在定期播种、耕翻、预计收成和储藏粮食，并精细分类上，表现出过人的天赋，由此保证了人类的世代延续。

如何应对强迫型人格?

应该做的

‖ 表达您对强迫型人格者秩序感和严谨态度的欣赏

不要忘记，强迫型人格者坚信自己的出发点是好的。如果您太过粗暴地反驳他，以证明他行事的夸张，那么他就会认为您抓不住事情的重点，从而失去对您的信任。相反，如果您表达出对他精益求精的欣赏，他就会比较重视您可能对他提出的批评。

‖ 尊重强迫型人格者对一切做出准备和筹划的需要

强迫型人格者不喜欢意外惊喜，最讨厌的就是见机行事。他们有这样的想法是有原因的，因为他们在此类情形下无法发挥自己的作用。所以，尽量避免让他们感到意外的情形或要求他们完成“紧急任务”，您会让他们痛苦难当。而反过来，他们的缓慢和犹豫会让您大为光火。在给他们指派任务之前，您自己应当先尝试进行预期和规划。我们来听听雅克是怎么说他妻子的。

大家都说我妻子有很多优点，我得承认确实如此。她非常关心孩子的教育，把家里收拾得整整齐齐，在她兼职的工作中，我知道人人都对她的表现感到满意。但她的这种一丝不苟最终让我感到难以忍受。比如，我是个喜欢社交的人，我成长的家庭也是如此，我父母经常“不拘客套”地邀请亲朋好友来家里吃饭，我也喜欢邀请朋友或者同事来家里吃饭。但不像在我父母家里那种不拘小节的聚会，我妻子每次都会觉得必须把晚餐准备得相当隆重，大盘子上摞小盘子，餐桌一定要摆得够漂亮。结果呢，要是我临时决定多邀请一两位客人，她就会大发雷霆，我没法让她明白人家是不会在意这些的！最终，我们定下了几条规矩，我可以邀请任何我想邀请的人来吃饭，我负责准备晚餐，但如果是她负责的晚餐，我就必须至少提前三天确定客人的名单。

‖ 如果强迫型人格者的行为太过分，对他做出清晰明确、有理有据的批评

在强迫型人格者跟您解释必须采取某种做法，或必须遵守某个程序，而您知道这种做法和程序不过是浪费时间的时候，生气是没有用的。如果您生气了，他就会更加确信这些人果然不懂未雨绸缪，果然靠不住。还记得强迫型人格者的世界观吗？他认为自己行为的初衷是好的。所以，您需要用也略带点儿强迫性的方法，比如借助数字，证明他的方法弊大于利。

下面的这个案例是在一次关于如何应对人格障碍的研讨会上，一位企业老总跟我们讲述的。

那是个小型车间的采购主管，很有能力，他想确保把所有从外面买回来的零部件，包括价格很低的那些，都在车间里物尽其用。他制定了一套极为复杂的程序，用来追踪每个零部件在企业里的使用情况。车间的几个负责人因为工作大大受阻而跑去跟厂长投诉。厂长叫来了采购主管。他先是对采购主管的职业意识和认真严谨大大赞扬了一番，然后跟采购主管一起研究了那套程序。厂长计算了这套程序要求的全体相关人员所耗费的额外时间。采购主管抱着极大的兴趣看着厂长的验算。厂长根据相关人员每个小时的平均成本，计算出采用新程序的总成本。接着，他让采购主管估算一下使用不当的零部件造成的损失。他们一起手写计算，得出的结果是，第二个数字要远远低于第一个数字。于是，厂长没费什么力气就让采购主管心服口服地放弃了自己制定的那套程序。相反，厂长强调以后在尝试新程序之前，采购主管必须向他提交包含成本计算的有效证明，采购主管欣然接受。

这位厂长正是因为对有强迫型人格障碍的合作伙伴的世界观有所了解，才能够在没有粗暴要求其改变做事方法的情况下成功地说服了对方。他用一种“强迫型人格式”的方法提出了批评，有理有据、清晰明确、追求更上一层楼的完美。这或许是说服强迫型人格者最好的办法。

‖ 表现出您的忠实可靠和未雨绸缪

迟到、无法兑现诺言，哪怕是再微不足道的诺言，绝对会让您失去强迫型人格者的信任感。他会认为您跟那帮不负责任、不明白如果人尽其责世界就会更好的家伙是一丘之貉。（在这一点上，强迫型人格者的想法有错吗？）尤其不要对强迫型人格者许下您无法兑现的诺言，并遵守您已经许下的诺言；如果出现意外，一定要尽早通知对方，并明确表达您的歉意。想办法在他心中树立“可靠、未雨绸缪”的形象，这是让他放松下来，并更愿意接受您观点的最有效的办法。

‖ 让强迫型人格者体验放松的乐趣

想象一下强迫型人格者背负的压力：他们想要掌控一切、查验一切、保证一切都完美无缺，多累啊！在绝大多数强迫型人格者的心中，都深藏着放下一切的渴望，但他们不敢让自己这么做。所以呢，您可以引导他们，邀请他们，告诉他们如何放下。

一家医疗机构的老总邀请他的研究团队去海边野餐，大家都去了，包括一位外国研究员——专业能力很强的统计学家，极为拘谨的一个人。其他人都是一身短打扮，只有他，长袖衬衫加长裤，还打着领带，他犹豫了很久才坐在了沙滩上。大家准备开打一场沙滩排球赛，邀请他加入。一开始他拒绝了，声称自己打得不好。

但大家说如果他不参加，两队的人数就会不平衡，唤起他的公正感和对称感绝对不能错：他解下领带加入了比赛。随着比赛的进行，他渐渐活跃了起来，在观众热烈的呐喊声中飞身扑球。他这一队赢得了比赛，这还要感谢他的顽强拼搏。当别人向他表示祝贺的时候，他又开始表现得很不自在，但在那天剩下的时间里他还是放松了很多，后来还跟同事们一起在海里玩了一阵。那次之后，他在工作中表现得没那么拘谨了，有时甚至会开几个小玩笑，还很乐于参加别人邀请的各种周末活动。

‖ 给强迫型人格者指派他力所能及、能够把他的“缺点”变为优点的工作

我们从上述所有的例子中可以看出，强迫型人格者能够极为出色地完成某些特定的工作任务，换成别人很可能会因为疲倦或厌烦而半途而废。会计、财政、司法或技术程序、质量检验，都是能够令强迫型人格者感到如鱼得水，最大限度发挥其整理分类能力、精准性和坚韧力的工作。

不该做的

‖ 不要嘲讽强迫型人格者的吹毛求疵

强迫型人格者的严肃认真和吹毛求疵，很容易让人想要对他们取笑一番。请克制住自己的这种想法。不要忘记，强

迫型人格者认为自己的出发点是好的，自己的所作所为是为了让这个世界多一分完美，所以他可能无法理解您为什么会嘲讽他。您可以回忆一下最近别人对您的嘲讽，您的行为是否因此而有所改观了呢？还是您更加确信嘲讽您的人根本不了解您？幽默有时确实能够帮助一个人取得进步，但必须是善意的幽默，而且双方必须已经建立起了信任的关系。专业的心理治疗师都明白，幽默是一把需要谨慎使用的双刃剑。您应该听从他们的意见。

‖ 不要被强迫型人格者牵着鼻子走

显然，出于对自己行事都是为了正义和秩序（这两个词对于他们而言，意思都差不多）的固执和笃定，强迫型人格者非常需要严格遵守他们认为公正的规则。他们可以在不知不觉中，很快就专横地控制住一个团队或家人，虽然没有恶意，但会通过千篇一律和不断重复的各种论证说明，令可能会反驳他们的人筋疲力尽。在表示您对他们认真严谨和一丝不苟的欣赏时，也要懂得如何说不！如果有可能，一定要以理服人。

一位具有强迫型人格的丈夫无法忍受妻子在做饭时把厨房弄得一团糟：做好的饭菜、水槽里的碗碟、案板上散落的食材，等等。于是，他会站在妻子身边，只要她一停手，他就会把妻子不用的器皿和食材调料收拾起来。妻子感到时时受人监视，最终忍无可忍，表示她从此以后拒绝在这种状况下做饭。

丈夫答应由他来做饭，因为他觉得自己做得更好，至少是做得更有条理。然而，在做了几天的饭之后，他意识到自己做得没有想象中那么好，而且，准备晚餐占去了他本想用来做其他事情的时间，比如整理、核算账目。他接受了新的约定：只要妻子在厨房里，他就不能进去，但只要饭菜的准备工作一结束，他就可以按照自己的方式尽情地收拾和擦洗。

这是一个协商解决问题的绝佳例子。两个人都没有想要改变对方的想法，或是证明对方的“错处”，而只是想办法找到双方都可以接受的折中之法。

‖ 不要表达过多的情感，或者频繁地致谢和送礼，这会让强迫型人格者感到尴尬

一旦涉及感情，强迫型人格者往往会感到手足无措。同时，他们又会考虑到对等和相互性。这或许可以解释，他们有时在面对别人的倾慕和欣赏时，为什么会那么尴尬：他们觉得必须以同等程度的情感予以回应，却无能为力，但这并不表明他们不喜欢别人的恭维和欣赏。所以，您在一开始时要拿捏分寸，仔细观察他们的反应，以避免为难到他们。

日本文化带有某些显而易见的强迫型人格特征，尤其是送礼，已经成为一种非常仪式化的行为。根据对方的身份和所处场合的不同，送礼的规格有着极为细致的划分。只要到专门的礼品商店跑一趟，您就会明确地知道该送什么样的礼物了。

如何应对强迫型人格?

应该做的

- 表达您对强迫型人格者秩序感和严谨态度的欣赏。
- 尊重强迫型人格者对一切做出准备和筹划的需要。
- 如果强迫型人格者的行为太过分，对他做出清晰明确、有理有据的批评。
- 表现出您的忠实可靠和未雨绸缪。
- 让强迫型人格者体验放松的乐趣。
- 给强迫型人格者指派他力所能及、能够把他的“缺点”变为优点的工作。

不该做的

- 不要嘲讽强迫型人格者的吹毛求疵。
- 不要被强迫型人格者牵着鼻子走。
- 不要表达过多的情感，或者频繁地致谢和送礼，这会让强迫型人格者感到尴尬。

如果强迫型人格者是您的上司：不要在您的报告中出现拼写错误。

如果强迫型人格者是您的伴侣：让他（她）负责家务，回家后别忘了把您的鞋子放好。

如果强迫型人格者是您的同事或合作伙伴：让他（她）负责监控和最后的检验。在会面开始前，告诉他会面将要持续的时间。

您是否具有强迫型人格的特点?

	有	没有
1. 我具有花费不少时间去整理和查验的倾向		
2. 在谈话中，我很喜欢逐条陈述自己的观点		
3. 有人指责我太过完美主义		
4. 我曾经因为过于专注细节而导致事情没做好		
5. 我无法忍受杂乱无章		
6. 在团队工作中，我具有感觉自己要对最终结果负责的倾向		
7. 接受礼物让我感到很不自在，我会觉得对别人有所亏欠		
8. 有人指责我小气		
9. 我很难做到扔弃东西		
10. 我喜欢记录个人账目		

第五章

自恋型人格

Les personnalités narcissiques

我们无法忍受他人的自负，是因为它伤害了我们的自负。

——拉罗什富科（ La Rochefoucauld ）

弗朗索瓦兹，29 岁，一家广告公司的年轻创意人员，我们来听听她的故事：

阿兰是我们公司的三个创始人之一，我是他的直属部下。初次见面，你会觉得他极富魅力、才华横溢、风趣迷人。过了好几个星期我才发现，他是个很难相处的人。不过，在第一次见面的时候，他给我留下了很深的印象。当然了，他当时让我等了整整一个小时，但那次是工作面试，所以我并没有表现出任何不满。他的办公室非常大，视野也很好。我后来得知，这间办公室以前是会议室，但阿兰不顾其他合伙人的反对，硬是把它占为了自己的办公室。

我一开始觉得他很吸引人，就是那种“我们相信您这样的年轻人必定会大有作为”的人。他表现得热忱而率性，让我用“你”

来称呼他，他让我庆幸这么个大人物居然对自己这个微不足道的年轻人关注备至——他总会情不自禁地提起自己光辉的职业生涯和成功人生中的各种奇闻逸事。我表现得就像个对他满怀崇敬和仰慕的新手，他对此很受用。在他的办公桌后面，显眼地放着几张他跟著名艺术家的合影。还有公司在各类国际活动上赢得的奖杯（我现在才知道，其中几个获奖广告并不是他负责的）。

跟阿兰一起工作可不是件容易的事儿。当然了，他懂得如何施展自己的魅力，如何点燃一个团队的热情，尤其是对新来的人，因为这些人只有在一段时间之后，才会发现他性格中不那么讨人喜欢的一面。其实，他这人总是阴晴不定。今天他还对您大加赞赏，让您以为他会撑您到底，可明天他就会当众尖酸地批评您的工作。结果，整个团队的成员都会警惕他的赞许，以防因转瞬之间的回绝而备受打击。他能够让一些跟他共事的人对他产生一种近乎痴迷的依赖，这正是他想要的，因为他喜欢受人尊重和欣赏。总之，在“好哥们儿”的外表下，他无法接受别人对他一星半点的不尊重。那些跟他对着干的人可就倒大霉了！

去年，一个从另一家广告公司跳槽过来的很有名的创意师帕特里克，在会议上当着阿兰的面，言辞激烈地表达了自己对他管理风格的看法。阿兰脸都气白了，甩上门离开了会议室。第二天，帕特里克发现自己的东西被堆放在接待处，还有一封辞退信，上面说他犯下了严重的错误。另外几位合伙人害怕这件事会影响公司的形象，于是想要缓和一下冲突。最终，那个创意师还是走了，但得到了一笔颇为丰厚的赔偿金。

不用说，经过这件事，再没有人公开反对过他。此外，只要我们奉承他而不是反驳他，气氛就还算不错。我最不喜欢的一点就是，他总是想方设法地把团队的想法据为己有，好让自己的成功锦上添花。他有意在我们和其他合伙人之间制造隔阂，因为他无法忍受我们跟其他合伙人有接触。

为什么我没有辞职呢？因为现在工作不好找，再者，必须承认，阿兰确实是广告界的明星，这对我的职业履历很有好处。无论去哪里，他的自信和优雅总能令人过目不忘，他总是一副精力充沛的样子，古铜色的肌肤恰到好处，衣着考究。

有件事让我略感安慰，可能显得有点小肚鸡肠：他的秘书告诉我，他最近正在为税务问题而烦恼。他的工资堪称天文数字，他这些年为了负担自己奢华的生活方式，一直在报销账目上动手脚。而现在，他不得不赔付一大笔钱。结果，他不停地指责“这家公司，嗯……不让创意人员好好搞创意”。为了安慰自己，他会在周末设法参加大客户的豪华聚会，还跟那些人成了朋友。回来以后，他会滔滔不绝地跟年轻的创意人员描述自己参加聚会的情形，而这些年轻员工的工资只有他的十分之一，待在公司里疯狂工作就为了完成创意计划的是他们。

如何看待阿兰?

很显然，阿兰是个自视甚高的人，而且坚持认为别人也要知道这一点：他会主动提起自己的成功，并摆出显而易见的证明（照片、奖杯），好让看到的人知道自己的面前是个非同一般的大人物。注意，我们的意思不是说所有在办公室里摆放奖杯和战利品的人都具有自恋型人格！这在某些行业和国家只是一种惯常的做法，对这种行为的解读只是就整体情况而言。比如，阿兰把公司里最大的房间占作自己的办公室，他认为自己的需求比别人的重要，理应得到优待。他期待别人的仰慕，想让别人承认自己是个了不起的人，他难以接受别人的批评（跟那位年轻创意师的冲突）。同时，他非常在意自己的外表，总想在人前露出自己的最佳状态，而且热衷于跟名流打交道（他办公室里跟著名艺术家的合影）。

在跟别人的关系中，阿兰懂得如何通过吸引、恭维、批评和出其不意的赞许来操控对方的情绪，他能够熟练地根据不同的对象改换说话的语气。可以说，他的一举一动都是为了摆布他人，也就是说缺乏真诚，为了让他人陷入一种利于达到自己目的的情绪之中，以便更好地利用对方。阿兰似乎不太在意自己对别人造成的痛苦感受（恐惧、羞辱、羡慕），从这一点上来说，他很少会表现出共情心。

我们并不了解阿兰的私生活，只知道他在报销费用上动手脚，在这一点上也是，他认为这些通常的规矩不是给他定的。但根据除此之外的其他种种表现，已经可以断定他具有自恋型人格。

自恋型人格

对自己：

- 觉得自己非同一般、出类拔萃，理应比别人得到更多。
- 总想着怎么在职场上和恋情中取得辉煌的成功。
- 通常极为在意自己的外貌和衣着。

对别人：

- 期望获得关注和优待，但并不觉得有义务投桃报李。
- 如果没有得到期望中的优待，就会生气甚至大怒。
- 利用和摆布他人，以达到自己的目的。
- 很少表现出共情心，很少会被别人的情绪触动。

阿兰如何看待世界？

如果能够了解阿兰是个自视甚高的人，而且觉得所有的人（同事、合伙人、公司上下）都应该同意他的看法，我们就不会对他的种种行为感到奇怪了。他的基本信念可能是："我是个非同寻常的人物，应该比其他人得到更多，所有的人都应该尊重这一点。”

跟很多自恋型人格者一样，阿兰也觉得规则是给普通人定的，并不适用于他。在他偷税漏税并被人发现的时候，他不仅仅感到担心和沮丧，而且还有愤怒！怎么能让他这么个非同一般的人物去遵守平常的规矩呢？

这种出类拔萃的优越感令他喜爱与名流为伴，只有这些人才值得他殷勤地结交。阿兰自命不凡吗？当然了，从通常的意思来说，自命不凡包括自恋，有时也包括一种提升自己形象的需要：热衷于结交身份地位高于自己的人，以获得对自身价值的肯定。阿兰，他呢，仅仅觉得只有挥金如土的社交生活才“配得上”自己辉煌的成就。自恋者的噩梦是被人看到在“很巴黎”的餐馆里跟一位土里土气的乡下老表姐一起吃饭（当然，他会想办法带着亲戚到城市另一头的小酒馆里吃饭）。

我们在阿兰的身上可以看到一种很典型的自恋型人格，不得不承认，确实不招人喜欢。但是，并非所有的自恋者都会表现得这么极端。我们来听听朱丽叶的故事，29岁的她在经历了一连串的感情挫折之后，前来向医生求助。

老实说，就算在人数很少的小班里，我也会觉得自己应该比其他同学获得更多的关注。我是个好学生，比较自信，而且我有一小群仰慕者，都是没我漂亮、没我有自信的女孩。在那个时候，我就很喜欢受人倾慕的感觉。我很清楚，我的友情在别人看来是一种特权，而且我经常会利用这一点。我父亲经常夸我，对我宠爱有加，他几乎可以容忍我所有的骄纵任性。我母亲因为这个怪过他。很快，我跟母亲的关系就不好了，就像是女人之间的竞争。

我的事业很成功，因为我觉得，其实我一直都认为要求更多、得到更多的金钱和权力是很自然的事情。当你信心满满地提出各种要求时，往往都可以得到。当然了，我也招来了不少人的嫉妒和竞争。这么说吧，在我刚工作的时候，只要我觉得自己是最好的，我就可以毫不在意别人会说些什么。在会议上发言对我而言是轻而易举的事情，对那些资格比我老的员工，只要我觉得自己的想法比他们的好，我就会毫不犹豫地打断他们。还是一位我最初的上司，有一天把我叫到他的办公室里，跟我说，人不可能单打独斗就取得成功，团队中的每一个成员都很重要。他斥责的语气让我感到很恼火，我为自己做了辩解，但我很欣赏他，所以仔细思考了他说的那番话，在那以后，我对别人多了几分关心。

在感情方面，情况则完全相反，我一次又一次地受挫。实际上，男人挺容易为我着迷的，我承认自己总想摆布他们，让他们吃醋，打击他们的自信，对他们忽冷忽热的。问题是，一旦他们太过投入，在我眼里就不值钱了。我有两次是真的坠入爱河了，但都没能持续太久，因为我无法忍受对方一点点的不重视。我的前男友是个身居要职的人，这让我感到颇为得意，但每次他跟我约会迟到，或者因为要出差而临时取消周末的安排，我都会不停地责怪他。我马上会报复他，比如拒绝见他和让他吃醋，他被逼得没办法了，给我发了好些道歉的电话留言，直到我给他打电话。最后他离开了我，说从没有哪个女人能像我这样让他如此幸福又如此不幸。我想要挽留他，但为时已晚。他跟一个年轻女人结了婚，他说那个女人“很好”。直到现在，我每天都会后悔，我意识到，在我们俩的关系中，我只想着自己的需要，忽略了他的需要，可我当时总认为他对我的关注是理所当然的。医生，您觉得这是不是因为我父亲对我的娇惯呢？

朱丽叶意识到自己具有自恋型人格的特征：她觉得所有的男人都应该对自己关注备至，因为她是独一无二的。这一根本信念让她在情人因繁重的工作而迟到时心生怨恨。随后，在心理治疗的帮助下，朱丽叶找出了自己的另外几个根本信念：“我是非同寻常的”，“别人都得尊重我、关注我”，并开始寻找其中的问题。

另外，在治疗刚开始的时候，她常常以迟到、在治疗结束时总想延长时间，或是在头一天晚上要求第二天见面等行为来考验医生。她多少能够意识到，自己难以接受要遵守跟其他病人一样的规则，难以接受得不到医生对自己的特别关照。医生通过这些事情帮助她意识到自己的根本信念。朱丽叶对自己和别人的想法慢慢开始改观，不像以前那么咄咄逼人，而且在一个男人没有表现出自己所期望的那种关注时，情绪也不会那么激动了。

自恋型人格的典型“扳机情景”

这是一位大名鼎鼎的作家，深受知识分子的喜爱，常常做客晚间文化节目。一天，他来到一家约好见面的大型出版社，不巧的是，前台新来的姑娘之前从未见过他，也没看过他参加的电视节目，因为这姑娘晚上的时间大多用来参加舞会了。这位作家一副倨傲的模样走到前台，让那位姑娘告诉主编他来了，结果那姑娘天真地问道："您是哪位？"这位名人一下子僵住了，气得满脸通红，根本不屑回答，转过身直接朝着主编的办公室走了过去。

这位自恋的作家认为，自己是个举足轻重的大人物，所以人人都应该认识他。必须像普通人那样介绍自己，与自恋型人格者的另一个根本信念发生了抵触："通常的规则并不适用于像我这样的人。"同样的事情还发生在了一位工业巨头的身上，他当时正跟一群部长和商人准备乘飞机到国外推销企业的产品。这位自恋的大人物管理着一家大型集团，他在登机的时候迟到了，要求马上进入机舱，但却忘记了机票。当空姐要求他出示证件时，这位已经因为迟到而焦躁不安的老总，一下子就爆发了。

开车也可以反映出现代自恋型人格者的特征。他们中有很多人都觉得自己可以违反某些交通规则，因为他们自认为可以掌控风险。这些人往往会跟人解释说自己的反应够快，自己的车在超速行驶时绝对安全。

适度的自恋不是能派上用场吗？

想想那些您知道的“成功人士”，回忆一下您在电视上看到的那些名人。您不觉得他们中的很多人都对自己特别地满意、自信、常常会用溢美之词来描述自己、认为别人的称赞是理所应当的事吗？

当然，您会认为是成功给了他们这种自信和自满，但或许反过来也是一样：这种自信，这种高人一等的优越感，这种自如的炫耀，这些自恋型人格的特征，或许正是令他们获得成功的因素[1]。可以说，在才干势均力敌的情况下，自恋的人比谦逊的人更容易获得成功。自恋者能够更加自如地“吹嘘自己”，因为他坚信自己是最好的。他在竞争中也不会那么思前想后，因为他觉得第一名的位置是自己该得的。在面对挑战时，他不

1 J.G. Bachman，P.M. O'Malley，《年轻人的自尊：对教育与职业成就影响因素的纵向分析》（*Self-Esteem in Young Men: A longitudinal Analysis of the Impact of the Educational and Occupational Attainment*），《人格与社会心理学杂志》（*Journal of Personality and Social Psychology*），1977 年，35 期，365 页—380 页。——译者注

会那么惧怕失败，因为他自认为是最有能力的。在竞争的环境中，适度的自恋可能成为一种决定性的优势。

以进化论的观点来看，与其他优点相辅相成的自恋，很可能会让自恋者先发制人，夺取最大的那块猎物，或者取代现任部落首领的位置。

好些公司老总都表示，他们最好的业务员往往都表现得有些自恋。这些人都很自信，对自己精心呵护的外表很是满意，喜欢摆布别人，在遭到拒绝时几乎没什么感觉（因为不是他们的错）。他们的自恋很可能助长了他们获得成功的野心，并且让他们能够面对在其他人看来令人沮丧的困境。

在日常生活中，一点点自恋往往会派上用场。自恋者很少在意他人的需求和困难，他们懂得要无情地抗争才能获得自己想要的东西。路易丝，一位31岁的小学教员，跟我们讲述了她的一位自恋女友：

我一直都跟高中同学保持着联系。我们会定期一起吃饭、周末聚会或是到哪个好玩的地方度几天假。

在所有的同学里，科拉莉是跟我最不一样的：我为人谨慎稳重，有点害羞；她性格外向，充满自信。高中的时候，因为她的穿着打扮和爱出风头，还有骄纵和要强，大家都管她叫“明星”。

我现在都还惊异于她的那种自信。我们在餐厅吃饭的时候，但凡有一点不如意的地方，比如面包不够好吃、水不够清凉、背景音乐不够好听，她马上就会找来餐厅的管理人员，跟人家理论个不休，直到获得她想要的结果。有一次，她因为在机场等了两个小时而跟工作人员大闹了一场，结果航空公司免除了她的机票费用。通过这种方式，她总能得到餐厅里最好的位置，或是酒店里最好的房间。

她这么闹腾的时候，比如“您觉得我会接受这样的事情吗？您做梦呢吧？”之类的，让待在她旁边的人觉得挺尴尬，但不得不承认，她的这种做法确实很有效。大部分时候她都能得到自己想要的东西。同样的情况下，我们都会听之任之，然后心想“再怎么说也不值得这么闹”，甚至连提要求的想法都不会有，而科拉莉已经准备好使出浑身解数据理力争了。

看得出来，她不在乎惹人不高兴。但最绝的是，没人为此而责怪她，反而会说那是她自己争取来的！我觉得，有时候学学她的样子大概也挺好的……

精神病学家把这种每个人表现出来的自恋特征称为“自尊”。在他们看来，过低的自尊会导致不同类型的心理障碍，比如羞怯[1]、抑郁[2]等。

1　J.M. Cheek，L.A. Melchior，《羞怯、自尊与自觉》（*Shyness, Self-Esteem and Self-Consciousness*），收录于 H. Leitenberg 的《社交焦虑》（*Social and Evaluation Anxiety*，重印版），纽约，Plenum Press 出版社，1990 年，47 页—82 页。——作者注

2　D. Pardoen 及合著者，《病愈的双极性及单极性门诊患者的自尊》（*Self-Esteem in Recovered Bipolar and Unipolar Outpatients*），《英国精神病学杂志》（*British Journal of Psychiatry*），1993 年，161 期，755 页—762 页。——作者注

当自恋成为众矢之的

如果您既有才华又有魅力，别人就会比较容忍您的自恋，您的自信会令他们倾倒、难以忘怀，并信服您的观点。但问题是自恋者总想获得更多，并最终变得让人难以忍受。在前文的例子中，当朱丽叶最终意识到男友虽然深爱自己，但自己已经越过了他的底线时，一切都已为时太晚。

在工作中，太过自恋的上司会引发下属的怨恨和消极情绪，并最终给公司造成重大的损失。不过这种人在大公司生存和成功的概率要远远大于在中小型公司，因为糟糕管理的后果在大公司往往要相当一段时间才显现得出来。

此外，不同的研究结果显示，自恋型人格者似乎比普通人更容易在遭逢“中年危机”[1]时陷入抑郁。或许他们比普通人更加难以接受没有实现年轻时梦想的事实：这会让他们对“可以做成任何事情的非同寻常之人”的自我形象产生疑问。所有人都可能遭遇这种自我形象和生活期望的破灭，但这种破灭对那些坚信自己可以做成任何事情的人会造成更为严重的打击。再者，自恋者的行事风格会妨碍他们跟其他人建立亲密而热烈的关系。然而，拥有可以吐露心声的亲近之人，是可以保护我们对抗很多疾病的因素之一[2]，而这一点，正是很多自恋型人

---

1 L. Millet，《中年危机》（*La Crise du milieu de vie*），巴黎，Masson 出版社，1994 年。——作者注

2 N. Rascle，《压力—疾病关系中的人际支持》（*Le soutien social dans la relation stress-maladie*），摘自 M. Bruchon—Schweitzer 和 R. Dantzer 合著的《健康心理学导论》（*Introduction à la psychologie de la santé*），巴黎，PUF 出版社，1994 年。——作者注

格者所缺乏的。

另外，自恋型人格者往往会在遭遇感情或事业上的挫败之后，才去咨询医生或要求进行心理治疗，就像朱丽叶。

电影和文学作品中的自恋型人格

在普鲁斯特的《追忆逝水年华》中，夏吕男爵是个有表演癖的典型自恋型人格者。每次出席沙龙，他都会以自己妙语连珠的谈吐和高傲不逊的态度博得所有人的注意，他总会时不时地暗示自己拥有高贵的血统，无法容忍别人一丁点儿的不尊重。但他后来却疯狂地迷恋上了一个“下等人”——不善社交的小提琴手莫莱尔。

蒂姆·罗宾斯（Tim Robbins）在罗伯特·奥特曼（Robert Altman）执导的影片《大玩家》（*The Player*，1992年）中扮演了一位表现出很多自恋特征的制片人。他活在自己的野心里，对自己给身边之人造成的痛苦熟视无睹，而且毫无愧疚地勾引因他而意外死亡的一个男人的妻子。

在弗朗西斯·福特·科波拉（Francis Ford Coppola）的《现代启示录》（*Apocalypse Now*，1979年）中，罗伯特·杜瓦尔（Robert Duvall）扮演一位无比自信、具有自恋型人格的上校，他为了显示自己的权威和观看自己的士兵在海里冲浪，不惜把直升飞机停在敌军火力范围之内的海滩上。后来，男主角碰到了另一个自恋型人格者——马龙·白兰度扮演的伞兵上校，后者决意以自己的方式继续战争，并像国王一样（所有自恋者的梦想）统治着深山里的叛乱部族。

在斯坦利·库布里克执导的影片《光荣之路》(*Paths of Glory*，1958 年)中，一位贪功冒进、无比自恋的将军，在第一次世界大战中强令士兵攻占敌军的一块高地。在攻击战遭到惨败之后，将军恼怒不已，把责任推给了士兵，并把他们送上了军事法庭，引起了由柯克·道格拉斯(Kirk Douglas)扮演的达克斯上尉的极大愤慨。

如何应对自恋型人格？

应该做的

‖ 真诚地表达您对自恋型人格者的赞许

不要忘记：自恋型人格者认为自己理应得到您的欣赏。如果您想跟自恋型人格者保持良好的关系，不要吝于称赞他的成功。如果自恋型人格者是您的客户，那就称赞她的新裙子；在网球场上称赞他的反手击球，称赞他的着装、讲话等等。这么做有几个好处：自恋型人格者会觉得您是个懂得欣赏他价值的聪明人，这样他就不太会不惜一切代价地想要给您留下深刻的印象，就不会那么容易跟您发火，而且在您对他提出意见的时候也会比较重视您的看法。

我们所说的当然是真诚的赞许，因为虚伪的奉承可能会让您很快身处困境，再也无法脱身。另外，对他人倾慕的渴望常常会令自恋型人格者成为所从事行业的行家里手，那些最聪明的人懂得如何区分巧妙的真诚赞许和蹩脚的刻意奉承。

‖ 向自恋型人格者解释他人的反应

如果您在某种程度上成功地获得了自恋型人格者的信任，那么您就会经常听到他对别人的抱怨。他会跟您说那些人一无是处、愚不可及、忘恩负义、心怀叵测，他的言下之意通常是：那些人没有对他表现出理应的尊敬和重视。有时候，您可以通过向他解释自己对别人这种反应的看法来帮助他。注意，这并不是让您告诉他别人说得对，而是跟他解释每个人看待事物的观点会各有不同。

达尼埃尔，一个自恋的年轻管理人员，在跟上司的一次会面后气冲冲地跟朋友弗朗索瓦抱怨。他认为上司许诺他的加薪远远不够，让人愤慨。他在整个团队中的工作表现是最突出的，可他得到的加薪竟然跟其他人差不多！弗朗索瓦一直静静地听着他抱怨，然后说达尼埃尔确实取得了非同一般的成绩，并对他表示祝贺。接着，弗朗索瓦一边称赞达尼埃尔的工作成绩，一边解释说他的上司并不是什么都能决定的。他可以支配的用来给下属涨工资的钱很可能只有那么多，如果给达尼埃尔加薪加得太多，那其他人的加薪必定就会大打折扣。“可他们的业绩没有我的好啊。”达尼埃尔坚持道。有可能，但他们的努力不也达到或超出了自己的预期目标了吗？如果获得的加薪太少，他们就会失去工作的动力。你的上司必须考虑到这一点。

在跟朋友谈了半个小时之后，达尼埃尔平静了下来，虽然他还是认为自己理应得到更多，但表示能够理解上司的做法。弗朗索瓦做到了那个上司无法做到的：他只不过对达尼埃尔的观点表示了赞同，以表明自己能够理解他的心情；而那个上司呢，因为达尼埃尔的狂妄自大而恼火不已，绷着脸指责他的要求“不可理喻”“不符合规定”，这么做只能是火上浇油。

在这个例子中，我们再次看到了那条重复过多次的规则：要说服对方，最好先表示您理解他的想法（这并不表示您同意他的想法）。

‖ 严格遵守礼仪规范

不要忘记，自恋型人格者自认比您重要，所以他会期待您对他理所应当的尊重。迟到、漫不经心的问候、弄错介绍顺序、过于熟络，这些行为都会马上激怒他。别忘了您是在跟一个异常敏感的人打交道，所以，哪怕是您认为无关紧要的细节，也要谨慎对待。让我们来听听记者伊丽莎白是怎么说的。

一天晚上，我应邀去参加一个有很多新闻界要人出席的工作晚宴。我朋友杰拉尔刚从美国回来，需要认识一些新闻界的人，所以我提议让他陪我一块儿去。我们在晚宴上遇到了不少人，我把自己认识的人都介绍给了他。可让我感到吃惊的是，他整个晚上都绷着一张脸，在我们离开的时候，他干脆跟我赌上气了。最后我问他怎么了，他满脸怒容地回答说，在介绍的时候，我好几次都是先把他介绍给比他年轻或是他觉得地位不如他重要的人，而不是把他们先介绍给他。

别忘了，您觉得无关紧要的细节，在自恋型人格者看来就是对他的不尊重。

‖ 只在必要的时候提出批评，而且是明确具体的批评

在跟您说了自恋型人格者的异常敏感之后，如何建议您对他们提出批评呢？很简单，针对某个具体的行为提出真诚的批评，这是应对人格障碍的基本方法之一。当然了，对极为敏感的自恋型人格者提出批评会更加难办——这就是为什么，在您觉得有必要的情况下提出批评可以降低让事情一发不可收拾的风险。要记住，您的批评不应该以改变对方对自己、对世界的看法为目的，而只是促使对方改变自己的某些行为。

比如，我们绝不会建议您指责自恋型人格者“总是自以为高人一等”，或者“自私自利”。这么说既显得蹩脚又没什么用。这样的批评含混不清，而且直指对方本人（言下之意——“你

一直都是这样”)，这只能激起对方的怒火，无论他自恋与否，让他想要证明您是错的。

相反，如果您的批评指向某个有史可查，并且不会牵涉到对方整个人的具体行为，比如，“我不喜欢你这种迟到了也不说一声的行为”，“我能理解你责怪杜彭的原因，但我觉得我们还是换个话题吧”。如果您遵循了我们的第一条建议：但凡有可能，真诚地表达您对自恋型人格者的赞许，那么您的批评对自恋型人格者而言就会较容易接受，或者没那么难以接受。

这些看起来都很容易做到，但都不是出自本能的反应。下面这个例子才是经常会发生的情况，卡特琳娜的丈夫是个极其自恋的男人和少有的销售员。

确实，皮埃尔总是不停地吹嘘自己怎么能够说服所有的客户，网球打得多么好，他的合作伙伴多么离不开他。他总是一副渴望得到别人夸奖的样子，我特别受不了，所以我从来不夸他。这样做果然让他很不高兴，怪我不夸他，于是他安排自己时间的时候根本不考虑我。所以呢，我最终忍无可忍，觉得他自私，说他只想着自己。

因此，要避免陷入卡特琳娜所描述的这种怪圈：不断的报复行为又引起其他的报复行为。这些行为虽然出自本能，但起不到任何作用，所以要给自恋型人格者应得的称赞，然后再借机提出批评。

‖ 对您自己获得的成功和优待保持低调

我们都知道嫉妒是怎么回事，在发现别人拥有自己很希望得到并自认为理应得到的好处时，这种不大令人舒服的情绪会让我们感到无比压抑。在自恋型人格者身上，这种情绪会强烈十倍。因为他觉得自己理应比您得到更多，所以您获得的优待在他看来会是一种令人备受煎熬的不公。所以，您要避免跟他谈论自己刚刚度过的美妙假期、新近获得的遗产、最近应邀参加的华美晚宴、如今位高权重的童年好友，或是不久之前的晋升。所有这些都会给他带来比别人更大的痛苦，你们的关系也会受到影响。雅尼克，32 岁，房地产公司的业务员，听听他是怎么说的。

我跟我女上司的关系还算融洽，因为不像公司里其他的同事，我知道要时不时地称赞一下她的新衣服，或是夸奖她如何搞定了一笔大买卖。结果，她对我远不像对别人那么苛刻，我有时候甚至可以跟她讨论她指派给我的工作任务。

很不幸，我还是考虑得不够周全。事情是这样的，我妻子是空姐，所以我们可以买到非常便宜的机票，每逢假期我们就会到世界各地去旅行，周末会去欧洲的大城市观光。一天，我情不自禁地说起我们在维也纳度过的周末多么多么美好。我的女上司听了感到很吃惊，问我怎么能这么频繁地出去旅行。在听了我的解释之后，她的脸沉了下来，接下来的一整天都情绪不佳。那以后，我们的关系不复从前。她的收入很高，完全可以像我们那样到处去旅行，但是我可以享受到跟她一样的特权，这让她深受刺激。我觉得我得重新找工作了。

这个例子表明，对于根本不存在竞争的特权，自恋型人格者同样会心生嫉妒。

不该做的

‖ 不要一意孤行地跟自恋型人格者对着干

自恋型人格者，且不说他们让人难以忍受的行为举止，有时确实让人想发火。他们的惹人不快会让您对他们采取一种全面“封杀”的态度。您会时时想要反驳他们，对他们摆出一副敌视的面孔，甚至伤害他们的自尊。这或许会让您得到一时的发泄，但会令你们的关系雪上加霜。此外，自恋型人格者会觉得您的行为完全不讲道理，甚至让人不齿，因此，他有可能会将您视为死敌。所以，我们要再次重申前文中的建议：只要有可能就去夸奖他，赞许他的成功，这样会给您对他的批评留下余地。

‖ 警惕不要受到自恋型人格者的操纵

自恋型人格者往往都相当有魅力，他们会让别人深受蛊惑和吸引，至少在刚认识的时候是这样。也许就是这种能够吸引别人的能力，让自恋型人格者觉得自己理应得到特别的尊重(回想一下朱丽叶的例子)。魅力、自信和对他人的不屑一顾，让自恋者成为可怕的操纵者。操纵，意味着蓄意玩弄他人的感情，好让他们站在自己这一边。关于这一点，让我们来看看给一位建筑师担任助理的夏洛特是怎么说的。

我的老板总能从别人那里得到他想得到的，最糟糕的是，您有时候会觉得自己是心甘情愿的。他最能耐的地方是让您感到内疚：要是您跟他说周六不想陪他去见客户（他特别喜欢带着一两个同事去见客户，其中至少有一个漂亮姑娘，这样会让他显得越发重要)，他就会露出一副伤心的表情，问您是不是对他哪里不满意了，是不是哪里让您觉得不高兴了。总之，他那副失落的样子让您都要忍不住去安慰他了，于是您答应牺牲周六的时间陪他去见客户。但是，如果看到让人内疚这招不管用，他就会马上改变策略。他会说，他知道怎么区别那些有工作热情和没有工作热情的人，意思就是如果您不陪他去，就说明您属于哪一类人了。这就像是在威胁您，但是他又会说如果您去不了，他是完全可以理解的。意思明摆着呢，所以您还是会答应的。

我最后总结出他说服别人的四种方法：

- 奉承：“您是最好的。”
- 内疚：“我为您做了这么多，您怎么能……”
- 恐惧：“如果您……小心……”

- 拉拢："我们在一条船上……"

最荒唐的是，他可以当着众人的面同时对不同的人使用这些招数。

拥有这么敏锐的观察力，夏洛特完全可以胜任企业管理的工作。

‖ 一旦认清自恋型人格者的本性，不再给予您不想再给予的宽容

正如应对其他很多的人格障碍，让自恋型人格者看清和预知您可以和不可以接受的事情极为重要。这样一来，自恋型人格者就会少动几分试探您容忍度的心思。一旦意识到自己在跟什么样的人打交道，您就应该试着通过确定自恋型人格者的哪些要求您可以接受，哪些要求您会马上拒绝，来划清彼此的界限。

以下是雅尼克在自己和女上司之间划定的界限：

接受：

- 在她需要的时候称赞她。
- 在客户面前常常尊称她为"女士"。
- 允许她在大老板面前把一些小事情上的成功据为己有。

拒绝：

- 习惯性地为她泡咖啡（仅仅在我自己泡咖啡的时候偶尔为之）。
- 附和她对大主管、竞争对手或其他同事的批评。
- 大主管在的时候不让我参加讨论重要事宜的会议。

正如您看到的，跟自恋型人格者打交道是件相当耗神的事情，这恰恰说明我们不能像他们一样，不能随时随地都拿自尊说事儿。

‖ 不要期待投桃报李

如果有人帮了您的忙，您会觉得对他有所亏欠，并寻找机会报答对方。感恩或许不是一种发自本心的情感（发自本心的情感或许是避开那些我们有所亏欠的人）。但接受的教育、礼貌规范、别人的看法，有时则是牵涉其中的个人利益，会促使我们对那些值得的人表达感激之情。而对于自恋型人格者而言，事情会不太一样，就像 31 岁的女性杂志记者法妮跟我们讲述的那样。

维若妮可是我们社的实习生，我推荐的她，因为她是我的大学同学。她的工作十分出色，所以我们社长正式聘用了她，我们也就成了平起平坐的同事，一起负责同一个专栏。她很快就在编辑讨论会上获得了发言权，并得到了最有意思的报道主题，还可以出美差。她一副志得意满的样子，左右逢源，主编也对她另眼相看。

这让我有点受不了，其他的同事也一样。有一次，我比她更快地完成了工作任务，得到了去圣彼得堡做采访的机会，而她则是去美丽的普罗旺斯，也很不错。开完会之后，她来找我，眼泪汪汪的。她指责我“抢了”她的采访，还说我应该知道她一直都对俄罗斯很感兴趣，她在中学就学过俄语，一直梦想能够去那个国家。她说得情真意切，我动摇了，由着她给主编打了电话，调换了我们俩的采访任务。她一得到自己想要的东西马上就表现出一副大获全胜的样子，我感觉她对我没有丝毫的感谢之意。

我现在看见她就觉得有压力，觉得她随时想要排挤我，我必须处处小心。当初把她带到这儿来的人可是我啊！

这个例子表明，对自恋型人格者采取投桃报李的策略是个错误。自恋型人格者恰恰觉得完全没有义务做出互惠互利的举动，因为他觉得您给他的都是他应得的。所以，要避免落入“我对他好，他也会对我好”的误区，这就好像我们把在童年时期跟慈爱父母之间的关系放到竞争的环境里就会遭遇挫败一样。

如何应对自恋型人格?

应该做的

- 真诚地表达您对自恋型人格者的赞许。
- 向自恋型人格者解释他人的反应。
- 严格遵守礼仪规范。
- 只在必要的时候提出批评，而且是明确具体的批评。
- 对您自己获得的成功和优待保持低调。

不该做的

- 不要一意孤行地跟自恋型人格者对着干。
- 警惕不要受到自恋型人格者的操纵。
- 一旦认清自恋型人格者的本性，不再给予您不想再给予的宽容。
- 不要期待投桃报李。

如果自恋型人格者是您的上司：跟他在一起的时候不要老拿自己的自尊说事儿。保持距离。记住拉罗什富科的这句话："称赞对方不具有的才能是对他最大的侮辱。"

如果自恋型人格者是您的伴侣：既然您选择了他（她），说明他（她）肯定具有别的优点。重读本章。

如果自恋型人格者是您的同事或合作伙伴：小心别让他（她）抢了您的位置。

您是否具有自恋型人格的特点？

	有	没有
1. 我比大多数人都更有魅力		
2. 我得到的一切都是自己的功劳		
3. 我很喜欢得到别人的称赞		
4. 我很容易对别人的成功产生嫉妒		
5. 我曾经毫不为难地弄虚作假		
6. 我难以忍受等待		
7. 我理应在工作上取得很高的成就		
8. 别人不尊重我的时候，我很容易生气		
9. 我非常喜欢得到优待和特权		
10. 我难以接受和服从为所有人制定的规则		

第六章

类精神分裂型人格

Les personnalités schizoïdes

我对有很多人参加的会议深恶痛绝。

——欧仁·拉比什（Eugène Labiche）

33岁的卡洛尔是两个孩子的母亲，她跟我讲述道：

我是在大学图书馆里认识的塞巴斯蒂安，我的丈夫。实际上，他整天都待在那儿。他长得挺帅，一丝不苟的样子让我印象深刻。我当时想要查阅他正在看的那本书，于是我们就聊了起来。他看上去挺和善，但非常内向。因为我觉得他很吸引人，所以想跟他多聊聊，那可真是不容易，因为他总是用“是”或“不”来回答我，让我觉得自己打扰到了他。我已经习惯了男孩子对我的关注，所以他的内向引起了我的好奇，就像是一种挑战，我想要引起他对我的兴趣。我成功了！两个月之后，我们在一起了。以某种方式来讲，主动的一方一直都是我。现在，我有时候会想，我这样会不会是自寻烦恼。

很快，我发现塞巴斯蒂安很少跟其他的学生接触。没有课的时候，他会跑到图书馆学习，而不是跟同学到咖啡馆聊天。现在还是这样，我知道的他唯一比较亲近的朋友就只有保罗，他的发小，跟他一样对天文学很着迷。他们俩小时候就经常在晚上用塞巴斯蒂安父母送的天文望远镜观测夜空。保罗后来真的成了天文学家，一半的时间都待在世界各地高山上的天文台里。塞巴斯蒂安和保罗经常通信，现在他们通过互联网保持联络。

那段时间，我因为塞巴斯蒂安跟我很少说话而感到难过，几乎开始嫉妒他那位朋友。我想象着塞巴斯蒂安会跟他倾吐从来不跟我说的感想和看法。最后，我偷看了他们的通信。塞巴斯蒂安对自己生活的描述就只有几个字，比如“我和家人去了海边”或者“我换车了”，剩下的内容都是他对天文学或计算机在科学和哲学方面的思考。他们俩还很喜欢互相推荐各自喜欢的科幻书籍。

塞巴斯蒂安参加考试没有不过的，后来他在远郊的一所中学里当了数学老师。那简直就是灾难，他无法跟班上的学生建立良好的沟通，很快就遭到了起哄。但他没法跟我说这件事，回来的时候满面愁容，进了门之后就溜到电脑面前，坐着一动不动。确实如此，他不知道怎样去面对别人的挑衅行为。平时要是有人跟他唱反调，他会面无表情地待在那儿，一句话也不说，然后走掉。他无法在一群不服管束的青少年面前树立起自己的威信，那些孩子肯定立即就觉察到他古怪的一面。

还好，他跟他的一位大学老师一直保持着不错的关系，这位老师建议他读博士，这样就可以在大学里做研究。读博是件工作量巨大的事情。他白天黑夜地忙于博士论文，假期里也不得休息，花了五年的时间才写完。但是亏得这个博士学位，他在大学里得到了一个研究员的职位，每个星期只有四节课。剩下的时间，他就用来钻研一门极其复杂的学科，好像是微分拓扑学，他自己都没法跟我解释那是什么。

我的朋友都觉得他人不错，肯帮人，但不能指望他在聊天的时候活跃气氛。度假的时候，我能很清楚地感觉到，一天当中，他无论如何都要自己待一会儿。他会带上一本书（他特别喜欢科幻书籍）出去散步。有一阵子，他经常出去玩帆板，我很担心，因为他在海里走得很远，而且是一个人。

刚结婚那会儿，我经常对他发火，我希望他平时能外向一点儿，尤其是多点儿斗志。慢慢地，我明白了，我是没法改变他的。从那以后，我开始学着去爱他本来的样子。后来我还明白了，他跟我父亲有点儿像，我父亲不善言谈，我总是想方设法地想引起他的注意。

如何看待塞巴斯蒂安？

塞巴斯蒂安在跟陌生人相处时显得非常内向，即便跟对方的关系有了进一步的发展，他的行为也几乎没有任何改变。无论是工作、生活，还是休闲活动，他都非常喜欢独处。他难以表达自己的感情，无论是在社交场合（朋友间的聚会）还是跟人起冲突时（充满敌意的课堂），他都对别人的反应表现得无动于衷。在做研究或阅读科幻书籍时，他喜欢沉浸在自己的世界里。塞巴斯蒂安具有类精神分裂型人格的种种特征。

类精神分裂型人格

- 常常表现得面无表情、心不在焉、难以揣测。
- 对别人的夸奖和批评表现得无动于衷。
- 偏爱一个人的活动。
- 亲密朋友不多，而且往往都是家庭成员。不容易交朋友。
- 不会主动要求别人的陪伴。

注意：类精神分裂型人格不是精神分裂症！“类精神分裂型人格”（schizoïde）绝没有“精神分裂症”（schizophrène）的意思，虽然这两个词具有同一个希腊语词根“schizo”——“断开”“与世界断开联系”的意思。精神分裂症并不是一种人格障碍，而是真正的疾病。患有精神分裂症的病人会出现谵妄和精神错乱的症状[1]，塞巴斯蒂安绝不属于这种情况，他可是个出色的学者。

1 C. Tobin，《精神分裂症》（*La Schizophrénie*），巴黎，Odile Jacob 出版社，收录于选集《日常健康》（*Santé au quotidien*，1990 年）。——作者注

塞巴斯蒂安如何看待世界？

了解类精神分裂型人格者的经历并非易事，因为他们不喜欢讲述自己的生活。看到他们一副置身事外、无动于衷、默不作声的样子，该如何揣测他们对别人和自己的看法呢？据心理学家的猜测，他们的根本信念可能是这样的：“与他人的关系是无法预知、令人疲惫的，是造成误解的根本原因，最好躲得远远的。”

人人都知道他人是无法预知和令人疲惫的，但并不是每个人都具有类精神分裂型人格！为什么跟他人的交往在类精神分裂型人格者看来格外令人疲惫呢？首先，因为类精神分裂型人格者无法像我们那样去理解他人的反应，对他们而言，他人的反应无异于难解的谜题。与他人进行交流需要类精神分裂型人格者付出格外的努力。您还记得自己跟语言不通的外国人聊天的情形吗？您在这一过程中感觉到的费劲，或许跟某些类精神分裂型人格者在跟他人进行交流时的费劲是一样的。

另一个原因可能是类精神分裂型人格者对人际接触不大感兴趣：跟一般人相比，他们不太在意别人的想法，包括别人的欣赏和赞许。他们很少会有“想要获得称赞”的心思，因为他们对称赞没什么感觉。与其他竭力想要获得他人欣赏和称赞的人格障碍者（自恋型人格者、表演型人格者）相反，类精神分裂型人格者要自给自足得多。他们可以从自己的内心世界和自己擅长的活动中获得满足。类精神分裂型人格者喜欢幻想、独自工作、营造属于自己的环境，而不是从同类那里寻求认可。

您大概猜得出，类精神分裂型人格者比较偏爱大部分时间可以独处的职业，不少的程序员、研究型工程师和某些手工艺者，都具有类精神分裂型人格，还有某些与世隔绝的职业，比如灯塔看守。这些人往往都是所从事学科的专家，他们喜欢全身心地沉浸在自己的专长领域之中。就像塞巴斯蒂安，对他们而言，艰涩难懂或技术性很强的学科要比跟人接触更有吸引力。

我们来听听29岁的马克的故事。16岁那年，父母担心他过于孤僻，于是建议他接受心理治疗。

确实，我总是在一个人的时候觉得比较快乐。我小时候特别喜欢跑到家里的阁楼上，在那儿一待就是几个小时，根据我看过的书自己编些探险和神秘岛的故事。我睁着眼睛都在做梦。我把这些故事写在一个本子上，但不给任何人看。我写故事不是为了给别人看，只不过是想把我虚构的这些小岛和想象中它们的地理位置记录下来。这些小岛大多渺无人烟，我扮演的探险家需要对岛上的动植物进行分类。我为了寻找灵感，把家里的自然史图册都翻遍了。

我10岁的时候就可以背出所有哺乳类动物和鸟类及其亚种的名称。但跟动物本身相比，我对分类更感兴趣。我在学校里的感觉不怎么样。我成绩很好，但在班上不受欢迎。我觉得自己跟别的小孩不一样，我觉得他们很吵、太闹，我对其他男孩子的游戏不感兴趣。我很快就受到了其他人的排挤，还得了个“怪人”的绰号。别的孩子总是嘲笑我，“怪人”去“怪人”来的。六年级的时候,班上的一个孩子头迁怒于我,把我当成了出气筒。幸好，我结交了一个跟我脾性相投的朋友，只不过他比我壮得多，于是再没有人敢来惹我们了。他到现在还是我的朋友，我们俩在一家公司工作，因为公司有空缺职位的时候我告诉了他。

青春期是我最难熬的日子。别人都三三两两地出去玩、追女孩子，而我总是一个人待着。在舞会上，我从来都不知道该说些什么。跟人聊天让我觉得特别累，而且我总觉得猜不透别人想从我这儿得到什么。我更愿意一个人待在角落里埋头工作，可女孩子对我还是有吸引力的，就是这个原因促使我走出了自己一个人的世界。

很不幸，我根本不擅长跟女孩子相处，今天我算是意识到这一点了。我不知道该跟她们说些什么。我跟她们聊天的时候，总是在说些自己特别感兴趣而且感到游刃有余的话题：我试图跟她们解释飞机在空中飞行的原理，或是怎样借助天上的星星在海上定位。开始的几分钟，我还能引起她们的兴趣，接着她们就开始烦了。我意识到这一点，可我没法改变自己聊天的方式。还有，如果有别的男孩想引起她们的注意，我马上就会退出，因为跟人竞争的状态对我来说太过复杂了。

心理治疗帮了我很大的忙。首先，心理医生帮助我理清了所有让我感到不自在的情况，从某种意义上来讲，这对我是一种学会表达内心感受和个人想法的训练，这是我平时无法做到的。这是一种非常有用的体验。除此之外，心理医生还帮助我在聊天时学会更好地了解他人的需求——因为我不知道该怎么跟人沟通。

到了这个阶段，我觉得自己可以接受小组治疗了，因为一开始我是拒绝的。这是一个训练自我肯定的治疗小组。我们通过角色扮演来模拟日常生活中的各种场景。比如，我曾经模拟过类似“您正在上课，您坐在一个年轻女孩旁边，您必须去跟她聊天，并且邀请她喝咖啡”的场景。组里的一个女孩扮演那个女学生。我表现得糟糕透了，不过别的组员也一样，治疗师能够始终维持着一种令人特别放心的氛围，大家都在相互鼓励。我在一年的时间里取得了很大的进步。

现在，我依然很喜欢独处和智力型的活动，但我觉得跟人接触比以前有意思了，因为我在跟人打交道的时候没那么不自在了。我跟我妻子属于互补型，她比我活泼得多，也更擅长社交，由她来负责安排我们夫妻之间的关系、跟朋友的聚会和结交新朋友。而且，她很了解我，不会逼迫我超过自己跟人交往的“底线”。我觉得，要是没有接受心理治疗，我永远也不可能碰到她这样的女孩，并娶她为妻。

马克是个幸运的人。首先，他很早就认识了个好哥们儿，这让他感到没有被所有的人抛弃，并帮助他形成了更好的自我印象；其次，马克在青春期就碰到了一个能够根据他的个体需要来为其提供治疗的心理医生，令他的交际能力很快得到了改善。

当类精神分裂型人格成为痛苦之源

在人类生活了千百年之久的传统农业社会，类精神分裂型人格可能不算什么严重的事情。那时人们在自己的一生中都在跟认识的人、一个村子里的人打交道，您不用去结交陌生人，别人最多只会觉得您有点“不善言谈”，但或许这让您比别人更能忍受长时间一个人的劳作，或者对于女性而言，更能安安静静地纺纱织布。当然了，如果您是正值青春年少的男孩，不知道怎么跟异性打交道，会不知道怎么追女孩——这些复杂难懂的生物；如果您是女孩，不知道如何回应男孩的主动出击，会觉得避开他们更加省事。但如果这是在农业社会，这些事情就会变得很好解决。通常，您的婚姻可能是交好两家定下的娃娃亲，两家的父母已经为各自的孩子选好了未来的伴侣，您也不必在自己的真命天子或真命天女面前证明些什么。在以生存为基本需要的社会中，懂得变着花样地聊天并非男性为人看重的优势，虽然这对夫妻的你侬我侬很有好处。人们更希望男人踏实肯干、身体强健、不会动不动就找茬儿。女性则应该勤劳贤淑、对丈夫千依百顺、一心一意地照顾孩子，这些才是最受人看重的品质（还有丰厚的嫁妆），而且都是类精神分裂型人格的典型特征。（至少这样的女性不会抱怨丈夫少言寡语！）

从进化论的角度来看，我们甚至可以认为，类精神分裂型人格是那些需要长时间独处之人的优势，比如猎人、牧羊人或渔夫。

今天，一切都变了。世界上有一半的人生活在城市里，无论是在学校或公司、路上还是度假，我们都在不停地认识不同的人。人们必须懂得如何认识陌生人，如何跟人打交道，如何给人留下好印象。这对某些人来说，尤其是在另一种环境中可能会如鱼得水的类精神分裂型人格者，是很难做到的。现代社会对人与人之间的沟通强加了极为苛刻的要求：如果您想吸引合作伙伴、说服雇主、领导团队、实施某项计划，您就得不停地说、说、说。我们的职业和感情都维系于与他人的良好沟通上。

因此，类精神分裂型人格者很可能会在情感上和人际交往中陷入孤立，并苦守着一份无须负什么责任的职位而饱食终日。这也是为什么，对于某些人而言，接受心理治疗是有好处的，治疗虽然不会把他们变成长袖善舞、侃侃而谈的人，但能够帮助他们以合适的方法去面对日常生活中的人际交往。

所有以模拟渐进式困难状况为前提，旨在通过训练改善沟通技巧的心理治疗，都有可能帮助想要改变自己的类精神分裂型人格者得到改善，但我们还缺乏可以确切证明这方面治疗效果的研究结果。

电影和文学作品中的类精神分裂型人格

加缪作品《局外人》（*Étranger*）的主人公总是跟现实保持着距离，对他人的反应无动于衷，沉浸在自己的内心世界里，疑似具有类精神分裂型人格。

对帕特里克·莫迪亚诺（Patrick Modiano）数本小说里的主角也可以做出这样的假设，他们喜欢幻想，只有在遇见钟情的女孩时才会走出类精神分裂型人格的躯壳，但女孩们往往会离他们而去，尤其是在《凄凉别墅》（*Villa Triste*）中。

在保罗·奥斯特（Paul Auster）的《月亮宫》（*Moon Palace*）里，缺吃少穿的主人公就这么由着自己饿死在公寓里，而不是向别人求助，他把自己封闭在类精神分裂型人格的幻想之中。

在电影作品中，我们也可以把那些爱打抱不平的好汉视作“精力充沛”的类精神分裂型人格者。他们性格孤僻、冷若冰霜、惜字如金，对女性和民众的敬仰无动于衷。克林特·伊斯特伍德（Clint Eastwood）和查尔斯·布朗森（Charles Bronson）可谓塑造这类人物的专业户，他们饰演的角色大多面无表情，跟坏人算完总账之后，牵着自己的马儿继续孤身走天下。比如查尔斯·布朗森主演的《西部往事》（*C'era una volta il West*，1969 年），克林特 · 伊斯特伍德主演的《苍白骑士》（*Pale Rider*，1985 年）。

如何应对类精神分裂型人格？

应该做的

‖ 尊重类精神分裂型人格者独处的需要

不要忘记，他人的陪伴对于类精神分裂型人格者来说是一件累人的事情。独处是他的氧气，能够让他在劳累之后恢复精力，独处还能够让他专注于自己擅长的活动。我们来听听玛丽娜——前文例子中马克的妻子是怎么说的。

每次我们应邀到朋友家里吃饭，我都能感觉到马克有些不高兴，即便他没有表现出来。当然了，他明白我们不能像原始人那样生活，他也知道我喜欢探亲访友。但我能感觉到他更愿意待在家里看书。不过他还是会一言不发地接受亲朋的邀请。

等到去朋友家里吃饭的那天，一进家门我就能感觉到他情绪低落。他脸色阴沉，一副落落寡欢的样子。不过他不会抱怨什么，对我也很和善，他会坐在电视机前等着我准备停当。

等我们到了朋友家里，他就像变了个人，聊天、开玩笑，表现得很有幽默感。大家都很喜欢他，觉得他在那儿很高兴。只有我知道，他的这份轻松自如是经过多年对别人的观察和努力的训练才得来的，这对他来说是件需要花费很多气力的事情。另外，在快要吃完的时候，他就会变得沉默，静静地坐着，就好像耗尽了所有的精力。这个时候，我就借口说第二天要早起，以示告辞，他的眼睛会再次亮起来，就像狗儿看见主人牵起皮绳就知道要带自己回窝一样。这个比方是他说的，您知道他的幽默感了吧！

其实，我们两个都在努力：他呢，接受访亲探友，并配合聊天的游戏；我呢，拒绝太过频繁的邀请，并在我愿意的时候提前告辞。结果就是我们能够融洽地相处。另外，随着时间的流逝，他还跟我说觉得自己比以前能接受他人的陪伴了。

听了玛丽娜的这番话，大概无须再解释为什么要尊重类精神分裂型人格者独处的需要了。

‖ 给类精神分裂型人格者指派他力所能及的工作

阿梅尔是个极为出色的档案管理员，38 岁的帕特里斯——大学图书馆馆长跟我们说：

她可以找到别人跟她询问的任何信息，可以轻松自如地处理数据库。她大部分时间都坐在电脑前，保持跟读者最低限度的接触。

她长得挺漂亮，但她根本不当回事儿，她从来不笑，走路贴着墙，我觉得她应该没什么朋友。她住在父母家楼上的一套单间公寓里。

因为我也是个工作狂，所以有时会让她代我跟学校里其他的代表去参加会议，我感觉到她有点不情愿。开完会回来，她会给我一份详细的报告，里面记录了谁都说了些什么，但我发现她在会议上很少发言，特别是在需要的时候，她并不是每次都会替图书馆说话。我向她指出了这一点，她听了没什么反应。后来，我在信箱里看到一封她写给我的信，文笔非常简练，几乎不带一丝的个人色彩，她在信中解释了自己为什么不适合去参加那些会议，说她难以记录下所有人的每一句话，这让她感到身心俱疲，觉得自己无法把工作做好。我该怎么回复她呢？撇开别的不谈，她是个很好的工作伙伴。于是，我不再让她去参加会议，由着她坐在电脑面前。现在，我发现情况有所改善，她跟我打招呼的时候脸上带着微笑。

帕特里斯描述的情形在很多工作分派中都很常见：一名类精神分裂型人格者因自己的技术能力而深受赏识，被委任了管理工作。而在这个与他性格格格不入的岗位上，他的表现令人失望，自己也很委屈，最终给自己和公司都带来了不好的结果。

以下是卢克的自述，一位出色的工程师，差点成了一次“职业意外”的牺牲品。

我一直都非常喜欢数学和研究，所以，我进了工程师学校也就不足为奇了。但跟我很多的同学不同，他们都梦想着成为企业高管或政府高官，而我呢，我是真的想成为工程师！毕业以后，我没费什么力气，就在自己钟爱的流体动力学领域找到了一份工作。工作两年后，公司让我监管一个三名工程师的小组，虽然这个工作比之前要累得多，但我还是能够让小组良好运转的。

于是，我被任命为项目总监。这一次，我得跟不同的团队打交道，向管理层提交项目报告，参加很多会议，其中也包括跟客户的会议。这让我觉得很乏味，而且给我带来了前所未有的压力。我感兴趣的是研究工作，而不是行政事务。我虽然能够设法应付，但实在让我疲惫不堪。我觉得自己并不是这个职位的最佳人选。

还好，我在那个时候收到了一家外国公司的工作邀请，他们需要一位高水平的专家。我马上就答应了。现在，我有四个工作伙伴，都是研究员，我至少有四分之三的时间可以做自己喜欢的事情，只有四分之一的时间花在行政事务上。这家公司懂得发挥我的所长。当然，在我这个年纪，我的一些老同学已经成了手底下管着数百人的主管，但我所渴望的从来都不是这个。

卢克是找到了一家能够让他发挥技术专长的公司，可还有多少像他这样的工程师遭遇事业上的滑铁卢，被迫沦为汽车修理工，就因为公司期待他们能够在自己并不擅长的管理工作上有所建树呢！

注意，我们的意思不是说类精神分裂型人格者没有领导团队的能力（卢克就在适合自己的环境中做到了这一点），而是说应该仔细评估他们从事管理工作的可能性，而且不要把专业技能和管理能力混为一谈。

‖ 倾听类精神分裂型人格者的内心世界

与封闭内向的外表不同，类精神分裂型人格者往往拥有极为丰富的内心世界。在学校里，他们就是那种表面上对女孩不感兴趣，但却会给想象中的爱人偷偷写下长长情诗的男孩。因为总在不停地幻象和想象，类精神分裂型人格者往往具有丰富而独特的思维，而他们敏感的知觉，虽然有时显得“不伦不类”，却可能创造出宝贵的纯真诗意。这种观察事物的独特视角，解释了为什么很多创意师、艺术家、研究员或作家都是类精神分裂型人格者。

如果您想窥探他们丰富的内心世界，就不要用连篇累牍的聊天去打扰您喜欢的类精神分裂型人格者。只需在您专注聆听的时候鼓励他们开口说话就可以了。提出一个他们感兴趣的话题、尊重他们的沉默寡言、付出足够的耐心和专注，您或许有机会听到他们口中新意迭出的话语，发现一个令人神往的世界，就像一件珍宝在懂得对它善加呵护的幸运之人眼前显露真容。

‖ 欣赏类精神分裂型人格者少言寡语的品质

类精神分裂型人格者的话不多，这是显而易见的事。但您有没有想到过那些滔滔不绝、令您疲惫的人？您是否曾经因为自己手头正有紧急的工作，一个同事却跑来跟您讲述他怎么过的周末而大为光火？或者某个朋友在电话里不顾您结束谈话的暗示，继续向您大吐感情生活的苦水？又或者吃饭时活泼的邻座不停地跟您问这问那，跟您说笑话，跟你讲述他熟人的各种奇闻轶事？还有那些总会让会议无休无止的人，因为他们不知疲倦地讲个不休？跟类精神分裂型人格者打交道，绝不会出现上述这些状况。当您需要休息，需要安静，需要集中精神的时候，类精神分裂型人格者会是您最好的伙伴。您可以考虑跟类精神分裂型人格者一起去远足，去海上冒险，去钓鱼。还可以跟他一起在周末搞搞研究、看看书。跟类精神分裂型人格者在一起，没人会打断您的说话！

不该做的

‖ 不要强迫类精神分裂型人格者表达强烈的情感

您不能要求一辆家用轿车具有运动跑车的性能，同样的道理，您也无法苛求类精神分裂型人格者对您表达强烈的情感，欣喜若狂或怒不可遏。

在我们的蜜月旅行中，我觉得自己难以忍受我的丈夫。我是个挺能说的年轻姑娘，喜欢开玩笑，容易激动，会表现出强烈的高兴或忧伤的情绪。我们当时在意大利北部观光，那里的美景让我着迷。每当我兴奋地大叫“简直太美啦”，我丈夫就会用一种平淡的语气回答“是的”，或者根本不搭理我！我们缠绵的时候，他看上去挺享受，但等到事后我依偎在他怀里，他一句温柔的话都不会说。

几天后，我们在酒店收到一封电报，他的一位叔叔突然去世了。我为他感到特别难过，我知道那位叔叔对他来说就像父亲一样。我满眼泪水，看着他把那封电报又看了一遍，一句话也没说。最后，他看了我一眼，然后跟我说：“我们得回去了。”

我花了相当一段时间才习惯了他的不善表达，最重要的是，我发现他还有别的优点。后来，他对待我的方式有了一些改观，我也变得不那么挑剔了。我们有时候还能互相开开玩笑。

‖ 不要用滔滔不绝的倾诉让类精神分裂型人格者感到厌烦

类精神分裂型人格者的话不多，也极少打断别人的讲话，所以看上去会是很好的听众。也正因为如此，类精神分裂型人格者在非自愿的情况下，会吸引那些渴望滔滔不绝对人倾诉的人，他们会对着类精神分裂型人格者不停地讲啊，讲啊，讲啊……如果他们稍稍注意一下听自己倾诉的类精神分裂型人格者，就会发现对方的疲惫和厌烦。

42岁的农场主杰尔曼跟我们讲述了他的经历。

我妻子是个会计，就像别人说的，她是个一丝不苟的人。她工作很勤奋，说话的声音从来不会比别人高，把我们的两个孩子照顾得很好。唯一的问题是，我这个人喜欢说话，而她却不是。在我对她献殷勤的时候，她的沉默让我很惊讶。我天南海北地跟她东拉西扯，她只是看着我，不说什么。我以为她对我不感兴趣，于是越发想尽办法跟她攀谈，跟她讲各种奇闻乐事，开各种玩笑，可没什么效果。

一天，我们一起去看电影，看的是《雨人》(*Rain Man*)，我看到最后明白了。我开始对这部电影评头论足，可她没做什么回应，到最后只说了句："我看完一部电影会有所思考，但我不喜欢谈论它。"就在那一刻，我突然意识到，几个星期以来，我的话太多了。到现在，我们连续说话的时间都不会超过十分钟。我已经习惯了，要是想找人说话，我有几个哥们儿，我跟他们可以整晚地聊天。另外，她对我每个星期出去一两个晚上毫无意见。她会开着电视机，关掉声音，做填字游戏。

这里可以给您一个很好的建议——不仅适用于类精神分裂型人格者——在您跟人说话的时候，稍稍做些停顿，观察一下对方的非言语反应（他的眼神、动作、姿势）。有时候，您可以从中看到比他对您做出的回答更多的东西。而对于类精神分裂型人格者，您可以看到自己什么时候开始让他感到厌烦。

‖ 不要让类精神分裂型人格者成为孤家寡人

如果由着自己的本性，类精神分裂型人格者恐怕最终会过上遁世的生活。一二十年前，有些实验室里的研究人员从来不出办公室，甚至睡在里面。他们的日常生活已经无点无线，趿着拖鞋走到咖啡机前就算是出门了。他们只跟自己的秘书说话，甚至只有在秘书来问自己，或是主管亲自来询问工作进展时才开口说话。现代研究工作的苛求，通常需要来自世界各地、处于合作—竞争关系之中的不同小组一起工作，这也令这类足不出户的研究人员渐渐消失（但在一些具有保密性质的国有大型机构中依然存在），或是促使适应能力最强的精神分裂型人格者在一种变得更加活跃的气氛中能够更好地与人交流。气氛会更加活跃，但不能太过活跃，因为搞研究的实验室也是一个需要保持安静和独处的地方。

综上所述，如果您认识某个精神分裂型人格者，不要让自己的时时出现和喋喋不休让他感到疲惫不堪，而是偶尔去看看他，邀请并带着他去参加一些聚会。您可以帮助他提升自己的人际交往能力，这种训练可以让他在社交活动中不会感到那么累，就像本章第一个例子中卡洛尔和她丈夫那样。

如何应对类精神分裂型人格?

应该做的

- 尊重类精神分裂型人格者独处的需要。
- 给类精神分裂型人格者指派他力所能及的工作。
- 倾听类精神分裂型人格者的内心世界。
- 欣赏类精神分裂型人格者少言寡语的品质。

不该做的

- 不要强迫类精神分裂型人格者表达强烈的情感。
- 不要用滔滔不绝的倾诉让类精神分裂型人格者感到厌烦。
- 不要让类精神分裂型人格者成为孤家寡人。

如果类精神分裂型人格者是您的伴侣：承担起夫妻社交生活的责任。

如果类精神分裂型人格者是您的上司：给他（她）留言而不是直接去见他（她）。

如果类精神分裂型人格者是您的同事或合作伙伴：让他（她）成为优秀的专家，而不是迫使他（她）成为糟糕的管理者。

您是否具有类精神分裂型人格的特点？

	有	没有
1. 在跟其他人度过一天之后，我会有必须独处的急切需要		
2. 我有时候无法理解别人的反应		
3. 我对认识人没有很大的兴趣		
4. 即便是跟别人在一起，我有时候也会魂飞九霄云外地想别的事情		
5. 朋友为我庆生，我感到更多的是疲倦，而非高兴		
6. 别人会责备我心不在焉		
7. 我的娱乐活动基本上都是一个人的		
8. 除了家人，我只有一到两个朋友		
9. 我对别人对自己的看法不是很感兴趣		
10. 我不喜欢集体活动		

第七章

A型人格

Les comportements de type A

以下是 36 岁的诺尔贝尔的经历，他是电信公司的商务管理人员。

面试的时候我就觉得老板是个不好相处的人。他在问我问题的时候，不等我回答完前一个就已经提出下一个了。他总是一副急匆匆的样子，没有耐性，我总有种在浪费他时间的感觉。我当时觉得他没打算要我，面试只是走走形式而已。哎，可完全不是这样，他录用了我！后来我才明白，匆忙和没耐性是他的常态。

开会的时候情况更糟，一旦有人说话说得长了点儿，他就会打断人家，有时候甚至替人家把话说完。他难以忍受别人当面反驳，要是有人提出反对意见，他就会据理力争，直到对方放弃自己的立场。但要是您过两天再看见他，他就能接受您试图传达给他的意见，就好像他从头到尾就没反对过您的看法。这成了大家的一个笑柄，当然是在背地里。

我们还是很尊重他的，因为必须承认，他的工作能力很强。他早上总是第一个到办公室，一整天都忙于各种约见和会议，晚上很晚才离开。从一个办公室到另一个办公室，他几乎是用跑的。只要有人跟他说哪里出了问题，他马上就会着手解决，而且往往手到病除。他只有那么一两次因为操之过急考虑不周而铸成大错。他人不坏，但脾气很暴，就算能忍而不发，还是一眼就能被人看出来。

有一天，他发现秘书因为疏忽弄错了拿给他的文件，我眼见着他的面孔因为愤怒而涨得通红，但当时有客户在，所以他没有发作，一句话也没说。有些日子，他显得非常匆忙，一触即发的样子，我们就会避免去见他。这时候的他会很快变得面目可憎，伤人的话冲口而出，莫名其妙地大发雷霆。我不知道他妻子怎么能受得了他！或许他在家里火气没这么大。不管怎么说，他工作这么忙，待在家里的时间也不多。

即便是在周末，想必他也是难以放松下来的。我记得去年大家一起去外地参加一次会议，会址设在一个令人神往的地方。那里有个网球场，老板跟出口业务总管打了一场比赛，程度之激烈让他扭伤了肌肉。不知道的人还以为是职业对决呢！毫无疑问，他总给我们分派超负荷的工作，并期待所有人都按照他的节奏去工作，但我们可不想最后落个住院的下场！

如何看待诺尔贝尔的老板？

总是行色匆匆，没有耐性，火急火燎，每天的工作就像在跟时钟赛跑，诺尔贝尔的老板似乎在跟时间较劲。

跟他打交道不是件容易的事情。要是他觉得别人跟不上他的节奏，或者因为错误而打乱了他的计划，他就会不停地打断别人，催促别人。可以说，别人在他眼中就是妨碍他跟时间赛跑的拖累。此外，他还具有一种高度的竞争意识，无论是平时的讨论还是同事间的网球比赛，他都要压人一头。即便是应该沉稳对待的情况，他也会忍不住要跟人一争高下。这种把别人视为拖累或竞争对手的观念，令他时常处于与人争斗的状态中。

最终，我们会觉得诺尔贝尔的老板但凡碰上想要企及的目标，就会调动所有精力全力以赴：说服客户、召开会议、准时到达或赢得网球赛。他全身心地投入会给合作伙伴留下深刻的印象。

A 型人格的行为

▸ 跟时间赛跑：没有耐性，总想做得更快，在有限的时间内做最多的事情，要求精确，不能容忍别人的拖沓。

▸ 竞争意识：即便是在诸如聊天或是体育休闲等日常活动中，也具有“想赢”的倾向。

▸ 全身心地投入：工作卖力用心，将休闲活动变成指向某个目标的任务。

诺尔贝尔的老板具有一种较为极端的A型人格，如果让他做一次测试，肯定会以高分被归为A1型人格。实际上，我们可以按照从A1（最高级别的A型人格）到B5（A型人格的反向类型）的等级对所有人格进行归类。B5型人格者性情安静，行动之前会花时间去思考，沉稳地倾听对方的观点，很少行色匆匆。如果我们以政治人物为例（不一定准确，因为我们在媒体上看到的都是政治人物的公众形象，都对他们的日常生活并不了解），可以推测阿兰·朱佩（Alain Juppé）属于A1型人格，相反，雷蒙·巴尔（Raymond Barre）在公众面前的行为举止则比较像B5型人格。

我们在下表中按照从A到B的等级，尝试对几位众所周知的人物进行人格分类。

A型人格行为	B型人格行为
路易·德·菲内斯（Louis de Funès）[1]	布尔维尔（Bourvil）[2]
德梅斯马克先生（De Mesmaeker）[3]	加斯东·拉格菲（Gaston Lagaffe）[4]
乔·达尔顿（Joe Dalton）[5]	阿维里尔·达尔顿（Averell Dalton）[6]
阿尔卡扎将军（le Général Alcazar）[7]	奥利维拉老爷（le Señor Olivera）
神探亨特（Rick Hunter）[8]	神探科伦坡（Columbo）[9]
唐老鸭	米老鼠

注：1 法国著名喜剧演员。2 法国著名喜剧演员。3 漫画《捣蛋鬼加斯东》中的人物。4 漫画《捣蛋鬼加斯东》中的人物。5 漫画《幸运星卢克》中的人物。6 漫画《幸运星卢克》中的人物。7 漫画《丁丁历险记》中的人物。8 美国电视剧中的人物。9 美国电视剧中的人物。

A 型人格如何看待世界？

在 A 型人格者的眼中，日常生活中的任何事件都是挑战——他想掌控所有的情形。无论是大宗合同还是汽车修理工的支票，他都会调动全副精力。在面对重大挑战时，我们都会全力以赴，但对于 A 型人格者而言，所有的挑战都是无比重要的。加拿大心理学家艾瑟尔·罗斯基（Ethel Roskies）[1] 对这种性格特点做出了如下描述："对于 A 型人格而言，所有的冲突都如同核战争。" A 型人格的座右铭可能是"我必须掌控所有的情形"或者"我必须做成所有在做的事情"。我们来听听 52 岁的医院监理阿里耶勒是怎么说的。

跟所有的医护人员一样，我的工作压力非常大。我既要操心行政事务，预算、设备订购什么的，又要操心护士的人事问题，保证人员的流动不会影响医务工作的质量，还得留意医生和行政人员的要求，这两方面的要求有时候是相互矛盾的。最后，我还得处理患者家庭的要求，解决住院床位的棘手问题。也就是说，我每天要工作很长时间，一分钟都停不下来！

开会、查房、行政工作、急诊，我总在追着时间跑。换成别

---

1 E. Roskies，《压力管理与 A 型人格的健康》（*Stress Management and the Healthy Type A*），纽约，The Guilford Press 出版社，1987 年。——作者注

人早就打退堂鼓了，可我就跟打了兴奋剂似的。我习惯一心二用，比如一边写报告一边听别人说话，或者一边在医院里穿梭一边看文件。随着习惯的养成，我做事的速度也越来越快。医院主管给我起了个外号——“白色龙卷风”。

只要我感觉情况在掌握之中，就不会出什么问题，但只要我慢了半拍，或者我觉得别人不够快，我就会变得非常焦躁。我特别受不了会议延时，我总想着自己还有那么多事情要做，这时候，我就会打断别人的讲话，护士们对我这一点颇为不满。总之呢，那些不喜欢我的人会申请调职。这样很好，因为剩下的医务人员大多都能跟我一个节奏。

我的“运转方式”一直都是这样，但我丈夫觉得我这个年纪应该放慢速度。他跟我说：“往后退一步。”简直开玩笑！我倒想看看在一个工作安排上稍微出点差错就有可能造成灾难性后果的地方他能怎么做。但确实，我到了晚上感到越来越疲惫，脾气也越来越暴躁，我觉得自己的精力不如前些年了。我丈夫说我压力太大。可对我来说，压力就是我的生活！

阿里耶勒将紧迫感形容为自己的兴奋剂。另外，她的行为举止体现出A型人格的另外一些特点：做事火急火燎，同时做好几件事，很容易失去耐性，对所做之事全力以赴。有这么一位高效的同事，医院总管肯定喜不自胜。

可我们应该如何看待阿里耶勒呢？她喜欢自己的工作，

但意识到自己越来越容易疲劳。当她筋疲力尽地回到家中时，丈夫要忍受她的坏脾气。阿里耶勒是否为自己的性格付出了太多呢？

两个人谁说得有理：是觉得她压力太大的丈夫，还是觉得压力就是自己生活的阿里耶勒？首先，什么是压力？

浅谈压力

压力是一种我们的身体在需要努力去适应某种情况时做出的自然反应。例如，在我们加快步伐去赴约会时，就会出现压力反应。这种反应可以分解为三个组成部分：

- **心理表现**：我们在看表的时候会做出估计，距离约见时间还有多久，距离约见地点还有多远（环境所限），以及我们能走多快，或是否能找到更迅捷的交通工具（可控的资源）。如果环境所限与可控资源的差距太大（比如，距离重要约见的时间只有十分钟了，还有两公里的路要走，但却看不到一辆出租车），就会感到很大的压力，并在心理层面表现出来。
- **生理表现**：在约见的例子中，我们的身体会分泌不同的荷尔蒙，尤其是肾上腺素。肾上腺素会令我们的心跳和呼吸加速，令皮肤和脏器的血管收缩，促使血液流向肌肉和大脑，增加血糖浓度，这样我们的肌肉就会获得更多的葡萄糖。所有这些生理反应都为我们做好了支出体力的准备。

- **行为表现**：我们会加快脚步，甚至跑起来。

我们可以看到，压力反应是一种既自然又有用的身体反应，它令我们做好适应某种紧迫情况的准备。现在，让我们想象一下以上约见的场景，只不过这一次是在开车，而您被堵在了路上。这时候，会出现同样的压力反应，您会觉得自己的心跳加速、肌肉紧绷。但是坐在车里再怎么使劲儿也没用，收紧肌肉并不会令道路畅通，可依然出现了同样的压力反应，为什么呢？

回溯进化

很简单，因为压力反应来自我们远古的祖先。我们动物祖先的这种压力反应经过自然选择的塑造，能够帮助它们在野生环境中生存下来。而我们的灵长类祖先，它们最主要的压力情境就是跟对手搏斗、逃脱捕食者的利爪，或是躲过森林大火、山洪暴发等自然灾害。应对这些情况需要猛烈的体力爆发，而压力反应正好起到了推波助澜的作用。我们是幸存者的后代，幸存者就是指那些能够跑得更快，或者因为更多的肾上腺素分泌而拥有更强击打力量的祖先。

今天，在城市人的生活中，我们面对的大多数压力情境并不需要猛烈的体力爆发、逃跑或打斗。参加考试、面试时给对方留下好印象、修理出故障的设备，在这些情况下，体力基本派不上什么用场。因此，很大一部分压力反应都不适用。然而，肾上腺素和它的近亲去甲肾上腺素，都会对心理产生作用：提高警觉、减少反应时间，这会帮助我们完成紧急的工作或面对顽固的对手。

来看另一个例子。您要当众讲话，讲完还要回答问题，但您一点儿都没有觉得有压力（您很熟悉讲话内容，这次讲话对您而言不是那么重要）——您可能因此而不够积极，因为疏忽而有所遗漏，回答问题时也显得无精打采。不足的压力反应可能无法让您达到最佳业绩水平。相反，如果您的压力反应足够强烈（您对讲话内容不够了解，听众要求高，顺利完成讲话对您而言非常重要），您可能会怯场，出现心跳加速、手心出汗、喉头发紧等压力反应的生理表现，您感到焦虑并心想，“我要是说不顺溜就完蛋了”，或者“他们发觉我怯场了”。在行为表现上，您可能真的会结结巴巴，忘记讲话内容，手忙脚乱地应付问题。换句话说，太过强烈的压力反应会影响您的业绩水平。

正如您所想象的，压力反应存在一种中间状态：您走上讲台的时候感觉到一定的压力，心跳稍稍加快，精神戒备。在这种程度的压力之下，您全副身心都被调动起来以达成目标——顺利完成讲话。

我们可以用一副曲线图来表示您的业绩水平和您的压力反应程度之间的关系：

叶杜二氏业绩—压力曲线图

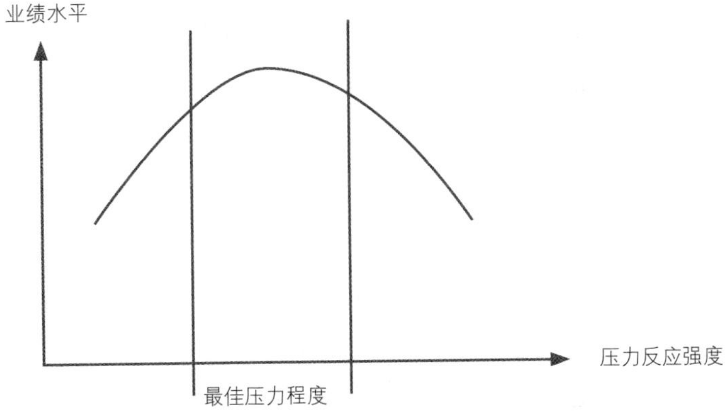

因此，这个最佳压力程度可以调动您的积极性，以获得最佳的业绩表现。(当然，压力程度取决于您要完成工作的类型和期限。)

这种压力反应需要付出精力成本，因而必须懂得如何恢复精力。在做完讲话之后，您会觉得需要跟人轻松地闲聊几句，或是独自待一会儿，以便安安静静地恢复体力。如果您的压力反应持续时间过长，或在短时间内频繁出现，疲惫感就会随之而来。

您会说，好吧，那A型人格在这种情况下会如何表现呢?

回到 A 型人格

那么A型人格者呢，会表现出比其他人更为强烈、持久和频繁的压力反应。

他们往往不会在意必要的精力恢复期，因为只要够年轻，体力够充沛，他们就能承受种种的压力。但随着年龄的增长，“烧过头”的风险也会增加。

有人曾对A型人格在面对适度压力情境时的生理反应做过研究。以下就是一例。研究人员邀请A型人格和B型人格在电子游戏中分别与另一位玩家对阵。观察结果显示，A型人格者的心跳频率、血压和肾上腺素血糖浓度的上升在速度和强度上都要高于B型人格者。如果对方玩家在游戏过程中做出语带讥讽的评论（比如“你得加把劲儿了！”），那么这种上升在A型人格者身上会表现得更加显著。在这种程度的压力反应下，A型人格者开始比B型人格者更加频繁地出现错误，因而导致业绩水平的下降[1]。

这个研究实验说明，不要对A型人格者施加太大的压力，他已经时时在给自己施加压力了。

1 实验观察引述自 R. Dantzer 的《心身幻觉》（*L'Illusion psychosomatique*），巴黎，Odile Jacob 出版社，1989 年，201—202 页。——作者注

作为 A 型人格者的优势和风险

A 型人格的优势	A 型人格的风险
全力以赴	缺乏退守思维
高效	难以放慢速度
有抱负	牺牲家庭生活
斗志高昂	太好争斗
工作受人尊敬	因专断而遭人拒绝
鼓舞人心	打击别人的士气
精力充沛	过大的压力引发健康问题
晋升快	因缺乏退守思维而可能停止不前
事业成功	因冲突、健康问题和夫妻不和而引发事业危机

看过这个表格，您就会明白我们为什么在这本关于人格障碍的书中选择了 A 型人格。对他人、合作伙伴、家庭而言，A 型人格者可能会是难以相处的对象，但 A 型人格者自己也深受其苦：过度工作、压力过大，以及健康问题等。

实际上，国际流行病学研究已经在数年间对成千上万的 A 型人格者进行了追踪调查，并获得了一致性的研究结果：

- A 型人格者罹患冠状动脉疾病（心绞痛和心肌梗死）的风险比 B 型人格者高出两倍[1]。

1 R. Rosenman 及合著者，《冠心病在西方协作组的研究：8.5 年追踪研究的最终结果》（*Coronary Heart Disease in the Western Collaborative Group Study. Final Follow-Up Experience of 8 1/2 Years*），《美国心理学会杂志》（*Journal of the American Psychological Association*），1975 年，第 233 期，872—877 页。——作者注

▸ 那些容易对别人发火的最“好斗”的A型人格者，罹患冠状动脉疾病的风险最高[1]。

▸ 这一患病风险会随着诸如吸烟、高胆固醇、超重、高血压、久坐不动等其他致病风险而增加。

A型人格者的健康问题引起了北美一些大型企业的注意[2]。诚然，这些大企业的A型人格高管都极富工作效率，但如果哪天他们心肌梗死发作，无论在工作成效还是医疗费用上，企业都将为此付出巨额的代价(这笔医疗费用由私人保险机构支付，但高昂的保险费和视病情而定的附加保险费则由企业支付)。因此，企业对A型人格者较为关注，建议他们参加压力管理和降低心血管疾病风险的课程。

1　T.M. Dembrovski及合著者，《在多风险因子干预实验中将敌视态度作为冠心病的预测因子》(*Antagonistic Hostility as a Predictor of Coronary Heart Disease in the Multiple Risk Factor Intervention Trial*)，《心身医学》(*Psychosomatic Medicine*)，1989年，第51期，514—522页。——作者注

2　国际劳工局(Bureau international du Travail)1993年的工作报告，第五章，《工作压力》(*Le stress au travail*)，73—87页，日内瓦。——作者注

压力管理课程的常用方法及目的

推荐方法	目的
▶ 放松	▶ 减轻压力反应的生理表现，学会恢复精力
▶ 沟通训练	▶ 减轻好斗的表现
▶ 思维训练	▶ 学会相对地看待问题，学会退守
▶ 提倡健康的生活方式： —平衡的饮食 —戒烟 —定期的体育锻炼 —定期的休闲活动	▶ 提高抗压能力，降低心血管疾病的致病风险

推荐给A型人格者的课程内容（根据具体的方法、目的）和时间（连续几个月的定期训练或连续几天的集中训练）各有不同。课程可以按个人或小组形式进行。这些课程都具有同一个目标：帮助A型人格者形成自己的压力管理方式，也就是说让他们能够养成持久的新习惯。让我们来听听43岁的塞尔热的经历，他参加了公司推荐的一项压力管理课程。

这段时间，我们人力资源部的主管越来越关注工作压力的问题。当时我们公司正在经历重大的人员变更，每个人压力都很大。公司的财政主管因为心肌梗死休了好些天的病假，他接受了搭桥手术。我自己也经常头疼，试过好多医生开的药都没什么用。另外，我妻子也抱怨我越来越紧张，动不动就发火。确实，我在家里经常因为鸡毛蒜皮的小事发火。比如，我女儿打电话的时间稍微长了一点，我儿子下楼来吃饭晚了几分钟，都能让我大发雷霆。

最近，我失眠的问题越来越严重，经常因为头一天晚上没睡好，早上到办公室的时候就已经疲惫不堪了。所以，当人力资源部主管告诉我们，公司从外面请来一个专业机构可以帮助大家管理压力的时候，我就报名参加了。课程安排很适合工作繁忙的人：每两周一次个人课程，持续六个月，12 次课，然后是每个月一次的巩固课程，持续两个月，加起来一共 14 次课。

我很快就喜欢上了课程顾问的工作方式：首先开始分析我平时遇到的具体的压力情境。第一次课上，我填写了几个关于自己压力症状、沟通方式、日程安排、生活方式的调查问卷。这让我意识到很多事情：别人经常让我感到恼火，而我要么加以克制，放弃跟对方的沟通，要么大发雷霆。课程顾问跟我解释说，这两种态度是引发重大压力的因素。另外，我还发现，我好些年都不曾有过属于自己的时间了，除了每周打两个小时的网球，其他时间全部都被工作和家庭生活占了去，就连打网球的时候也有压力，因为我总想保持十年前的水平，但又无法做到。最后，我们分析出我具有完美主义倾向，因为这个我工作下放得不够，因此造成自己的工作量过大。几个星期下来，我们制定了我个人的压力管理计划，主要集中在四个目标上：

- **当别人让我感到恼火时，用明确的语气跟对方沟通，也就是说既不压抑也不挑衅**。顾问跟我一起分析了我的工作情境，然后进行角色扮演，他扮演跟我经常打交道的一位同事。我渐渐懂得了如何以有效的方式提出批评，就是说坦率地表达自己的观点，批评对方的行为而不针对个人。以前，如果我的助理没有按照我希望的方式把文件准备好，我不会跟她再三重复，因为她要做的事情很多，我不想因为某个细节增加她的压力，结果到某一天，我终于彻底爆发了，说些“该死！您没按顺序把文件给我准备好啊！您做什么都不用心！您压根不在乎这工作！”之类的话。她在事后会埋怨我，我也会自责，结果搞得大家压力都很大。而现在，我会这么说：“下次，我希望您能够按顺序把文件整理好，这样可以节省我的时间。”如果我看到她已经有些紧张了，我会再补充说：“我知道您有很多的事情要考虑，那现在又多了一件，但这对我很重要。”我开始用这种说话方式跟我的同事沟通，结果大家的工作都变得更有效率了。

▸ **下放更多的工作**。我总是难以下放工作，觉得自己做的话会更好，而且往往确实如此，因为我的同事没有我经验丰富。但是这样的话，我事前就没什么时间思考，或者退一步看待问题，这让我付出了不小的代价。课程顾问帮助我列了一个可以下放的工作名单，这样就迫使我跟他一起审视自己的完美主义倾向。

▸ **增强自己的抗压能力**。第一次上课顾问就向我展示了如何在几分钟之内通过呼吸进行放松。通过持续的训练，我可以做到在呼吸之间有效地放松自己，我每天都会这么放松好几次。一旦感觉到压力上来了，我就会开始做呼吸放松，比如两个电话之间、等红灯，甚至开会的时候，当然是睁着眼睛啦！现在，我回到家的时候感觉没那么累了，也没那么容易发火了。我的头疼减轻了一半。

确定优先事宜。在课上，顾问帮助我意识到，尽管我以事业为重，但拥有工作之外的生活也很重要。我们从小处着手，看看我怎么能够调整自己的日程安排，留出更多的时间给我自己和我妻子。

我对这个课程很满意。我原以为压力管理就是泡个热水澡，或者喝杯热茶什么的，但现在我明白了，完全不是这样！实际上，这种课程可以教会您如何在日常生活中养成新的习惯。

塞尔热跟我们讲述的是一次成功的压力管理经历：他可以做到以不那么激烈的方式跟人沟通，他可以恰到好处地进行放松，他重新评估了优先事宜，他的职业生活和家庭生活也将变得更加令人满意。所以，在课程顾问的帮助下，他已经超越了纸上谈兵、光说不练的阶段。

若干不同的研究都表明，设计合理的压力管理课程可以减轻A型人格者对压力的反应。这种对压力反应的减轻，通过对A型人格者心跳和血压变化的测量得到了证实[1]。

1　D. Haaga及合著者，《针对具有A型人格行为模式的高压力人士的放松训练特定模式的影响》（*Mode-Specific Impact of Relaxation Training for Hypertensive Man With Type A Behavior Pattern*），《行为疗法》（*Behavior Therapy*），1994年，第25期，209—223页。——作者注

电影和文学作品中的 A 型人格

在伊利亚 · 卡赞（Elia Kazan）执导的影片《我就爱你》(*The Arrangement*，1969 年）中，柯克 · 道格拉斯（Kirk Douglas）扮演一位压力极大、雄心勃勃的广告商，在车祸之后突然对自己不择手段往上爬的处事方式产生了怀疑。

罗伯特·怀斯（Robert Wise）执导的名作《纵横天下》(*Executive Suite*，1954 年)，讲述了一家室内装潢公司的五个领导人在总裁去世之后的权力之争。威廉 · 霍尔登（William Holden）扮演的角色表现出极端的 A 型人格，最终夺得大权。

在雅克·鲁菲欧（Jacques Rouffio）执导的影片《七次判处死刑》(*Sept morts sur ordonnance*，1975 年）中，杰拉尔·德帕迪约（Gérard Depardieu）饰演的外科医生贝尔格（Berg）是个没有耐性、控制欲强的人，他具有 A1 型人格追求刺激的倾向和容不得他人反驳的专横，他以在最短时间内顺利完成手术为荣。不幸的是，对游戏和风险的喜好令他中了阴险狡诈的、有 B 型人格的查尔斯 · 文恩（Charles Vanel）所饰角色的圈套。

知道 A 型人格者为了达到目标会做出一些行为，尤其是在他对压力管理毫无概念的情况下，您该如何应对呢？

如何应对 A 型人格？

应该做的

‖ 表现得可以信赖，意指明晰

A 型人格者难以忍受等待，他会失去耐性并焦躁不安。因此，如果您跟他有约，不要一上来就因为迟到而令情况变得更糟。如果您觉得无法按时赴约，一定要打电话提前通知对方，并告知预计到达的时间。这会让他马上平静下来，因为他会重新感到自己对时间安排的掌控：他会马上利用等待您的空档去做别的事情。但注意，一定要遵守重新约定的时间，留足路上的时间，不要因为再次迟到而令对方重新处于压力状态之下。

要知道，A 型人格者总想控制周围的情形。您要是想让他保持好的情绪，就要让他觉得一切都在自己的掌控之内：完成您预计要做的事情，避免遗忘和疏忽大意，否则你们的关系将受到影响。

‖ 在 A 型人格者想要对您实施控制的时候，表明自己的立场

洛尔是一名年轻的医生。她跟我们讲述了自己那位具有 A 型人格的上司。

一开始，我不知道该怎么应对我的上司。他的科研活动很繁忙，总是给我很多的工作：阅读文章并写成综述，总结科研小组

的研究结果，然后写成文章，并向他提交科研项目报告，好让他去申请经费。他是个超级活跃的人，工作节奏非常快，而且想把这种节奏强加给别人。结果，他总让我在很短的期限内把工作做完，因为我不敢反驳他，所以只好夜以继日地拼命赶工。

我男朋友觉得我过的简直是非人的生活。还有，我常常无法按时完成工作，这让我的上司气到不行。最后，我男朋友建议我跟他重新商定最后期限，我之前从来没有对此提出过异议，所以很难开口。因为我上司自己就是个工作狂，所以没人敢跟他说他分派的工作太多，而且在像我这样的年轻研究员眼中，他是个令人折服的权威专家。

我男朋友是做商务的，他习惯跟大客户谈判，通常都是些很难搞的人，于是他提议跟我演练一下。他扮演我的上司，像我描述的那样急躁。我们演练了好几次，一开始，我总是让步。他指出了我在商讨过程中的错误：一上来就宣布我想要的期限，预计的期限太短，开始的时候态度很坚决，但在对方的坚持下最终溃不成军。

这个练习帮了我的大忙。当我的上司再次提出让人无法接受的期限时，我平静地盯着他的双眼，说："先生，我很乐意接受这个工作，但我觉得期限太短了。"然后我就按照我男朋友教的那样听着他说。最后，我成功获得了自己真正想要的15天的期限(但我一开始跟他说的是三个星期)。我觉得他挺吃惊的，等到下次他想强加给我一些事情的时候，我已经可以应付自如了。

现在，变成了他来问我需要多长时间才能完成工作，而且，我觉得他比以前要器重我了！我发现，懂得如何协商是生活中最重要的能力之一。学校里竟然没教这个，真是遗憾！

‖ 帮助 A 型人格者相对地看待问题

A 型人格者喜欢夸大所有的情形，因为他觉得总有某个目标要去实现。为此，他不惜违背身体的承受能力而开启最大限度的压力反应。因此，要试着让他置身事外，让他意识到不是所有的事情都那么重要。心脏病科医生杰拉尔有一位病人 M 先生，他是一家公司的老总，具有典型的 A 型人格。

M 先生来我们中心的时候，我听见推门的声音和走廊里急匆匆的脚步声就知道是他。他冲进我的办公室，满面通红，气喘吁吁，说他以从来不迟到为荣。我跟他解释说，这种情况恰恰说明了他在生活中的行为方式：压力太大！我们讨论得出的结论是：1. 宁愿晚个五分钟十分钟的，也不要把自己弄成这个样子！ 2. 他跑得气喘吁吁，说明预留的时间太短，因为他在来我这里之前安排了太多的事情。就像所有的 A 型人格者，他总喜欢把时间“安排得满当当”。因此，他应该学会在时间上多留些余地。我建议他把自己计划在一天之内要做的事情减去 10%。“好吧，”他对我说道，“那要是事情没能按时做完怎么办？”我让他从日程安排中找出那些必须在预计的很短期限内完成的事情。最终，他承认自己对优先事宜没做过多考虑，认为所有的事情都很重要。

杰拉尔在一家心脏病康复中心工作，见过不少在发作心肌梗死之后来这里做康复治疗的 A 型人格者。

‖ 让 A 型人格者体会到放松的快乐——真正的放松

43 岁的玛丽 · 洛尔已为人母，丈夫是个 A 型人格者，连周末也不消停。

我丈夫工作很拼命，周末也不让自己闲着。首先，他会忍不住要制定一个日程安排：几点起床，骑两个小时的自行车，规定自己做一些修修补补的零活，在晚上来临之前要达到某个目标。所以要是孩子们来打扰他，或者有朋友不请自来，他就会不高兴，因为耽误了他的时间。

我们假期去旅行的时候也是一样，他会给全家人制定一个观光计划，手里总拿着本旅游指南，如果我们不按照计划来，他就会生气。

孩子们最终受不了了，在所有人大吵着闹了两三回之后，他开始反省。冷静下来之后，他承认自己的行为过分了。从那以后，但凡他想要所有人按照他的节奏来，我们就会调侃他一下，他就会有所克制。慢慢地，我能够带着他做一些不带目的性的活动，比如到乡间走一圈，或者度假的时候在海滩上多待一会儿，但他想方设法地想要学习滑水！

从这个例子中可以看出 A 型行为和 A 型人格之间的区别。

实际上，有些人只有在身处压力环境中才会表现出A型行为。但只要情况允许，他们就会放松下来，改变行事的节奏。他们会在假期或周末花时间去散步，看自己喜欢的书，参加体育活动时也不会带着必胜的目的。

但另一些人，就像玛丽·洛尔的丈夫，却在根本没有必要的情况下自己制造压力。即便是在假期，他们也会制定日程安排，并规划要达到的目标。这些人，我们可以将其定义为A型人格者。

我们知道，只要还拥有青春的活力，A型人格者就不会怀疑自己的行为方式，但如果他们的精力开始减退，这种行为方式就会让他们感到疲惫不堪。

说到底，A型行为指的是一种对时间和情景控制的反应模式。因此，他可能与其他类型的人格障碍相伴相生。比如，A型—妄想型人格、A型—自恋型人格、A型—焦虑型人格等。

不该做的

‖ 不要跟A型人格者“针尖对麦芒”

A型人格者天性争强好胜。如果您跟他对着干，他立即会生出“要赢”的念头，争执不下可能会令双方剑拔弩张。尤其是您本打算商讨事宜，但对方已经因为别的事情而处在压力状态之下了。来听听一家清洁公司的老板贝尔纳尔是怎么描述他那位A型人格合伙人的。

跟自己的合伙人融洽相处很重要，但同时不能让他太压过您。亨利和我比较互补。他对所有的事情都很专注，从头到尾都要一手掌控，而且不计代价地把精力耗费在那些我觉得无益的事情上。因为他比较专横，而且容易激动，所以人际方面的问题和公司的管理就由我来负责，我对这方面也比较感兴趣，但我很难控制他。他经常忍不住会越俎代庖，不跟我商量就做决定。一开始，我一得知这样的事情就会去找他，告诉他他错在哪儿，并马上重新划定我们各自的职责。他自然是火冒三丈，态度坚决，我们的对话很快就变成了鸡同鸭讲。

慢慢地，我懂得了以更好的方式去处理这样的情况。我会利用两个人心情都比较放松的时候，比如在签完一份大合同之后，跟他说些类似“你看，我得知上个星期你没跟我商量就做了这个决定，可能我们没说清楚，这个决定应该由谁来做。我建议咱们周一再说说这事儿”的话。这样一来，他就有时间考虑，而且往往会提出我能够接受的规则，就好像这是他的意思。实际上，只要我选择对的时机，并且留足时间让他觉得是自己的主意，我就能让他去做所有我想要他去做的事情。

有如此细腻的心思，也难怪贝尔纳尔把公司管理得那么好。

‖ 不要让自己卷入毫无意义的竞争

A 型人格者往往具有狂躁的一面，他们总想胜人一筹。吃饭的时候，他们总想成为最幽默的那个，说话要处处占上风，甚至不惜语出伤人，因为他们把吃饭当成了一场竞争。不要让自己卷入这种由他们来强行制定规则的游戏，他们从中得到的乐趣可比您多；再者，您缺乏训练，可能会输给他们的。不如乐得看着他们自以为又在跟谁竞争了。

同时要避免任由 A 型人格者提出他们自己的积极性要高于您的挑战：在网球场上打败您，跑步比您跑得远，滑雪滑得比您快，下象棋赢过您。除非您也乐在其中，否则就不要让自己置身在令人紧张的气氛之中。

‖ 不要夸大跟 A 型人格者的冲突

A 型人格者易怒，而且往往脾气暴躁。如果 A 型人格者没有其他人格障碍的症状，那么他的怒气来得快，去得也快。对于他们来说，生气是一种正常的情绪，就像忧伤和快乐。相反，如果您是个本性平和的人，没有什么事情能令您情绪失控，那么生气对于您来说就会具有不同的含义：您要是生气了，说明事态严重，往往预示着彻底的决裂。

我们再来听听洛尔对她的上司又说了些什么：

医院里的人都见识过我上司发火的样子。我第一次见到他发火时整个人都惊呆了。一位女护工来找他，告诉他自己没能得到额外的护士岗位，这是人事处在一年多以前就承诺过她的。上司听了脸涨得跟鸡血似的，咆哮着指责她没有做好医护工作！

我听了心里气坏了。所有人都知道这个护工非常敬业，而且其他更缺人手的部门获得了优待也不是她的错。我觉得他完全不讲道理，而且还发这么大的火，简直是粗鲁。

但更让我感到吃惊的是那位护工的反应。她异常淡定地看着我上司，等着他咆哮完，然后问他自己可不可以走了。他看上去有点窘迫，然后护工就走出了办公室。第二天，我看见他们俩在查房的时候照常说话，就像什么都没发生过一样。护工认识我上司10年了，她很清楚在他生气的时候提出反对意见没有任何好处。她只是选择了等待事情过去，而事情确实就这样过去了。我不知道自己能不能做到像她那样平静面对。

或许做不到，确实，因为没人有义务毫无限度地承受不公的无名火。或许那位护工会在她上司心情比较好的某一天，去跟他坦诚地讨论他乱发火的问题。如果她的上司是纯粹的A型人格者，他很可能会意识到自己的偏颇，并努力去克制自己暴躁的脾气，因为这脾气让他自己也不好受。相反，如果他还具有自恋型人格和妄想型人格的特点，那么让他理解别人的感受就会非常困难！

如何应对 A 型人格?

应该做的

- 表现得可以信赖，意指明晰。
- 在 A 型人格者想要对您实施控制的时候，表明自己的立场。
- 帮助 A 型人格者相对地看待问题。
- 让 A 型人格者体会到放松的快乐，真正地放松。

不该做的

- 不要跟 A 型人格者“针尖对麦芒”。
- 不要让自己卷入毫无意义的竞争。
- 不要夸大跟 A 型人格者的冲突。

如果 A 型人格者是您的上司：用您的工作效率赢得他（她）的尊重，但不要让他（她）把自己的节奏强加给您。

如果 A 型人格者是您的伴侣：鼓励他（她）养成良好的生活习惯，以避免他（她）的英年早逝。

如果 A 型人格者是您的同事或合作伙伴：懂得让他（她）在崩溃或排挤您之前放慢节奏。

您是否具有 A 型人格的特点？

	有	没有
1. 我不喜欢无所事事，假期里也一样		
2. 我常常因为别人不够快而对他们发火		
3. 我的家人抱怨我工作太忙		
4. 我有很强的竞争意识		
5. 我总是把日程安排得满满的		
6. 我吃饭吃得太快		
7. 我难以忍受等待		
8. 我在做一件事的时候会想着接下来要做什么		
9. 我的精力比一般人要充沛		
10. 我经常感到时间不够用		

第八章

抑郁型人格

Les personnalités dépressives

我不会愿意加入一个接受我为会员的俱乐部。

——格劳乔 · 马克思（Groucho Marx）

父亲从来都不是一个人们所说的搞笑的人。马德莱娜跟我们讲述道：

我小的时候，大概六岁，清楚地记得有一次，我正躺在扶手椅上睡午觉，忽然醒了过来，父亲正坐在旁边看着我。可他看上去满面愁容、疲惫不堪，一点都不像是个快乐的父亲。他的表情让我感到很吃惊，我也不知道他为什么会这样，于是哭了起来，他赶快把我抱在怀里安慰。多年以后，我跟他说起这件事，他也对当时的那一幕记忆深刻。他解释说，看着我睡在那儿，那么可爱却又娇弱不堪，忍不住想到所有那些我将来会在生活中碰到的困难，那些他无法让我免受其苦的不幸，这让他感到很难过。

这是父亲典型的思维方式：他总是看到事情不好的一面。看着自己熟睡的女儿，他并没有庆幸自己有这么个可爱的小女儿，没有，而是想到了女儿未来生活中的种种风险！

我还记得小的时候，有一次我们搬家，我的几个哥哥和妈妈都对乔迁新居感到很兴奋，而我父亲呢，阴沉着脸，在房子里走来走去，到处挑毛病，哪怕是墙面上一条细小的裂缝也不放过。于是他开始不停地担心，直到把这些瑕疵都修复得妥妥当当。

这种对细节的一丝不苟对他的工作很有帮助：他在工程建设指挥部工作。我敢肯定，要是哪架桥梁或者哪条高速公路匝道的建筑图纸上有哪里不妥，他肯定一眼就能看出来。

我父亲很少笑，以至于每个人都注意到了这一点。不过，他在看电视上播放的卓别林或者罗莱尔与哈迪（Laurel et Hardy）的老片子时偶尔会笑一笑。我觉得，他只有坐在电视机前面对一个虚构的世界时，才会觉得可以轻松片刻，可以会心一笑。真实的生活从来无法让他露出笑容。

周末的娱乐活动都是我母亲负责，因为在工作之外，我父亲从来不会主动去做什么。一直都是我母亲提议大家去散散步啦，去参观博物馆啦，我父亲从来都是听之任之。

他工作很勤奋，经常把文件带回家来。他总是一副疲倦的样子，在休息的时候，他两眼空洞地望着远方，面带忧伤。

他们应邀去朋友家吃饭的时候，我母亲说他给人的印象挺好的，面带微笑，有时候甚至会幽默一下。他给人的印象多半是个表情严肃、工作卖力的人，但他不喜欢去别人家做客，那对他来说就像交作业一样。

父亲去世几年以后（他得了胰腺癌），我在收拾家里的旧文件时，偶然发现了他的日记。我犹豫再三还是看了，因为我想知道父亲究竟是怎样的一个人。他的日记也一样，读不出一丝的快乐。他在日记里记录了自己的日常生活，但大部分是关于没能做什么事，没能说什么话的自责。比如“应该让杜邦来负责这个文件的”，或者“跟某人说话太过严厉，让他生气了。我应该委婉一些的”，又或者“我对孩子们的关心不够，我永远也成不了一个好父亲”之类的。但我觉得他是个称职的父亲，关心我们，也给我们足够的空间，我的哥哥们也是这个看法。在工作上，我知道跟他共事过的人对他的评价都很高。

如何看待马德莱娜的父亲？

马德莱娜的父亲表现出一种较为恒定的悲观主义情绪。在面对不同的情况时，无论是自己的小女儿还是新家，或者工作文件，他总能察觉到潜在的风险。他平时性情阴郁，就像他忧心忡忡的说话方式所表现的那样。他似乎很少体会得到生活中的快乐——他从不会主动去做令人惬意的事情，或许他觉得没有什么事情是令人惬意的。这种无法感受到快乐的状态被精神病学家称为“失乐症”，在抑郁期也会出现。最后，我们可以从他的日记中看出，他会频繁地出现负罪感和进行自我贬低。

这位父亲还是个工作勤勉、一丝不苟的人，日子过得郁郁寡欢。他性格孤僻，别人的陪伴让他感到身心疲惫，或许是因为他觉得自己没有足够的交际能力。

马德莱娜的父亲似乎在一生中都表现出这些性格特点。因此这不是暂时性的抑郁，而是抑郁型人格。

抑郁型人格

- **悲观**：总是看到事情不好的一面、可能存在的风险，过高估计负面影响，过低估计正面影响。
- **性情忧郁**：习惯性忧郁、闷闷不乐，即便没有发生不好的事情也依然如此。
- **失乐症**：很少感觉到快乐，即便是在进行休闲娱乐或碰到好事等令人感到惬意的情形时也依然如此。
- **自我贬低**：自我感觉“能力不足”，即便得到他人的好评，依然会有无能感或负罪感。

以上是抑郁型人格常见的特征，但并不能涵盖每一个抑郁型人格者的特点。跟很多的抑郁型人格者一样，马德莱娜的父亲可以说是一个利他主义者，做起事情来一丝不苟。他工作很努力，一心想着如何把事情做好，总是担心同事和家人。这种类型的抑郁型人格被精神病学家称为“忧郁性性格”（Typus Melancholicus）[1]。除此之外，还有其他更消极、更容易疲劳或对别人没那么关心的抑郁型人格[2]。

马德莱娜的父亲如何看待世界？

我们至少可以这么说，他眼中的生活没有那么美好。此外，他对自己的评价也不高（虽然他是个受人尊重的父亲和员工）。当然了，他对未来也没什么信心，他认为自己和家人将来的生活都充满了艰辛。可以说，他具有三重负面看法：

- 对自己的负面看法：“我能力不足。”
- 对世界的负面看法：“世界充满艰辛和不公。”
- 对未来的负面看法：“我和家人的未来前景堪忧。”

这种对自己、世界和未来的三重负面看法叫做“抑郁三合体”。美国精神病学家阿朗·贝克（A. T. Beck）[3]在急性抑郁症

1 H. Tellenbach，《论忧郁》（*La Mélancolie*），巴黎，PUF出版社，1979年。——作者注
2 K. A. Phillips及合著者，《抑郁型人格概述》（*A Review of the Depressive Personality*），《美国精神病学杂志》（*American Journal of Psychiatry*），1990年，第147期，830页—837页。——作者注
3 A. T. Beck及合著者，《抑郁症的认知疗法》（*Cognitive Therapy of Depression*），纽约，The Guilford Press，1979年。——作者注

患者身上观察到了这种“抑郁三合体”。但我们在抑郁型人格者身上也可以看到它的踪影，只不过程度不同。我们来听听萨宾娜的故事，她是一家药房的助理，具有抑郁型人格。

在我看来，生活一直都充满艰辛，但客观来说，我的生活可以称为幸福，有一份稳定的工作、一个爱我的丈夫、两个乖巧的孩子。但我总觉得自己脆弱不堪，只能勉强应对生活。我不太喜欢自己的工作，我学的是药学，本来应该进入制药行业的，但我现在做了行政工作，我觉得自己永远都玩不转竞争的游戏，对于我这种敏感的人来说，这个游戏太艰难了。每次我丈夫跟我说起他办公室里发生的各种事情，我都会觉得自己的想法没错。我本来打算安顿下来开一家自己的药房，这样就会觉得是在为自己工作了，但我一想到要还那么多年的贷款就被吓住了，我觉得自己撑不了那么久。要是哪天我突然觉得无法再继续下去了怎么办？

我的孩子们都挺好的，他们很爱我，可我觉得自己不够爱他们。在我情绪不好，觉得一切都难以承受的时候，我几乎会认为孩子就是一个负担，是一种我难以承担的责任。但是回过头来想一想，面对这些事情，我总能把手里的事情做完，但即便是这样，我还是对自己感到不确定。

有时候，我会觉得自己的生活一团糟，又说不出是为什么。我觉得我内心的某个地方是希望自己更加快乐的。但我从没试过让自己出门走走，看看朋友，或者弹弹我小时候非常喜欢的钢琴。

我丈夫跟我完全相反，非常乐观，精力充沛，也幸好他是这样的性格才能支持我。我把一切都往坏处想的思维方式，或者从来不愿去做任何有意思的事情的行为，有时候会惹恼他，这个时候他会说我像我母亲。最可怕的是，确实如此！

萨宾娜所描述的这种凡事都得付出巨大努力的“艰辛生活”的感觉，令很多抑郁型人格者苦不堪言。还有那种不堪一击的感觉、比别人差的感觉，令她对自己的事业规划望而却步，她对令人愉快的活动也没有多少主动性。抑郁型人格者从本能上不太愿意去寻找快乐，要么是最初的尝试令他们灰心丧气，要么是长期感觉不到快乐令他们不再心怀期待。如果您跟抑郁型人格者提议出去好好玩玩，或是去看一出精彩的戏剧，他们很可能更愿意“宅在家里”。

抑郁型人格，是人格障碍还是疾病？

精神病学家将某些症状较轻的慢性抑郁症称为“心境恶劣障碍”。根据美国精神病学会《精神疾病诊断与统计手册》（第四版）的分类，抑郁症需持续至少两年，才可以被诊断为心境恶劣障碍。遭遇心境恶劣障碍的人，一生中罹患重型抑郁症的风险会更高。

研究表明，3%—5%的人在一生中会罹患心境恶劣障碍，同抑郁症一样，女性病患的人数是男性病患的两倍。因为一半的心境恶劣障碍出现在25岁之前，并在此后成为顽疾，所以往往很难将其与人格障碍加以区别。

此外，很多具有其他类型人格障碍（尤其是依赖型人格和逃避型人格）的人，同时也会出现心境恶劣障碍，很难断定是抑郁症促成了人格障碍的形成，还是人格障碍导致的失败令人陷入了心境恶劣障碍。[1]

如何区分不同类型的心境恶劣障碍和其他分类所定义的抑郁型人格，已成为情绪障碍专家们热议不休的主题。而在讨论的过程中又有新的研究成果不断出现，限于这本实用性书籍的篇幅，实在难以尽述。[2]

但有一个重要的概念值得一提：对“普通型”抑郁症具有疗效的药物治疗和心理治疗，经过调整，似乎对心境恶劣障碍和抑郁型人格也同样有效。

因此，在面对抑郁型人格时，我们的一条建议就是鼓动他们尽早就医。

---

1 P. Péron-Magnan，A. Galinowski，《抑郁型人格》（*La personnalité dépressive*），《抑郁症研究》（*Dépression Études*），巴黎 Masson 出版社，1990 年，106 页—115 页。——作者注

2 D.N. Klein，G.A. Miller，《非临床案例中的抑郁型人格》（*Depressive Personality in Non-Clinical Subjects*），《美国精神病学杂志》（*American Journal of Psychiatry*），1993 年，150 期，1718 页—1724 页。——作者注

这一切是怎么来的呢，医生？

萨宾娜提到了自己的母亲，并发现自己跟她很相似。这说明了什么呢？鉴于抑郁症受到遗传因素的影响已是不争的事实，很有可能症状没有抑郁症那么强烈但具有恒定特质的抑郁型人格也会受到遗传因素的影响。此外，我们常常会发现，在抑郁型人格者的家人中，有相当高比例的近亲或远亲都曾在某个时期罹患过重型抑郁症[1]。但教育的因素也不可低估，在萨宾娜的案例中，我们可以想象得到，郁郁寡欢、满面疲态、对一切让人开心的活动都犹豫不决的她的母亲，在萨宾娜日后成为母亲和妻子时，成为她在无意识中继续模仿的范例。

令孩子形成糟糕自我印象的教育因素，很可能会增加抑郁型人格形成的风险，尤其是从生物学角度来看，孩子属于易感人群的话。传统教育中的某些观念会强加给孩子无法达到的完美典范，这会令他们对自身生出能力不足感和负罪感，从而增加抑郁型人格形成的风险。下面是一位正在接受治疗的公证员迪波的亲身经历。

我觉得我从小的教育就是我不配拥有幸福。我父亲是农业经营户，他拼了命地劳作，从来都不休息。他喜欢自寻烦恼，总想

1 D.N. Klein，《抑郁型人格：信度、效度与心境恶劣障碍的关系》（*Depressive Personality: Reliability, Validity, and Relation to Dysthymia*），《变态心理学杂志》（*J. Abnorm Psychology*），1990 年，第 99 期，412—421 页。——作者注

象自己快要破产了。确实，他曾经历过农业危机的重创，也曾陷入过生活的低谷。

我们兄弟几个接受的都是严格的基督教教育——我们都是有罪的人，要时刻记得是耶稣用自己的生命替我们赎了罪，不能忘记上帝无时无刻不在看着我们，哪怕在我们独自一人的时候。您可以想象这样的教育对还是孩子的我产生了怎样的影响——我变得既敏感又自卑。

幸好，在我后来念中学的教会学校里，气氛要比家里轻松愉悦得多。同学会邀请我到家里做客，我那时候才开始意识到，身为基督教徒并不一定非得阴郁沉闷。

但这种思维习惯还是遗留了下来，我很容易产生负罪感，常常责备自己自私自利，只想着自己——我母亲就常常这样责备我。但朋友们都挺喜欢我，我妻子则总说我为别人考虑得太多，不懂得如何维护自己。

确实，每当需要表达自我，或是向别人提出要求的时候，我总是躲在一边，就好像为自己考虑是自私的行为。现在我过得比以前快乐了，但并没有解决任何问题。每次得到好消息或是碰上快乐的事情，我在高兴之后马上就会觉得自己要倒霉，就好像所有的幸福都要受到不幸的“惩罚”。我认为自己不配得到幸福，我觉得自己的这种世界观都是拜父母所赐，我可怜的父母自以为做得很好呢！

迪波很清楚地意识到，自己对生活和幸福的看法被一种过于严格和令人产生负罪感的教育扭曲了，但这种意识并没有消除他负罪感的“条件反射”。跟我们通常想象的不一样，意识到自己的状况并不足以令这种状况得到改善。相反，一些抑郁型人格者会不停地审视造成自己目前状况的童年和教育的原因，但却始终无法走出困境。有所意识是不无益处的一步，但还远远不够。

抑郁型人格者是否有理由对他人提供的帮助抱有悲观的想法？

通常，抑郁型人格者不会向健康领域的专家寻求帮助，原因有几个。

抑郁型人格者不会寻求药物治疗或心理治疗的八个原因

1. 他们并不认为自己的状态是一种“疾病”，而只是觉得这是“性格”的问题。

2. 在他们大致能够应付工作和家庭的义务，承担起自己的“责任”时，就不会觉得迫切需要寻找解决问题的办法。

3. 他们笃信“意志”的力量。虽然他们感觉状态欠佳，但认为只要“打起精神”，表现得“有毅力”，自己就会好起来。这种信念往往会得到身边之人的赞同，而这些人最喜欢用此类建议鼓励当事人。

4. 他们认为药物和心理学对自己没有作用，认为自己的情况独一无二，认为对人敞开心扉没有什么好处。

5. 他们认为药物没有任何作用，不过是些让人产生依赖的“毒品”，或者无法根治问题的“真正诱因”。

6. 他们对糟糕的感觉已经太过习惯，以至于无法想象舒心的感觉，因此也不再抱有期望。

7. 他们会形成一种“堪担痛苦”的自我形象，并以此进行自我的重新评估，因此会背离需要向医生求助的事实。

8. 他们所处的困境有时会带来某些补偿：换取身边之人加倍的关注，借此对不再来看望自己的孩子们施压，等等。

弃而不治的抑郁症会造成人力、财力的巨大损耗，而对抑郁症了解得越深入，前去就医的人就会越多，而且往往是在身边之人的鼓励之下前去就医。

心理学一类的治疗方法并不能为抑郁型人格者带来奇迹般的效果，但能够提供切实有效的帮助——心理治疗与药物治疗。

心理治疗

心理治疗有不少的选择，我们在本书的最后一章中有专门著述。针对抑郁症的心理治疗则主要有三大类：

精神分析导向心理治疗法，旨在帮助抑郁症患者了解那些让自己无法感觉到快乐的“心结”，甚至是无意识的“心结”。这不仅仅是单纯的解释，还有了解这些无意识机制的运作，包括它们在医患关系中的表现，即“移情”。精神分析导向心理治疗法应该根据抑郁型人格者的个人问题进行相应的调整。治疗师要具有互动和交谈的能力（病人会难以忍受长久的沉默，他会把沉默当作拒绝和冷漠的信号，认为医生对自己不感兴趣），并主动和病人讨论日常生活中面临的现实问题。在病人出现严重的抑郁症状时，治疗师必须能够及时为病人开具抗抑郁药物。

认知疗法，一种特别针对抑郁症的治疗方法。简单说来，这种疗法认为抑郁症与病人对信息处理的异常有关。目的在于帮助病人重新审视自己对自我和世界的悲观看法。治疗师多以苏格拉底式的提问方式介入治疗，引发病人对自己忧郁信念的思考。认知疗法的优势在于，有关抑郁症的研究结果已经证实了这种疗法的效果可与最有效的抗抑郁药物媲美[1]。

1　S.M. Sotsky 及合著者，《患者对心理治疗和药物治疗反应的预测因子：美国国家心理健康研究所抑郁症治疗合作研究项目成果》（*Patient Predictors of Response to Psychotherapy and Pharmacotherapy: Findings in the NIMH Treatment of Depression Collaborative Research Program*），《美国精神病学杂志》（*American Journal of Psychiatry*），1991 年，148 期，997—1008 页。——作者注

第三种疗法是源自自我心理学的人际关系疗法，经证实，这种疗法在治疗抑郁症时具有等同于，甚至优于认知疗法的效果[1]。我们在后文中会进一步讨论。

那么治疗药物呢？

作为本书的作者，我们两人都是心理治疗师，也就是说，我们相信借助言语的治疗可以令很多病人得到帮助。但必须承认，我们曾经碰到过很多的抑郁型人格者，他们都曾在数年间接受过不止一位具有相当水平的治疗师的治疗，但病情依然未见好转，于是治疗师为他们开具了合适的抗抑郁药物。我们来听听42岁的记者埃莱娜的漫长病史。

从青少年时期开始，我就觉得自己的心理问题要比别人多。我感觉自己比朋友们都要脆弱，一个小小的挫折就能让我对一切失去信心。跟大家在一起的时候，我常常觉得不知道说些什么，而我的朋友们可以连着几个小时说笑谈天。我的学业还算

1 M.M. Weisman，G.M. Klerman，《抑郁症的人际关系疗法》（*Interpersonal Psychotherapy for Depression*），收录于M.D. Beitman和G.M. Klerman所著的《药物治疗与心理治疗的合二为一》（*Integrating Pharmocotherapy and Psychotherapy*），华盛顿特区，美国精神病学出版社（American Psychiatric Press），1991年，379—394页。——作者注

顺利，但每次考试之前我都会觉得自己过不了，觉得考试太难。其实我很少有快乐的时候，除了我一个人安安静静地待在家里，没人让我去做什么的时候。我嫁给了第一个对我感兴趣的男孩，因为我怕那也是最后一个。我丈夫既是我的痛苦，也是我的福气。说痛苦，因为他总是把这种脆弱不堪、无能为力的形象投射给我——他批评我凡事都往坏处想，说我不够振作；说福气，因为他情绪稳定，是个有勇气的人，是个我可以信赖的人。对于我这样一个对自己能力缺乏自信的人来说，他能让我安心。当然了，就像我很多接受过心理治疗的朋友一样，我也想试一试，心想如果我能了解自己问题的根源，或许就能找到解决这些问题的办法。

于是我去做了精神分析。我躺在长椅上，坐在我身后的分析师一句话也不说。对于一个很难开口说些什么的人来说，那种情形真是让人惴惴不安。最后，我使出浑身的力气，终于开了口，开始讲述我的生活，我的童年和我的忧伤。可是那个分析师还是一句话都没说！我感到完全被人无视和抛弃了，而且我跟他说了自己的这种感觉。他听了这个才醒过神来，问我是不是第一次有这种感觉。我就又开始继续回忆，他呢，又不说话了。六个月以后，我中断了治疗。我想他可能有自己的治疗方法，也许这种方法会适合其他人，但不适合我，因为对于一个像我这样害怕被人抛弃、害怕别人对我不感兴趣的人来说，这种治疗实在让我难以忍受。

我的一个女友给我推荐了另一位女精神分析师，但她跟病人是面对面地治疗。跟她做治疗效果好多了，她会对我的话做出回应，我跟她讲述了自己的童年，还有跟父母的关系，如果有需要，我甚至可以就某个紧要问题向她询求建议。我觉得她帮了我很大的忙,我找回了一点儿自信。光是看到她对我的关注，我就已经觉得自己并非一无是处了。我还意识到自己的负罪感倾向是我母亲造成的，她也有抑郁症。四年之后，我和医生都同意中断治疗，一来我的情况有所好转，二来我开始感到某种单调无味。

在这次治疗之后，我感觉好一些了，但依然有不少问题，尤其是跟别人打交道的时候——总觉得没有别人好，总觉得自己要花费双倍的气力才能过上正常的生活。在读了一篇文章之后，我去找了一位采用认知疗法的精神科医师。这种方法跟我以前接受的治疗很不一样。我们一起系统地梳理了我日常生活中的各种事件，他让我说出自己都会在什么时候感到忧伤。他把这个称为我的“内心独白”。然后我们一起分析了这些自我贬低的想法，我在他的帮助下得以对此重新进行思考。这次治疗的时间比较短，预计六个月,每周一次。我觉得这次治疗让我形成了比较正面的反应。这以后,每当我出现诸如“我没有别人好”或是“我永远都做不到”的念头时，我都能够比较快地相对看到，我说话的时候也更有自信了。

总的说来，虽然我平时仍需要付出极大的努力，但后两次治疗确实对我有很大的帮助。我的家庭医生说服我接受抗抑郁药物的治疗。我犹豫再三才决定服药，因为我觉得自己的问题很深，不是一个小药丸就能解决的。

但那简直就是翻天覆地的变化！一开始我并没有什么特别的感觉，但渐渐地，我早上起来的时候感觉比以前有活力了，一个月之后，我感觉精力充沛！我说的精力充沛不是指我回到了得抑郁症之前的状态，而是一种我从未有过的状态！我做事更有劲头了，疲惫感比以前减轻了很多，而在跟人打交道的时候，我再也不会感到局促不安了，我总是有话说！我身边的人都对我的改变感到很惊讶。

六个月后，当医生建议我停止服药时，我有点犹豫，但最后还是听从了他的建议。一开始，我并没有感觉到任何变化，几个星期之后，我又开始出现那种阴郁的状态。我前思后想又去找了医生，让他重新给我开具对我疗效显著的抗抑郁药，而后我又恢复了良好的状态。这么说吧，这三年来，我只要停止服药，就会在几个月之内再次陷入之前的状态。我为此找过其他的医生、精神科医师和专家学者。

最终，我接受了自己很可能余生都要依靠药物治疗的想法，有点儿像是需要终生服药的高血压病人。现在，我跟自己说，我只有在服用抗抑郁药物的时候才是正常的状态，我也可以像其他人那样享受生活。当然了，有的人说吃药不自然，那要这么说的话，戴眼镜也不自然，可没人会认为近视眼应该活在模糊一片的世界里啊！生来就被设置成“性情忧郁”也不是我的错。如果某种药物能够让我以正常的眼光看待事物，我想不出有什么理由不去服用。要是有人在十年前跟我说这样的话，我肯定会被吓坏的！靠药片解决问题？但我经历了这么多，现在活得比以前要快乐。

我们引述了这段长长的故事，因为它具有共性，在某些病例中，抗抑郁药物可以有效地帮助抑郁型人格者，如果试都不试的话，就太遗憾了。但不要忘记，抗抑郁药物的效果至少也要几个星期才体现得出来。此外，目前还没有实验结果可以预知哪种药物对哪种病人最有效。所以您要做好心理准备，您服用的第一种抗抑郁药物不一定有效，或许第二种也是，但请给您的医生几个月的时间，好让他找到对您最有效的药物。

电影和文学作品中的抑郁型人格

乔治·杜阿梅尔（Georges Duhamel）小说的主人公萨拉万（Salavin）喜欢自我贬低和自我归罪，是个典型的抑郁型人格者（同时具有某些强迫型人格的特征），最后牺牲了自己的生活。

切萨雷·帕韦斯（Cesare Pavese）在他的《日记》（*Journal*）中表现出一种悲伤的幽默和低自尊，让人想到抑郁型人格，又因为感情的接连受挫而雪上加霜。

在弗朗索瓦·努里西耶（François Nourissier）的一些小说中，尤其是《断了气》（*La Crève*）和《一家之主》（*Le Maître de maison*）中，

主人公时常因感到自己的能力不足和生活艰辛而闷闷不乐，像极了抑郁型人格。

在贝特朗·塔韦尼耶（Bertrand Tavernier）执导的影片《日出时让悲伤终结》（*Tous les matins du monde*）中，让·皮埃尔·马里埃尔（Jean-Pierre Marielle）扮演一位17世纪的作曲家，他过着隐居生活，性情忧郁，大门不出二门不迈，拒绝享受快乐，也不允许身边的人享受快乐。他不堪忍受爱妻的离世，可他的执拗不禁令人觉得正是这种性格促使他陷入深深的哀悼中无法自拔。

如何应对抑郁型人格？

应该做的

‖ 以提问的方式将抑郁型人格者的注意力吸引到事物好的一面

抑郁型人格者在任何情况下都倾向于看到事物不好的一面。对于他们而言，瓶子总是“有一半是空的”。

阿德琳娜，27岁，是一家大型机械企业的资料员，刚刚晋升为技术监督员。她对此是这么说的，“工作压力会更大”“我难以胜任”“这个公司的技术监督缺乏条理”。

一般情况下，我们肯定会忍不住对阿德琳娜说：“你总是把一切想得很糟，别再抱怨了！”这样的反应显然没有任何好处。她会觉得自己不被理解，或是遭到拒绝，只会令她对自己抑郁的生活观更加肯定。相反，如果在认可她看法的同时，通过提问的方式将她的注意力吸引到事物好的一面上，或许会令她形成一种比较平衡的视角。

比如：“工作压力确实会更大，尤其是开始的时候，但这样不是也会更加有趣吗？”“为什么你会认为自己无法胜任呢？你是不是每次都习惯这么说，但通常都把事情做成了呢？”“监督缺乏条理吗？那么就说明公司对你委以重任了。”

最重要的一点是，不要粗暴地跟抑郁型人格者针锋相对，而是把他的注意力吸引到“瓶子满的那一半”。

您也可以提醒他，在那些他曾抱有悲观想法或不自信的情况下，最终的结果并非他所想的那样。

‖ 带着抑郁型人格者参加一些他力所能及的愉快活动

抑郁型人格者往往倾向于拒绝参加令人感到快乐的活动。这种态度常常源于几个相互交织的因素：疲惫感、害怕自己无法应对、快乐时的负罪感，尤其是认为自己不会在活动中感到快乐的心态。

在面对抑郁型人格者时要避免两种极端的态度：

▶ 放弃的态度，不再对他做出任何提议。“说到底，他只要努力就行了。”这种态度只会加重抑郁型人格者的负面想法。

▶ 强加的态度，强迫他参加或面对他无法应对的活动及情形。18 岁的卡特琳娜跟我们讲述了她父母的情形。

度假的时候，我的父母闹得不可开交。我母亲个性比较抑郁，不大喜欢动弹，一整天都待在长椅上看书或者看电视。我父亲呢，非常好动，想方设法地想让我母亲打起精神来。结果是即便她不愿意，他也会强迫她去海滩，他会拉上她骑着自行车去远足，他会经常邀请朋友来吃晚饭，因为他喜欢热闹。一个星期之后，我母亲崩溃了，大哭不止，剩下的假期里两个人一直在互相赌气。

卡特琳娜的父亲应该对妻子的想法多几分理解。比如，他完全可以让妻子安安静静地自己待个一两天，然后再跟她提议做一些比较轻松的活动。以共情请求的方式表达自己的希望，而不是命令。比如这样说 :“你看，要是我们能一起去散个步，我会很高兴的。我知道这么做一开始对你来说不容易，但我觉得这么做我们两个人都会开心的。”

但在面对抑郁型人格者时能够保持如此冷静和积极的心态并非易事。

‖ 以确切有所指的方式表达您对抑郁型人格者的重视

抑郁型人格者往往自视甚低，这种看法促成了他们忧伤的性情。

他们最好的良药就是您的关怀和重视，但一定要真诚。

每天对抑郁型人格者的所说所做表达小小的正面评价，能够在不知不觉中点滴滋养他们的自尊。但您的赞赏必须非常明确，要针对某个行为而非个人，这样才能令人信服并产生效果。

比如如果您对抑郁的助手这么说，“您是个非常好的合作伙伴”，她会想：

- 要么就是您意识不到她的不足之处；
- 要么就是您意识到她的不足之处，但您觉得她实在不行，所以想要安慰她。

相反，如果您这么说，“我觉得您对跟某人约谈不顺这件事处理得很好”，她会更加心悦诚服地接受这种对某个具体事件的赞赏。

‖ 鼓动抑郁型人格者就医

这就是上文中对有关抑郁型人格治疗所提出的建议。这种人格障碍（如果是心境恶劣障碍，那么就是一种疾病）无疑是一种可以借助药物治疗或心理治疗而获得很大改善的病症之一。所以，不去寻求可能行之有效的帮助将沦为憾事。

同样，这种做法也往往需要假以时日和恰当的言辞才能让抑郁型人格者去就医。如果他拒绝去看心理医生，那就建议他去跟自己的全科医生谈谈，这样他就不会有那么强烈的抵触情绪了。全科医生或许能够说服他接受“尝试抗抑郁治疗或是去咨询精神科医师”的建议。

不该做的

‖ 不要跟抑郁型人格者说要振作

“你振作点”“有志者，事竟成”“打起精神来”……自打人类存在以来，不知有多少人曾对抑郁型人格者给出过这样的建议。既然不停地有人提出这些建议,就说明它们并没有效果。即便抑郁型人格者会遵从您的劝诫，但他依然会有遭到拒绝、不被理解和受到轻视的感觉。

‖ 不要跟抑郁型人格者讲大道理

“你没有意志力”“你太惯着自己了”“不要把一切都往坏处想，这样不好”“你看我，我会为自己而做出努力”，瞧，这也是些有害无益的“毒药”！如果人们可以自由选择，您觉得有人会主动选择成为抑郁型人格者吗？当然不会。这种训诫和归罪的态度，无异于指责近视眼看不清东西，或是扭了脚的人蹒跚而行。

而且可能更糟，因为抑郁型人格者对自己的状况已经深感自责了，没必要再火上浇油。

‖ 不要让自己陷入抑郁型人格者的萎靡消沉之中

抑郁型人格者会不由自主地让您跟他们分享自己的世界观和生活方式。长期感受他们的忧伤情绪，我们自己也会变得消沉，或者到最后隐隐觉得不分担他们的痛苦是一种罪过。如果说粗暴地强加无法帮助他们，那么跟他们一起忧伤和裹足不前也不会令情况得到改善。即便长期面对抑郁型人格者有时会让您忘记快乐的感觉，但是仍然要懂得尊重您自己对自由和快乐的需要。32 岁的雅克跟我们讲述了他的经历，他妻子玛丽娜是个抑郁型人格者。

刚结婚的时候，我总是细心观察玛丽娜一丝一毫的情绪变化，随时准备安慰她，让她安心。因为她在跟人接触时很不自在，我也渐渐地不再去看望朋友。我希望在周末出去走走，但这会让她感到紧张，所以我星期天就待在家里陪她。最后，我感到耗尽了气力，感觉被困在这种生活里，结果我去看了精神科医师，是医生让我意识到，听任我妻子所有的苛求对她并没有帮助。于是我重新开始跟她提议去跟朋友聚聚，或是周末出去走走。一开始，她还是一概拒绝，于是我就会自己去，这让她很吃惊。我们有过几次很激烈的争执，我跟她表达了自己的想法：我能理解她有时候可能没心情出去，我尊重她的这种需要，但我也希望她能尊重我的需要。她一开始对我很不满，责怪我，跟我耍脾气（在这一点上，也是医生帮助我要相对地看待问题），终于有一天，她收拾好东西决定跟我一起出门。从那以后，情况就好多了，我们几乎能够每个月在周末出一次门，她也会陪我去朋友家。现在，我正尝试劝说她去看精神科医师。

我们那条鼓动抑郁型人格者就医的建议，同样适用于身边有抑郁型人格者的您。事实上，来自专业医师的建议能够帮助您应对抑郁型人格者，就像雅克的例子。心理医生能够让您意识到，您的行为可能在无意中助长了对方的抑郁情绪。心理医生还会给出一些建议，让您能够更好地应对日常生活中的具体情形。最后，心理医生还能帮助您带动对方去就医。再重申一次，我们认为这对抑郁型人格者往往非常有用。

如何应对抑郁型人格?

应该做的

- 以提问的方式将抑郁型人格者的注意力吸引到事物好的一面。
- 带着抑郁型人格者参加一些他力所能及的愉快活动。
- 以确切有所指的方式表达您对抑郁型人格者的重视。
- 鼓动抑郁型人格者就医。

不该做的

- 不要跟抑郁型人格者说要振作。
- 不要跟抑郁型人格者讲大道理。
- 不要让自己陷入抑郁型人格者的萎靡消沉之中。

如果抑郁型人格者是您的上司：定期查看您所在公司的运转情况。

如果抑郁型人格者是您的伴侣：让他（她）阅读这一章节。

如果抑郁型人格者是您的同事或合作伙伴：在他（她）表现出积极的心态时称赞他（她）。

您是否具有抑郁型人格的特点?

	有	没有
1. 我觉得自己没有大多数人那么热爱生活		
2. 我有时宁愿自己从没存在过		
3. 别人经常会责备我把事情往坏处想		
4. 我有时在面对令人高兴的事情时感觉不到一丝的高兴		
5. 我有时会觉得自己是亲近之人的负担		
6. 我很容易产生负罪感		
7. 我总是对自己过去的失败左思右想		
8. 我经常觉得自己不如别人		
9. 我经常觉得疲惫不堪、萎靡不振		
10. 在有时间、有能力的情况下，我总会把休闲活动一推再推		

第九章

依赖型人格

Les personnalités dépendantes

独自一人——糟糕的陪伴。

——安布罗斯·比尔斯（Ambrose Bierce）

“我是一个非常喜欢交际的人。”菲利普讲述道。他今年47岁，是个会计师。

这就是我的问题，从心底里说，我需要别人的陪伴。

很久以前就是这样，我记得很清楚，刚上学那会儿，我特别害怕在玩游戏的时候不能加入某一方，特别害怕在体育课上不能入选某支队伍。为此我愿意接受最不受人待见的角色和位置：踢足球的时候担任守门员或是后卫，而所有的人都争着要做可以射门的前锋；又或者扮演印第安人或叛徒，而其他人则争着要扮演英勇无畏的牛仔……因为我的这种态度，结果大家都挺喜欢我，都争着要我。当学校的孩子王把我吸收为他们中的一员时，我感到非常自豪，而且随时准备牺牲自我……

说到底，我就是个缺乏自信的跟屁虫。静下心来想想，我意识到，其实做决定或采取主动的那个从来都不是我。我实在害怕自己的想法遭到别人的否决和批评，连同我自己……对我自己来讲，我从来不敢反驳我的同学。另外，也正因为如此，我做了一些更加糟糕的蠢事：有一年，我跟一帮哥们儿混在一起，首领是个强硬的人物。我们趁主人去度假时洗劫了一幢房子，偷窃学校里的体育用品，还有其他一些类似的行径……一旦参与了这些行动，我就不能在其他人面前退缩，因为能跟这么胆大妄为的人混在一起，我实在是太高兴了……结果在我们被抓到的时候，我的父母和老师都觉得我疯了：我并不是那种会有少年犯行径的人，而是那种会跟老师问好的乖学生……但我从来没有按照他们说的那样承认自己是被逼迫的，好逃过被退学的惩罚……

我确实对自己毫无信心。我总会凭空认为别人比自己高一等，别人的想法更好，别人的决定更有道理……而我能做的呢，就是追随他们，占几分他们过人之处和积极主动的光，我从来不知道如何跟人拉开距离。很长时间之后，我才意识到也许自己看错人了。而这又会让我感到自己很不幸，但无论如何，我从不会当着他们的面说。我对自己的判断不太确定。

我是个非常忠诚的人。我需要朋友和熟人陪在自己的身边，而且是那些我知道他们喜欢我的朋友和熟人。通常来说，别人都愿意跟我在一起，因为我是个利他主义者，非常乐意帮助别人。在工作中，我觉得别人会利用这一点：我的同事知道，只要对我和和气气的，我基本上可以为他们做任何事情。但我必须承认，他们也会帮我的忙：我经常拿不定主意，所以我会问他们的意见。我特别害怕犯错和失败。我觉得但凡要做出重要的决定，我都会问遍身边所有人的意见。好好想想的话，我一生中做出的重大决定都是别人帮我拿的主意……

我小的时候，是我母亲帮我报名参加的足球俱乐部，而一开始我的兴趣并不大，后来我表现得还不错，教练们很喜欢我，认为我有合作精神，也很听话。我的职业是我父亲帮我选的，我听从他的建议，选择了跟他一样的专业——会计。要我说呢，我觉得自己比较偏文学,但我当时觉得他比我有经验,知道什么适合我，学什么专业好找工作……

我年轻的时候挺讨女孩子喜欢的。我长相不错，爱交朋友，喜欢运动，为人谨慎，是个很好的倾听者，从来不评价别人……我有过不少女朋友，而且我那时一直住在父母家里，那样挺方便，因为我跟父母的关系不错，他们能给我提供好的建议，尤其是我母亲，我经常跟她说起那些跟我约会的女孩子……但交女朋友也是一样，很少是我选择她们，而是她们选择我。就算是一段显然对双方都是个错误的关系，我也很难开口提出分手。我心里总是在想，自己会不会在做傻事？再者，我很不喜欢失恋时一个人的感觉。我需要在结束一段关系之后马上开始另一段，这样我才能安心。仔细想想，我发现自己从没一个人生活过！事实上，我生来就是为了过二人生活的！

无论如何，我后来的妻子是这么跟我解释的，她很快就看透了我的性格。一开始，我对她的兴趣不大，她比我大几岁，相貌也不是我喜欢的类型，脾气还挺横，她学历比我高，这一点让我感触颇深……但其实我们非常互补，夫妻关系也还不错。她对自己极为自信，要求高，甚至有些专断，对人也挺苛刻；我呢，比较随和，好说话，也比较合群。我承认，在需要对家事、房子、假期、孩子的教育等问题做出决定的时候，我很依赖她。

在家庭生活之外，我还跟其他很多人有来往。我需要几个随时可以询问意见的亲密好友，我对他们无话不说。此外，我还尽力跟以前的老友保持联系，我妻子有时会责备我有“关系收集癖”。有的人无法扔掉任何东西，而我呢，则是无法离开任何人！我会给那些二十年不见，而且明显不会再见的人寄贺卡。我就是这么个人，我对自己跟他人的关系很投入，所以呢，当一段关系结束了，我会觉得失去了一部分自我……

有时候我甚至会因为有些事情没份参加而感到焦虑，没有邀请我的朋友聚会、没有让我参加的工作会议……都会让我感到不安。就好像我总是害怕被人遗忘在路边，就是那种童年时害怕落选，害怕自己渐渐落单的恐惧……

有时候，我也会责怪自己怎么这个样子。我意识到这种处事方法让自己失去了很多机会。比如，我后悔当初没有选择文学专业，或者至少应该把会计专业再学得精深一些。可是我在学校里待得不是很自在，而且也没有交到什么真正的朋友。还有就是，我后来的妻子因为年龄原因催着我结婚生子。但不管怎么说，现在这样也挺好的……更高的学历就能改变我的生活吗？

如何看待菲利普?

在菲利普的叙述中，他多次强调非常需要被人接受，需要在某个小团体中获得一席之地，即便那些人并不完全符合他的价值观和期待。

为了确保自己能跟他人融为一体，菲利普可以做出种种让步：毫无异义地遵从他人的看法，绝不表达反对意见，毫无怨言地接受别人不愿意做的事情……

这是因为，把菲利普推向他人的不仅仅是他想跟人建立联系的渴望，还有他那种害怕落单的恐惧。对于他来说，孤独就是脆弱的代名词。

实际上，菲利普害怕的是无法独自做出正确的选择和决定，所以他倾向于在做任何决定之前都去找人进行确认，说到底，就是为了尽量避免主动采取行动。他坚信别人拥有自己所没有的品质和能力。

他在生活中对他人具有很大的依赖性。菲利普总是让伙伴帮自己做决定，因此也把塑造自己生活的权利拱手让给了这些人，结果过上了一种他自己并非真心喜欢的生活。

依赖型人格

需要得到他人的确认和支持：

- 在没有得到别人确认时难以做出决定；
- 常常让别人为自己做出重大的决定；
- 鲜少提出创意，更喜欢随大流；
- 不喜欢自己一个人待着，或是独自做什么事。

害怕失去联系：

- 总是点头称是，以避免令他人不悦；
- 在别人提出反对意见或批评时会感到不安和焦虑；
- 接受没什么价值的苦活累活，好让别人感到舒服；
- 关系中断时会惶恐不安。

鉴于他的人格特征，在每段跟他人或团体的关系中，菲利普很可能会惯性地经历三个阶段：

- 攀附阶段：竭尽所能地去确认自己会被接受。
- 依赖阶段：在很大程度上依赖别人或团体，通过别人的认可让自己安心，让别人替自己做决定。这是一段平衡期，在此期间，菲利普与周围环境的共生令他获得满足。
- 脆弱阶段：意识到自己对别人的过度依赖，并开始担心在关系中断或疏远时可能发生的后果。在这一阶段，主体会很快表现出具有病理性依赖的人格特征，我们在后文中会说到。

菲利普如何看待世界？

依赖型人格者具有两个典型的根本信念：第一个——独自一人是无法做成任何事情的；第二个——别人比自己强，如果对他们和蔼可亲就能帮到自己。所以必须不停地寻求他们的支持，并尽可能跟他们保持紧密的联系。

于是，依赖型人格者会在周围人身上寻找他们可以帮助和支持自己的地方。依赖者对自己和自己能力的看法首先来自于别人对他的投射。有位病人曾这样总结道（他认为这是父母传递给自己的信息）：“接受别人的一切，因为你离不开他们，不要自己擅自决定任何事情，因为你没有这个能力。”

依赖型人格者深信，自己在这世上只能做个走卒，做个小勇，就像运动队里为了别人的荣耀而牺牲自己的那个队员。可这种牺牲也并非一无所获，别人的胜利会让那个阴影中的队员获得某种安全感……33 岁的营销员乔治就是这么形容的：

我总是给人当配角。小的时候，当我把自己想象成某个文学作品或电影中的人物时，那个人物从来都不是主角，而是配角：小约翰而不是罗宾汉，阿道克船长而不是丁丁，罗宾而不是蝙蝠侠。追随英雄冒险，却不用承担身先士卒的责任。现在，虽然我已经知道是怎么回事了，但还是像以前那样，我总是倾向于拒绝那些需要抛头露面的工作，一句话，那样会让我感到自己孤立无援。我只有在一个团队里才能发挥自己的能力，两个人的团队更好，另一个人比我有经验，能够明确地告诉我要做些什么……

我们是否都具有依赖性？

依赖是人的本性。人类正是在一种完全依赖的状态下出生的，这种依赖性在萌芽期，也就是我们所称的幼态延续中重新出现。婴儿一出母腹，其生存就完全依赖于周围的环境。之后，小孩子也要依赖周围的环境，不仅仅是为了生理上的存活，也是为了心理上的发展。

因此，依赖—独立的辩证便成为人类最为突出的心理特点。人类很早就懂得了一定程度的依赖是一种自我保护的方式。《圣经：传道书》中的这句话大概可以作为依赖型人格的座右铭："两个人总比一个人好……若是孤身跌倒，没有别人扶起他来，这人就有祸了。"我们知道，个体的平衡往往取决于在两种状态之间切换的能力，也就是说能够根据不同的情况表现出独立性和依赖性。如果说无法独立是一种缺陷，那么无法接受某种程度的依赖也并非良好心理状态的标志，精神病学家将之称为"退化"。

很多学者都对这一主题写下过引人入胜的著述，其中最为引人瞩目的大概要算英国精神分析师迈克尔·巴林特（Michael

Balint）的研究成果，他在数本专著[1]中都曾描述过这些人类所共有的需求，是怎样从根本上驱使自己走上了他所称的“原爱”的研究之路的，这种成为他终身幻想的“原爱”指的是一种有可能满足个体所有需求的关系类型……小孩子一开始就是以这种方式来感受周围的世界的，所以奶瓶来迟了或是太烫都会令他们感到惊恐万状。接着，孩子会很快懂得，这个世界和组成世界的个体并非围着他一个人转，于是，就会采取两种根本的方式来做出反应。

第一种反应方式是以怀旧和追寻失落天堂的模式为基础。如果干得好，就有可能通过别人来满足自己大部分的需求，除此之外别无他法，独自一人绝对无法满足自己的需求。这种世界观被巴林特称为“亲客体倾向”（来自希腊语 okneo，意指“依附于……”，也有“踌躇、畏惧”的意思），与依赖型人格的态度极为相近。

第二种反应方法是认定世界令人失望，从周围的一切中获得满足是绝无可能的，而依赖他人是最危险的企图。巴林特将这种态度称为“疏客体倾向”，是从“acro—bate”（意指“远离坚实的土地、行走在边缘地带的人”）派生出的新词。抱有这种态度的主体极为看重自己的独立性，并对一切形式的依赖甚

1 M. Balint，《退化之路》（*Les voies de la régression*），巴黎，Payot出版社，1972年。——作者注

至约定持怀疑态度。

亲客体倾向和疏客体倾向代表了每个人在面对依赖需求时的两种反应方式：自我防御或自我沉湎。两种情况都表现得颇为极端……在文学作品中，我们可以在不少经典的爱情关系中看到这两种态度：唐璜（Don Juan）是个男女关系无度的疏客体倾向者，而对国王马克（Marc）无比依赖的特里斯坦（Tristan）则表现出典型的亲客体倾向……

为什么人会具有依赖性？

虽然从某种意义上来说，退化的倾向是人类与生俱来的，但为什么一些人会比另一些人具有更强的依赖性呢？我们目前还不清楚是否遗传和某些生物因素对依赖特征的形成有所影响，但无论如何，专家学者们相信确实存在一些迹象——某些形式的分离焦虑，可作为成人期发展为依赖人格的预测因子。

我们有理由相信，某些家长行为、教育方式、生活事件，可能诱发依赖型人格恒定特征的形成。

父母行为

以下是26岁的教师娜塔莉的自述。

我记得小的时候，我有一阵子坚信我的外祖父母才是自己真正的父母，父母在我看来更像是想要照顾我却又不得章法、不情不愿的姐姐和哥哥……我母亲生我的时候很年轻，她父亲坚持让他们小两口来跟老两口一块儿住，因为我父母当时都没有工作。我一直都觉得我外祖父是个超人，他能够解决所有的问题，而且知道所有的真相。每当有人跟他意见不同，事情都会闹得不可开交。首先，双方会起冲突；然后，事实总是证明我外祖父是对的。至少我印象中是这样。

因为我父母总是一副让人不安心的样子，总是依赖我外祖父，所以我坚信，无论在什么时候都应该想办法让强大的人来爱惜自己和保护自己……我用了很长时间才明白了这种心态的缺陷。而最近我才发现，我那位无所不知、无所不能的外祖父是个令人生畏的暴君，他压抑了周围所有人的个性。

孩子是非常务实的个体，他们并不总会听从父母的建议，更确切地说，他们会复制父母的行为，或许是因为他们认为一个人的真实本性是通过行为而非言语体现出来的……因此，父母一方或双方对外界权威过度依赖的态度，必定会“感染”他们的孩子，即便他们会不停地鼓励自己的孩子要“独立”……

教育观念

说点儿理论，一个孩子要发展出自己的独立性，需要经过两个阶段。第一个阶段，在投身探索行为之前能够拥有一个坚实的“靠背”——获得独立性的第一步是离开那些自己所爱的人，孩子只有坚信自己所爱的人也爱着自己，而且他们能够接受和承受自己的远离，才能够表现出独立性。第二个阶段，看到远离的所爱之人能够支持和鼓励自己为了获得独立而付出努力，否则孩子就会产生负罪感，并失去获得独立的勇气。

因此，两种类型的父母会助长依赖型人格特征的形成：

- 无法给人安全感的父母。无法给予孩子足够的爱和尊重，无法对孩子表现出足够的关怀，这样就有可能令孩子形成必须加倍努力才能紧紧抓住自己生存所依赖的父母；
- 保护欲过强的父母。这类父母与第一种正相反，他们给孩子灌输的想法是：你太过脆弱，世界充满危险，只有对“懂行”的人言听计从才能生存下去……

生活事件

最后，在听过某些病患的叙述之后，我们发现，似乎某些生活事件，尤其是跟父母中一方（有时是双方）的长期分离，会让孩子相信自己与父母的联结不够紧密（所以他们才会离去），从而导致对后来的每一段关系都紧追不舍……我们来听听 56 岁的商人薇薇安的故事。

我四岁的时候病倒了。我甚至不知道自己得了什么病，从来没人跟我解释过。有可能是肺结核……但在当时应该挺严重的，因为医生让我父母把我送到一所远离城市的儿童医院待了六个月。我还记得当时自己的那种惶恐不安，因为他们骗我说要带我到花园里荡秋千，结果我发现我的父母已经走了。医院的人应该是跟我解释过事情的原委，但我毫无印象，我坚信父母再也不会回来了。

几天之后，我不再说话，不再吃东西。然后，我粘上了一个护士，她经常给我带她自家花园里种的杏子。我除了这个什么都不想吃。慢慢地，我开始听她的话，重新开始像个四岁小女孩那样说话和玩耍……

六个月后，我父母来医院接我。我已经不认得他们了，当时的情况糟透了，我不愿离开那个护士。我父母深感愧疚，接着完全陷入我的游戏和不安之中：我无论做什么事情都要先征得他们的同意……自那以后，我再也无法忍受任何的分离，我总是需要别人的支持和认同……

当依赖披上伪装……

就像其他类型的人格，依赖型人格也存在一些较为隐蔽的形式，比如在某些特定情形下才会体现出依赖型人格的特征。以下是38岁的公务员马蒂娜的故事。

我在友情和工作上表现得颇为独立。比如，上司会交给我一些很重要的工作，而这并不会让我感到害怕，我的问题主要来自感情生活。只要对某人不是太过投入，我就不会感到不舒服；但如果对方开始在我心中占有一席之地了，我就会竭尽所能让自己不要对他形成依赖。在感情生活中，我必须时时克制想要水乳交融的渴望。这并不奇怪，我亲眼看到父亲离开了母亲，母亲对他缺乏温情。我母亲获得了孩子的监护权，但她对我们不是很上心。我总是在老师、同学和所有我身边的成年人身上找寻情感的弥补，好让自己相信，虽然母亲对我缺乏关注，但我依然是个讨人喜欢的小女孩……

另一种情况是表现为各种退化形式的对依赖的激烈拒绝，即便是暂时性的，从本质上表明主体感觉自己不堪一击，对自己抱有疑虑。以下是50岁的中小型企业主管埃里克的经历。

我知道自己对自立的渴望有些过度。我一生中曾经遭遇过两次重大问题，一次是失业一年，一次是得了重病。这两次我都需要依靠别人——我的朋友和家人。不过呢，朋友和家人的支持并没有让我受到鼓舞，而是让我对接受别人的帮助感到惊慌失措……我觉得自己就像个寄生虫，我感觉如果这种状况继续下去的话，就再也无法脱身了。我身边的人都无法理解为什么我会表现得那么令人讨厌，只有在事后我才能冷静下来思考，并向他们解释一切……但是现在我意识到，我得改变这种认为只有独立才能体现一个人力量的想法。

总之，依赖型人格有时会表现得讨人喜欢和乐于助人，不跟人对着干，总是准备出手相助，即便会给自己带来麻烦……古希腊作家泰奥弗拉斯托斯（Théophraste）将这类人称为“逢迎者”，他这样形容这些人的态度：“热衷于逢迎的人，远远看见那人就会一边打着招呼一边高喊，‘瞧，这就是人们所说的贵人’，然后上前跟他攀谈，赞美跟他有关的一切，双手扯住他，生怕他离自己而去；接着，跟那人同行了几步之后，逢迎者殷勤地询问那人何时再能见面，最后，对他大加称颂一番才恋恋不舍地离去……”但渐渐地，对方发现了这些人对自己源源不绝的情感需求，发现了他们令人烦恼甚至过分苛求的性格，于是想要远离他们……

当依赖成为一种疾病

绝大多数人所表现出的依赖倾向都保持在正常的限度之内，但有时这种依赖倾向可能以病态的方式表现出来，并给个人带来尤为不利的后果。

如果依赖的需求过分强烈，就会造成主体对身边之人的过度苛求。这就有可能对他人形成一种令人产生负罪感的压力，比如表现为“你不能放弃我，否则我会出事儿的，那就是你的责任”。研究结果显示，在前往精神病科就诊的患者中，有25%—50%的人表现出依赖型人格的特征，[1] 而在普通人群中，这一比例仅约2.5%，其中大部分是女性。在抑郁症和广场恐惧症患者中，依赖型人格的出现频率极高，[2] 这种情况给心理治疗师带来了不少的问题。其他很多的人格障碍也会表现出依赖型人格的特征，比如表演型人格和后文中讲到的逃避型人格。

婚姻问题咨询师发现，选择依赖型人格者作为伴侣的人往往自己就有病态人格的特征，需要通过支配和占有对方来获得满足。很多被丈夫暴打的女性和酗酒的男性都具有依赖型人格。

---

1 L.C. Morey，《精神疾病诊断与统计手册第四版及第三版：人格障碍——聚合效度与内部一致性》（*Personality disorders in DSM III and DSM III-R: Convergence Coverage and Internal Consistency*），《美国精神病学杂志》（*American Journal of Psychiatry*），1988年，145页、573—578页。——作者注

2 J.H. Reich，R. Noyes，E. Troughton，《恐慌症患者中伴随畏惧性回避的依赖型人格》（*Dependant Personality Associated with Phobic Avoidance in Patients with Panic Disorder*），《美国精神病学杂志》（*American Journal of Psychiatry*），1987年，323—326页。——作者注

最后需要指出的一点是，依赖者因为长期认为自己无法独立行事，最终真的就失去了独立行事的能力。依赖者逃避一切风险，拒绝采取主动，或是避免一切人际冲突的做法，令他们在事实上变得不堪一击。我们来听听66岁的退休人员吕斯是怎么说的。

丈夫去世后，我的生活变得像噩梦一般，我发现自己就是个生活白痴。我从来没有自己一个人去过银行或是公证处，我不知道怎么用支票本，不知道怎么看地图，不知道怎么填税单……这些事情以前都是我丈夫在做，而我也乐得当甩手掌柜的。我不得不自己从头学起。那时候，我特别依赖外界的帮助——依靠我的朋友和家人，常常把所有人都叫来救我的急。但当时为我治疗重度抑郁症的心理医生坚决反对我的做法，并且帮助我学会了料理自己的生活。这花了我好几年的时间，但我觉得现在总算是学有所得……

电影和文学作品中的依赖型人格

堂吉诃德和桑丘·潘萨、唐璜和莱波雷洛、夏洛克·福尔摩斯和华生……每个英雄的身边都围绕着一个依赖型人格者，他们行事审慎、忠心耿耿，在与英雄相伴的冒险之外没有自己的观点或自主的生活。漫画中也有很多这样的双人组合：比如奥贝利克斯（Obélix）[1]和阿道克船长就表现出很多依赖型人格的特征。

爱情中的依赖则以另一种形式成为作家的灵感之源。在《老爷的情人》（*Belle du Seigneur*）中，阿尔贝·科恩（Albert Cohen）生动地描绘了一个对爱人无比依赖的人物——阿丽亚娜（Ariane）。田纳西·威廉斯（Tennesse Williams）在《斯通夫人的罗马春天》（*The Roman Spring of Mrs. Stone*）中描绘了一个50岁的妇人如何痴恋一个比自己年轻很多的男子，最终失去了自我和尊严。

帕斯卡·莱内（Pascal Lainé）在《花边女工》（*La Dentellière*）中描绘了一个依赖成性的年轻女子，她无法作为自己而活着，一位自负的年轻学者迷恋上了她，但最后心生倦意离她而去。

电影中的依赖型人格也比比皆是。在埃德沃德·莫利纳罗（Édouard Molinaro）的《麻烦制造者》（*L'Emmerdeur*，1974年）中，雅克·布雷尔（Jacques Brel）扮演了一位商务代表，对成功阻止他自杀的利诺·文

1 漫画《高卢英雄历险记》中的人物。——译者注

图拉（Lino Ventura）产生了滑稽可笑的依恋之情。在斯坦利·库布里克（Stanley Kubrick）的影片《巴里·林登》（*Barry Lyndon*，1975 年）中，马里莎·贝伦森（Marisa Berenson）扮演的贵妇林登夫人始终活在男性的阴影之下，从未表达过一丝一毫的自我意愿，只有迷离痛楚的眼神……不过，对依赖型人格描绘得最为活灵活现的还要数伍迪·艾伦自导自演的《西力传》（*Zelig*，1984 年），影片道尽了主人公西力遭遇的种种困苦，他不知道自己到底是谁，总在不断模仿他人的生活，继承对方的观点、生活方式，甚至是体貌特征和着装风格。

如何应对依赖型人格？

应该做的

‖ 与其称赞依赖型人格者的成功，不如声援他的主动性，帮助他平淡对待失败

对失败及其后果的恐惧是妨碍众多依赖型人格者采取行动的关键所在。依赖者认为身边的人都比自己强，因此害怕采取主动会招致他人的批评。所以，不要增强依赖者的这种看待事物的方式，而是尽可能地对他的主动性加以强调，哪怕您不得不对他提出批评时，即便结果不尽如人意。让我们来听听 21 岁的大学生菲利克斯的故事。

第一个让我获得自信的人是我高中时的体育老师。我当时想学网球，我父母就帮我注册了他的私人课程。但我特别害怕自己会闹笑话，让他失望，他在新学年一开始就把我拉到一边说道："我根本不在乎你的表现，也不要求你打得多好。我想要的是你敢于尝试，敢于投入进去，只有这样你才能学到东西，而且你一开始做不到是很正常的事情。"我也不知道为什么，他这番话让我开了窍，从没有人跟我说过这样的话。如果我尝试上网击球，或是以大力发球压制对手，即便我所有的击球和发球都出界了，他也会称赞我，他总会在课程结束时强调我付出的努力……

‖ 如果依赖型人格者向您询求建议，您先问他是怎么想的，然后再回答

依赖者总怀有诱使您替他做决定的心思。您也总会不知不觉地走进他的游戏：为了帮他、为了节省时间、因为您会觉得自己比他更有能力做出明智的决定、因为被人奉为专家或智者会让您欣然自得……但中国古谚有云"授人以鱼，不如授人以渔"，以下是 26 岁的秘书梅拉妮的经历。

我记得一个来我们公司做实习生的女孩。她根本没法自己做决定，总是不停地来问我的意见。通常来说，新手在刚开始的时候都是这样，然后慢慢就能自己搞定了。但这个女孩一直都这样，一段时间之后，我明白了她的问题，于是不再想也不想就回答她的问题，而是每次都说："我会告诉你我的意见，但你先跟我说说你会怎么做，或者你怎么想的。"一开始她有点不知所措，觉得我是在嘲弄她，或者是想通过了解她的想法来为难她，后来她接受了我的这种做法。最后，她渐渐不再事事需要别人的肯定，只是时不时地来询问我们的意见，而不再想着怎么让我们替她完成她自己的工作。

‖ 跟依赖型人格者讲讲您的弱点和疑虑，甚至向他询求意见和帮助

采取这种态度有两个好处。首先，您可以通过颠倒角色，帮助他摆脱需求者和获得建议者的一贯角色，让依赖者逐步感受和发现自身的价值。

其次，您可以帮助他改变"认为别人的能力要胜过自己"的想法。改变一个人最好的办法之一，不是跟他解释应该做什么、想什么，而是给他做示范。告诉依赖者您也有对自己不确定的时候，或者您很有兴趣了解他的想法，这么做比冗长的说教更能让他从根本上明白，人在自信、独立（就像您这样）的同时，也会需要别人的帮助。来听听 40 岁的保险经纪人诺埃尔是怎么说的：

在刚刚进入职场的时候，我很幸运能够碰上一位不同寻常的上司：他总是乐于给我提供各种建议，让我学习他的经验，但同

时，他也不避讳告诉我他自己的疑虑，而且在拿不定主意的时候还会来问我的意见。一开始，我一想到他会觉得我的话乏味而且可能错误百出就怕得要命。如果他因为我的失误而做出糟糕的决定，那就太可怕了！可是他有一种可以接受失败，并且不会夸大其词的非凡能力。看到一个我极为钦佩的人也会有疑虑，也会需要别人的帮助，让我感触良多……

‖ 鼓励依赖型人格者扩大自己的交际圈

您可以帮助依赖者多出去跟人交流，一开始的时候可以陪他一起去。即便依赖者会对新认识的人产生依赖，但至少他对别人的依赖关系不再单一，而这正是迈向独立的第一步。以下是 32 岁的图案设计师维尔日妮的亲身体验。

我妹妹刚来巴黎的时候很难融入这里的生活。她一直都很依赖我父母，也很喜欢粘着我，到哪儿都跟着我。我让她去参加体育俱乐部、合唱团，或邀请同事来玩，都是白说……于是我决定迎难而上，在两个月中，我替她做了准备工作：我们一起参加了一家行走俱乐部，她请自己的同事还有朋友到家里吃了几次晚饭……过了一段时间，我不再参与其中，她可以自己搞定了，或者更确切地说，她可以依靠别人搞定了。

‖ 让依赖型人格者明白您有权做一些没有他参与的事情，而这并不代表您拒绝了他

如果您跟依赖型人格者具有定期的联系，或者跟他是朋友或同事，那么当依赖型人格者发现您在他之外有自己的生活，比如跟朋友聚会没有邀请他，开展某个工作项目没有让他参与，他往往会感到备受伤害（但从不敢跟您当面表达自己的不满）。不要想着对他隐瞒这样的事情，或者不要因为负罪感而委曲求全地拉他入伙……真诚地把自己的计划告诉他，跟他解释您为什么没有邀请他，至少在头几次这样对待他的时候做出解释，并尽快邀请他参加另一次聚会或工作会议，以表明您对他的看重依然如初。来听听 29 岁的程序员让是怎么说的。

我在公司有个同事，人很好，但占有欲很强。我花了很长时间才弄懂他是怎么回事，因为他从来不当面说事，他只会赌气，露出失落的表情……他无法忍受别人做什么事情不带上他。有一阵子，我们组织了一个讨论小组，研究多媒体以及它对我们职业产生的影响。我觉得这个工作挺烦人的，每个月都要抽出两晚上的时间聚在一起讨论。我知道他有两个孩子，要照顾家，所以就没有邀请他，他便不乐意了。我觉得他可能是觉得我们认为他是个能力不足或者乏味无趣的人。还有一次，一位女同事在家里办了个聚会，她的公寓很小，而且跟我这个同事也不是很熟，所以没请他。第二天，他得知了这件事，什么也没说，可整整两个星

期他都表现得郁郁寡欢，直到我去问他怎么了，才知他觉得自己被大家排斥了。现在我们知道了，遇到这种情况得跟他解释一下，好让他明白别人这么做不是在拒绝他……

不该做的

‖ 即便依赖型人格者特意来问您，也不要替他做决定；不要在他每次遇到困难时都飞奔着赶去救急

本性质朴的人和热心肠的人会忍不住去帮助依赖型人格者，他们在面对日常生活需要做出种种决定时会苦恼，这确实不假，而这并非（或鲜少）出于诡诈或懒惰。但每一次的帮助和建议都会助长依赖型人格者今后再次要求帮助的倾向，而且更为严重的是，这会令他们越发觉得自己无能并贬低自己的价值。现在，我们来听听 46 岁的工程师马克西姆的经历。

我的第一任妻子是个不成熟的人，依赖性非常强。我觉得她之所以喜欢我，是因为我总是表现得很有自信，虽然有时候是装出来的——这是我让自己安心的方式！可我就这么一头栽进了她的陷阱——她完全依附于我，这让我很高兴，而且在婚姻的初期让我感到身价倍增。过了一段日子之后，情况急转直下：我是个善妒的人，无法忍受她对我的一丁点儿冷落。她长得挺漂亮，所以总有人对她献殷勤。我们因为这个大吵过好几次，她指责我让她透不过气来，说我从来不曾做过什么能够让她有自信或是慢慢变得独立的事情！老实说，我觉得她挑逗别人就是为了寻找自信。可我无法忍受这种事情，最后我们分开了……

‖ 即便尝试失败，也不要当面批评依赖型人格者的主动性

鼓励依赖型人格者不再依赖他人需要极大的耐性，一旦您说服他自己做出决定和采取主动，您就得陪伴到底，因为依赖型人格者在事后会转回头来询问您对结果有什么看法，或者让您明确指出惨败的结局，因为您得认清这一点：即便依赖者没有他自己想象的那么无能，可他或许比您想象的要无能得多！因此要注意跟他解释您的评价标准，并告诉他有些事情最好不要去冒险尝试；即便您有权对他的行事方法提出批评，但对他的每一次尝试都要表示声援，并对结果做出真诚的评价。我们来听听 52 岁的医生马丁是怎么说的。

我觉得自己教育孩子的方式存在很多的错误，尤其是对我的大女儿。我是个过分严厉的父亲，而我妻子则是个保护欲过强的母亲。我总想着让孩子变得更加优秀和自立，但我觉得那时候他们的积极性并不高。我当时觉得我女儿是个什么都不在乎的孩子，很有天赋，但惰性难改。或许这是真的，但我觉得给她设定过高目标的做法，反而让她对自己的能力产生了怀疑。几年之后，她最终为此指责了我。她说，就是因为我，她才会如此依赖别人的

意见，因为害怕受到批评而不敢自己做出决定，就像她每次主动做点什么我都会批评她。确实，她什么都不做我会骂她，可她要是做了什么，我又会说她做得不对，或者说按照我的标准来看，她做得不对……

‖ 不要为了让依赖型人格者“学会自己搞定”而对他完全弃之不顾

出于厌倦或自身的考虑，您会尝试催促依赖者采取行动，就像把一个人推下水那样，目的是强迫他做出反应。这种办法很少能对依赖型人格者发挥作用，他们往往因此而焦虑不安，愈发相信自己没有能力独自应对。想要帮助他们变得独立，最好循序渐进。这是一条最为艰难的道路，因为需要时刻保持警惕，虽然依赖者表面上总表现出想要学会独自应对的意愿，但实际上总在不停地寻找理由以获得帮助或放弃自己的目标。我们来听听 65 岁的退休教师让 · 米歇尔的故事。

我们的儿子对我们非常依赖，他母亲总是对他过度保护。在他 18 岁进入大学那年，我决定让他离家远行，并对他提出了苛刻的要求：我每个月给他一小笔钱，并跟他说，从今往后我们不管他了，一切由他自己搞定。我迫使他注册了一所位于法国另一端的大学，那里有他想学的专业。结果这个尝试很快变得不可收拾，他每天晚上给我们打几个小时的电话，而且我后来得知，他还会在白天给他母亲打电话；他在那边一个朋友也没交上，还不好好吃饭。几周之后，我妻子去学校看他，结果看到他宿舍里的那一片脏乱时差点没晕倒在地。不奇怪啊！在家里的时候，她总是跟在儿子背后替他收拾打扫，迎合他的所有愿望，他连个鸡蛋都不会买，更不会做饭……我们不得不做出让步，让他回来就近念书，因为离家太远也让他心里很难受……

‖ 不要任由依赖型人格者为自己的依赖买单（送礼或干“脏活儿”）

为了博取您的好意，依赖者会通过各种方式换取这些好意：表现得极为热心，殷勤地送您礼物，接受一切乏味繁重的工作。通过这种做法，依赖者会将您卷入一种难以察觉的恶性循环之中，您会因为负罪感而以他期待的方式予以回报：成为他的保护者，并把他纳入自己的生活轨迹。您身边依赖者的倾慕和忠诚是有价的。以下是 28 岁的生物研究员奥克塔夫的亲身经历。

我父母第一次送我去参加夏令营的时候，我特别担心其他孩子和教官对我的态度。我还记得，我总会主动承担所有的苦差事：收拾饭桌，洗碗，倒垃圾……我们去村镇的时候，我总会用父母给的钱为寝室里所有的人买糖果和漫画。过了一阵子，这种做法奏效了：我成了一些教官最宠爱的孩子，别的孩子也会带着我一起玩。我当时觉得这是让自己获得别人认可的唯一办法……

‖ 不要让依赖型人格者到哪儿都跟着您

依赖型人格者有时令人动容的脆弱、他们真实的关切和一点一点涉入他人生活的能力，会令他们变成我们生活中给人好感的寄生虫。如果不对他们获得帮助的需求和他们对孤独的厌恶划清界限，我们有时会不明不白地让他们侵入自己的生活。在这一点上也是，依赖的普遍化会体现出两个不便之处：首先，这种依赖在某些时候会令被依附的对象不胜其烦；其次，从根本上来说，这种依赖对于更加肯定自己是微不足道的依赖者而言是没有价值的，因为别人在几乎没有投以任何关注的情况下就轻而易举地接受了他们。现在让我们来听听32岁的招聘顾问奥里维耶的故事。

我记得在大学的时候，有个同学总是粘着我。我从来没有对任何人有过对他那样的容忍：他给我打电话通常一打就是几个小时，我会一边接电话一边做别的事情，看书啦，收拾啦，写东西啦……有时候他会赖在我这儿不走，我就忙自己的事情。到最后，他就像一盆绿色植物或是宠物，拿着本书待在角落里，我都把他给忘了……

如何应对依赖型人格?

应该做的

- 与其称赞依赖型人格者的成功，不如声援他的主动性，帮助他平淡对待失败。
- 如果依赖型人格者向您询求建议，您先问他是怎么想的，然后再回答。
- 跟依赖型人格者讲讲您的弱点和疑虑，甚至向他询求意见和帮助。
- 鼓励依赖型人格者扩大自己的交际圈。
- 让依赖型人格者明白您有权做一些没有他参与的事情，而这并不代表您对他的拒绝。

不该做的

- 即便依赖型人格者特意来问您，也不要替他做决定；不要在他每次遇到困难时都飞奔着赶去救急。
- 即便尝试失败，也不要当面批评依赖型人格者的主动性。
- 不要为了让依赖型人格者“学会自己搞定”而对他完全弃之不顾。
- 不要任由依赖型人格者为自己的依赖性买单（送礼或干“脏活儿”）。
- 不要让依赖型人格者到哪儿都跟着您。

如果依赖型人格者是您的上司：成为他（她）不可或缺的左膀右臂，并要求加薪。

如果依赖型人格者是您的伴侣：即便您可以从对方的依赖中得到满足，但不要忘记，您总有一天会厌倦承担做出所有重要决定的责任。

如果依赖型人格者是您的同事或合作伙伴：友善地让他（她）承担起自己的责任。

您是否具有依赖型人格的特点？

	有	没有
1. 我在做出重要决定之前会询求他人的意见		
2. 我难以结束谈话或打断对方		
3. 我常常对自我价值产生疑惑		
4. 在一群人当中，我很少提议去做什么、聊什么，或是提出新见解，我更倾向于随大流		
5. 我需要身边有可以依靠的亲近之人		
6. 我可以为别人牺牲自己		
7. 因为害怕跟对方起冲突，我常常对自己的观点闭口不谈		
8. 我不喜欢失去眼前之人，或是跟他们分离		
9. 我对不同意见和批评非常敏感		
10. 别人经常说我应该得到更多		

第十章

被动攻击型人格

Les personnalités passives-agressives

28岁的卡洛尔跟我们讲了她的一位同事西尔维（她们俩在银行的同一间办公室里工作）的故事。

初次接触，西尔维跟其他的同事没什么区别。她看上去专心于自己的工作，跟同事相处融洽，不会“兴风作浪”。这是我刚开始跟她共事时的想法。但几个星期之后，我发现这种风平浪静只是个假象，西尔维和我们主管安德雷两人其实较劲较得厉害。我尤其注意到，每次开会安德雷让大家表达各自想法的时候，西尔维几乎一言不发，而且一副死倔的样子，满脸的敌意，就好像开会让她烦得不行。然而，如果安德雷直接跟她说话，她就会摆出一副和蔼可亲的态度，但大家都看得出来那是装的，安德雷也看得出来。

等开完会我们几个聚在一起的时候，西尔维就会对安德雷的决定或是银行管理层新下达的指令发表各种看法，就好像她既聪明又能干，总能看出疏漏之处。然后呢，她会遵照新章程去做事，但做法相当刻板，一丝不苟，以致大大降低了她的工作效率。她很清楚这一点，但可能她觉得这么做既可以“破坏”章程的执行，别人又不能指责她什么。她试图让我们相信：我们总在受人摆布，安德雷的能力不及我们，我们在银行高层的眼中一钱不值。

当然了，因为经常跟她打交道，所以我们已经习惯了她的这种腔调，也就不会太当回事。可几个月前，她用这一套成功说服了一个新同事——伊莎贝尔。伊莎贝尔的情绪完全被她点燃了，开始在会上质疑安德雷的决定，或拒绝加班。安德雷很快就弄明白是怎么一回事了，他把西尔维叫到办公室训了一顿。西尔维出来的时候重重地甩上了门。第二天，她没来上班，原来她请了两个星期的病假。

西尔维不在的这段时间，伊莎贝尔冷静了下来，最终接受了我们的看法：安德雷确实有不足之处，但总的来说他是个善良的人，也颇为公正，为保证工作的正常运转操了不少的心。西尔维回来之后，我去找了她，跟她解释说，既然大家都在一个办公室，就应该保持一种良好的氛围。可她说自己跟任何的冲突没有丝毫的干系，说安德雷和这里的工作环境才是引发龃龉的唯一原因。

她又开始在会上摆脸色、拖延工作，安德雷要求她调职。但是她拒绝了，而且去找了工会。办公室里的气氛变得让人透不过气来。

最令人感到不解的是，西尔维在工作之外挺讨人喜欢的。一开始，我们周末会一起去看电影或购物，她很和善，而且很有幽默感。但只要一到办公室，她就会变成黑巫婆。说到底，我觉得她这种态度，部分的原因是现在的工作对她来说有点大材小用。她有历史系的硕士文凭，比我们所有人的学历都高得多，可就业市场不景气，她只能屈尊接受这份行政工作，但她不愿接受现实或是寻找其他的工作，而是迁怒于上司。

如何看待西尔维？

在工作中，西尔维的角色似乎就只是跟人对着干。她质疑别人的决定，工作拖沓，试图拉上别人一块儿跟她反抗上司，她将所有来自上级的指令都视作对自己的冒犯。根据她的同事卡洛尔的描述，安德雷是个不错的上司，他试图缓和办公室里的紧张气氛。如果说西尔维对安德雷有怨气，很可能不是针对他个人，而是因为安德雷是权威的代表。此外，西尔维还质疑整个银行高层规定的合理性，并坚信自己受到了不公正的对待。因此我们可以说，西尔维似乎具有一种无法容忍被他人差遣的性格特点。

她不会公开表达自己对上级指令无法容忍的态度，她不会高声反对自己的上司，她会拖延指派给自己的工作；在会上不参与讨论，好在会后更加有理有据地谴责别人的说法；她不会直接跟人发生冲突，而是唆使一个略显天真的年轻同事。

在上级面前，西尔维采取了一种被动反抗的姿态，或者说以迂回的方式进行反抗。

在工作之外，当没有人对她提出任何要求的时候，西尔维可以成为一个讨人喜欢的同伴，这就说明，她的问题主要来自跟权威有关的现状。

无法忍受被人差遣、被动反抗——西尔维表现出被动攻击型人格的特征。

被动攻击型人格

- 在职业或个人领域对他人要求的习惯性反抗。
- 对指令的夸大质疑，指责权威人物。
- 采取迂回的方式：工作拖沓，故意降低工作效率，赌气，遗忘，抱怨不被理解、不受信任或受到不公的待遇。

在一次企业研讨会上，我们对一群企业管理人员和高层描述了这种人格，或许这是让他们最为光火的一种人格。确实，跟具有被动攻击型人格的合作者打交道，可能会特别令人难以忍受。因为在这种情况下，工作氛围肯定好不了，而且您会看到被动攻击型人格者表面上接受了您的决定，结果却不见后效，您之后还会发现工作执行中的种种延迟和谬误。某些被动攻击型人格者知道如何将自己的行为保持在可以容忍的限度之内，另一些则会越界，最终被调职或被解雇。如何解释这种有时几近自杀性的行为呢？

被动攻击型人格者如何看待世界？

被动攻击型人格者的根本信念可能是："顺从等同于失败。"命令，甚至只是简单的要求，都会触发被动攻击型人格者的反抗情绪和挫败感。但他们很少会以真诚的方式表达这种反抗，因为他们的另一个信念可能是："说出自己想法的风险太大。"因此，他们往往会被动地表达出对权威人物的挑衅，这也是为什么他们会被称为被动攻击型人格者。

我们都见过被动攻击型人格：在餐馆里，您跟服务员示意自己点单之后已经等了很久，结果服务员愈发拖着缓慢的脚步走向厨房；您让自己的孩子赶紧回房间写作业，结果他却躺在了床上；您跟自己的女儿说电话打得太久了，结果她来吃饭的时候一步三摇；护工迟迟不来，因为她觉得您按铃按得太过频繁；秘书在受到您的批评之后请了病假。所有这些情形都牵涉到两个人，而且这两个人之间存在一种权威关系：上司和下属、顾客和工作人员、家长和孩子。

但是您呢？您就从来没有做出过被动攻击型人格者的举动吗？假设听到这样的话——“如果别人对我提出要求的方式不够友好，我就会想法子不去做那件事”，您会表示赞同还是反对呢？那么，我们是否都具有被动攻击型人格呢？

被动攻击型人格：是人格还是行为？

某些行为只有在个体生活中的各个方面和个体的一生中都以几近恒定的方式表现出来，才可以将其定义为人格障碍。然而，在一些令人不愿屈从的情形中，我们很容易发现具有被动攻击型行为的个体，但要从中区分出被动攻击型人格就要困难得多，也就是说，在几乎所有别人提出要求或下达命令的情形下，都会做出被动攻击型行为并终其一生的，才可称之为被动攻击型人格[1]。

比如，青少年都会经历一个反抗权威的阶段，并在家里或学校做出被动攻击型行为：赌气、不做功课、因为不承担家务而惹父母生气，等等。但这在他们的心理发展和形成身份认同

1 T. Millon，J. Radovanov，《被动攻击型人格障碍》（*Passive-Agressive Personality Disorders*），《精神疾病诊断与统计手册第四版：人格障碍》（*The DSM IV: Personality disorders*），同前引，312—325 页。——作者注

的过程中纯属正常。等到他们离开家的时候，自然就不会再跟父母做对了，或是等到他们找到某个自己感兴趣的活动，就不会再拖沓了。这种情况跟人格障碍没有丝毫关系，而只是一种在这个年龄阶段极为普遍的暂时性行为方式。

但再怎么说，不也存在那些间接反抗一切形式的权威已经成为其生活方式的真正的被动攻击型人格吗？来听听32岁的洛朗斯是怎么说的，她在经历了一连串工作和感情上的失败后前来就医。

在跟医生讨论我的生活的过程中，我渐渐意识到，有一种情况从青春期开始就会不断出现：每当我觉得受到别人（父母、上司或男友）的限制，我就会觉得无法忍受，并把对方推得远远的，最终结果就是分道扬镳。我不知道别人是怎么做的：他们比我听话，还是他们能够以更委婉的方式进行反抗？

比如，所有跟我交往过的男性，总有那么一刻我会觉得他们不跟我说一声就做出决定，就好像我乖乖听话是很正常的事。就比如阿兰，他打电话到我办公室，说道："你看，咱们周末去趟诺曼底吧！"我立马火冒三丈，但是我什么也没说。我喜欢诺曼底，但我无法忍受让他替我做决定。于是我周五晚上就在办公室里磨磨蹭蹭，借口说工作太多，他让我快点，结果我反而找来更多的文件让自己忙个不停。最后，我很晚才离开办公室，导致我们当天晚上没走成，他不得不把出发时间推到了星期六上午。但是第二天，我又抱怨说太累，还说觉得周末时间太短，不值得去。

一开始，他会真诚地跟我道歉，但后来，他对我越来越感到恼火。结果，我开始在性生活上报复他，经常跟他说我不想做。当然了，他最终离开了我，我之后才意识到他是个很有魅力的男人，是很多女孩都会趋之若鹜的那种类型。

我在工作上也是同样的态度。就某种方式而言，我总会觉得上级的决定有失公允，或者叮嘱过于专横，我会想方设法地拖延，不动声色地反抗，或者赌气。上司们很快都开始讨厌我，但我还是在自己的职位上待了很久，因为我的能力不差，而且只要他们能够给我一定的自主权，我就会交出令人满意的工作成果。本来这样下去是可以的，但是我从来都不满意，我总是向上司要求更多的自主权和自由，直到闹得不欢而散。

我意识到这种无法容忍任何形式权威的态度已经影响到了我生活的各个方面。我在汽车挡风玻璃上看到违章罚单时会立即撕掉，完全不顾之前已经发生过的后果：我的账户已经因为多次过期未付的累计罚金被查封了。就连在酒店也是一样，中午之前离店会让我感到很恼火，我就会想办法拖延。

我不知道自己为什么会这样，或者说我对自己有疑虑。我父亲是个很专横的人，他想让所有人都按照他的方式来。好多年了，我看到我母亲跟他吵个不休，抱怨活得太累。每次他们俩要一起出门的时候，我母亲都会花上好几个小时去准备，直到父亲忍无可忍。他对我和我姐姐也一样专横。他总想控制我们出门的时间、我们穿衣服的方式，甚至替我们选择交往的朋友。我姐姐对他反抗得很激烈（其实她跟我父亲很像），她很快就会甩上门走掉。可我呢？我不敢这么做，我害怕父亲发怒，于是我就会像母亲那样在暗地里反抗，比如拖延时间、不好好学习、不好好吃饭之类的。等到最终把他给惹火了，我就会感到一种莫名其妙的满足。我觉得，我母亲给我树立的榜样是造成我现在这个样子的部分原因。

洛朗斯能够清楚地意识到自己的问题，这往往是一个必经阶段，但还不足以带来真正的改变。她是在后来才发生了改变的。

电影和文学作品中的被动攻击型人格

在皮埃尔·格兰尼亚·德弗利（Pierre Granier-Deferre）根据西默农（Simenon）的小说改编的影片《猫》(*Le Chat*，1971 年）中，让·迦本(Jean Gabin)和西蒙·西涅莱(Simone Signoret)扮演了一对老夫妻，相互间的谩骂和被动—攻击型行为令两人痛苦不堪。如果你还没结婚就先不要看。

在爱德华·迪麦特雷克根据赫曼·沃克的同名小说改编的影片《叛舰凯恩号》中（我们在妄想型人格中曾经提到过片中那位专横无能的舰长），二副基弗表面上对上司言听计从，但随后便会质疑上司的命令，并鼓动全体舰员起来反对他，而自己却带着一种被动—攻击型的满足悠然地躺在铺位上。

如何应对被动攻击型人格?

应该做的

‖ 友好地对待被动攻击型人格者

被动攻击型人格者对别人对自己的轻视非常敏感。如果您粗暴或高傲地对他们提出要求，马上就会激起对方的敌意。另外，您可以换位思考一下：在上司最近一次生硬地要求您做什么事情时，您是如何反应的呢？即便您听从了他的决定，但您并不想去执行，因为他专横的态度让您心中不爽。所以，想象一下被动攻击型人格者那种压抑怒火的感觉，您就会明白，友好地对待他们有助于顺利地完成工作任务。

所以呢，即便你们之间存在上下级关系，您也应该耐下心来表现出友好的态度，或者说两句窝心的话，以表明您对他看法的理解。

比如，您在餐馆吃饭，十分钟之前就点了单，但什么吃的也没送上来。您把那位面色不快的女服务生叫了过来。现在比较一下这两种说法。

第一种："我都等了十分钟了！简直让人难以置信！您倒是快点儿啊！"

第二种："我很赶时间。我知道您要招呼很多客人，但如果您能快一点儿上菜，我将不胜感激。"

虽然以上两种说法都无法保证能够获得预期的效果，但第一种说法肯定会引发服务生的被动攻击型反应。女服务生也许会很快为您上菜，但她会想法子为难您，比如“忘记”拿餐具什么的，或者在您想要买单的时候“消失不见”，又或者把您安排在一桌大嗓门的顾客旁边。

在让·阿努伊（Jean Anouilh）的一出戏剧里，有个资产阶级家庭的管家，在革命爆发后成了原先主家的看守。（革命者们决定让这家人继续生活在自己的屋宅中，但屋子被改造成了博物馆，好让普通民众来看看革命爆发前的资产阶级是怎么生活的。）管家对参观者吐露，在旧时代，当主家的专横行为惹他不快时，他会在暗地里实施报复：在上菜之前往汤里撒尿！这种被动攻击型举动堪称到了无以复加的地步，挑衅行为不仅是间接性的，而且被挑衅的对象根本就看不到这种行为！彬彬有礼的举动有助于社交活动，更有助于维护跟被动攻击型人格者之间的关系。

请看另一个例子：您不得不让您的秘书在今天之内打完几封信，因为秘书手头已经有很多工作了，所以她就得走得比平时晚。

第一种说法：“您看，这份报告必须在明天之前打好。”

第二种说法：“我知道您的工作已经排得很满了（共情的表达），但我明天一早就需要这些信函。您看能不能想个什么法子给安排一下呢？”

采用第二种说法，您就给秘书留有一定的自主权：她要打完您的信函，但您会帮她重新安排优先事项。就某种方式而言，您邀请她参与到了自己的工作安排之中，我们会看到这种处事方法的好处。

‖ 只要有可能，就去询问被动攻击型人格者的意见

卡特琳娜跟我们讲述道：

我在一家成衣店工作，负责挑选织料，我的助手负责下单或交付生产。我习惯的做法是，在我选好织料之后把清单交给他，然后由他负责后续工作。但如果在跟生产商下单时出现了什么问题，他从来不会想着要怎么解决或是跟对方商讨一下，而只是一动不动地听着供应商表达自己的观点。接着，等我收到和预期不符的织料样品，或者样品迟迟才送到时，他总会跟我解释说是供应商为难他。通常的情况确实如此，但我肯定，只要他愿意，他是有能力解决这些问题的，因为他是个聪明伶俐的小伙子。

结果我不得不亲自去解决这些问题，而我手头已经有很多工作了，这样的话，要助手有什么用呢？我差点就冲他发火了，但我发现他很敏感，这样做会造成我们关系的破裂，他或许难以忍受自己只是个任务的执行者。于是等到下一次，我就给他看我为下一个成衣系列选择的织料，并且询问了他的想法，问他是否有什么提议。他看上去很吃惊，然后说了几个他自己的想法，有些

还真是不错。我对他所有的想法都表示了肯定，并且采纳了其中的几个。这一次，跟供应商没有再发生任何问题，他在供应商面前维护了自己有份参加的观点。

很多人都希望能够碰上像卡特琳娜这样的上司，她事前会三思，而非粗暴地把自己的意愿强加给下属。卡特琳娜的例子再次揭示了一个很多相关领域研究都已经证实了的基本心理学事实：如果感觉到能参与跟自己相关的决定，人们对自己的工作会感到分外满意[1]。

当然了，这种方法并不适用于所有的决定，但上级管理人员往往因为没能让员工参与跟自己工作有关的决定，引发了大量多多少少有故意为之嫌疑的拖沓和“捣乱”行为。有时整个工作团队都会做出被动攻击型举动，而且原因往往就是管理上的不当。

‖ 帮助被动攻击型人格者直抒胸臆

被动攻击型行为是一种间接挑衅的方式。做出这种行为的人认为间接表达的风险要低于直接表达自己的不同意见（他们的意见有时是对的）。但在很多情况下，邀请被动攻击型人格者坦率地表达自己的不同意见，可以令双方得以共同商讨并（部

---

1 R.A. Baron，《组织机构中的决策行为》（*Decision Making in Organisation*），摘自《组织机构中的行为》（*Behavior in Organisations*），牛顿市（马萨诸塞州），Allyn and Bacon 出版社，1980 年。——作者注

分地）解决潜在的冲突。我们来听听弗兰克是怎么说的，他在一家培训机构担任咨询师团队负责人。

米歇尔是个最近才加入我们团队的年轻咨询师。一开始，我对他的印象挺好。他看上去很有活力，又聪明，总想着怎么把事情做好。我让他负责活跃课堂气氛，并跟另外一个比较有经验的咨询师夏尔一起推广一个两人实习项目。几个星期之后，我发现事情有点儿不对头。米歇尔在开会的时候显得闷闷不乐，实习生对他的评价刚刚过及格线，而且他几乎没有招来任何新客户。我问夏尔是怎么想的。夏尔跟我说，他觉得米歇尔在自己负责的实习课上无精打采。另外，夏尔得经常提醒他要按照教学大纲来上课，而教学大纲是夏尔制定的。

我想了想这事儿。夏尔是个有点儿专制的咨询师，仗着自己比年轻人经验丰富。我找来米歇尔，让他说说自己的看法。可他几乎说不出什么，不管我问什么，他都说一切都很好。我拿出他乏善可陈的评估成绩，结果他拒绝发表任何意见。

最后，我对他说："我觉得您没有跟我说真话。这样子我就很难办，如果我们无法开诚布公地交谈，我就没法改善目前的状况，这对所有人来说都是很遗憾的事情。"他一句话也没说就走了。但第二天他来找了我，一副局促不安的样子，费了好大的劲儿才给出了他的解释，也是我之前料想到的。夏尔总想控制一切，借口米歇尔缺乏经验而把最有意思的课留给了自己，并且拒绝接受米歇尔对教学大纲提出的任何修改意见。

于是我做了几个决定：我让米歇尔跟朱莉一组，朱莉是个性格开朗的咨询师，我还让米歇尔负责制定另一门学科新的实习内容。等到他在机构的地位得到了进一步的巩固，我再要求他跟夏尔合作。

可为什么他没有在第一次见面时和盘托出呢？我觉得是因为他太过礼貌了，他是个新人，是那种不愿招人讨厌的男孩子。

要是表现出被动攻击型行为的人能在您的第一次邀请时就开诚布公，那一切问题就都能迎刃而解了。他们中的一些人因为羞怯而不敢吐露心声，就像上一个例子中的米歇尔；而另一些人则出于更为复杂的原因，就像下面这个例子中的埃尔韦（36岁），他跟妻子马蒂娜一起接受了夫妻治疗。

马蒂娜特别让我愤怒的一种行为通常是在晚饭之后。我在一旁看报纸，她把碗碟收拾到洗碗机里，然后清洗放不进洗碗机里的餐具。可她总是乒乒乓乓地弄出很大的动静，我就会有点儿恼火，然后起身去问她要不要帮忙，她面无表情地回答我说不需要，还说她比我更懂得怎么收拾东西。我就又回来坐下，她继续洗碗，动静小了些，可第二天晚上又开始了。我跟她说她弄得动静太大，她回答说我出去溜一圈不就得了。

最后，我在治疗的过程中跟医生说了这个问题。治疗师花了很长时间才让马蒂娜开口说出了自己的感受：她晚饭后的行为是为了表达对我的不满，因为我不怎么跟她说话。简直让人难以相信，是我在不停地尝试跟她搭话，但每次都无功而返啊！那时候我才明白，她收拾碗筷时弄出那么大的动静，是为了惩罚我，而且她对我有那么多的不满，以至于我想要改善现状的努力都付诸东流，她对我的怨恨太深。

我觉得自己并不符合她对一个丈夫的期望，即便双方都做出了最大的努力，我们还是无法相处。我们已经打算离婚了，治疗师正帮助我们平稳地渡过这个难关。

在这个例子中，我们首先可以看到，夫妻治疗的目的并不在于不惜一切代价地维持一段夫妻关系，有时候是帮助夫妻双方平静地分手。马蒂娜的例子还让我们看到，有时候，被动攻击型举动的主要目的是报复，而被动攻击者并不一定想要对自己的行为做出解释，因为这样有可能会让他再也无法拐弯抹角地实施报复。在这种情况下，无论如何都应该让他（她）注意到自己的行为，这样他（她）就无法再假装那是无心之举了。如果弗兰克这样对马蒂娜说："你的动静实在太大了。我觉得你好像有什么话要跟我说。"马蒂娜很有可能会不承认，但也不太好意思继续下去了。

另一种类似的情形，相信大家都曾遇到过：

"你为什么拉着一张脸啊？"

“没有啊，我没拉着脸啊。”（可我今天晚上都会继续拉着这张脸，好惩罚你吃晚饭的时候因为朋友而忽略了我。）

‖ 提醒被动攻击型人格者遵守游戏规则

现在，教育孩子的方式远不像一两代之前那么专制了。您可以比较一下您父母对您的教育方式和您对自己孩子的教育方式。您往往会发现，您给予自己孩子的自由要胜于您在同一年纪获得的自由。谁还会禁止自己的孩子在饭桌上说话，或是只允许孩子在被别人问到时说话呢？在学校里也是：处罚行为变得更加罕见了，老师和鼎鼎大名的学监也不像在上几代学生眼中那么怕人了。在课堂上，学生们获得了更多自由表达的机会，老师会鼓励学生参与讨论自己教授的内容。甚至在军令如山倒的部队里也是这样，没有人会因为专横长官的故事而捧腹大笑，因为这些故事跟现实离得越来越远。换句话说，新的一代自童年起就已经习惯了表达自我和亲身参与。

而在新一代迈入职场面对专制的上司时，又会发生什么呢？或许他们的忍耐力比不上那些前辈，后者从童年时就习惯了专制的父母，然后是专制的小学老师，再然后是专制的长官。现在，对于很多的年轻人来说，职场堪称是无条件接受他人意见的第一道坎。这也就不奇怪为什么很多的年轻下属都难以忍受“受人差遣”，并常常质疑上级的合理性了。再者，年轻员工往往接受过上司在他们这个年龄时没能受到的良好教育，这就又给了他们一个质疑上司决定的理由。或者通过被动攻击型行为表达不满，因为他们觉得，就眼下萎靡不振的就业市场来看，直抒胸臆太过冒险。

因此，我们只能在有可能的情况下，尽量鼓励参与性的管理方法，因为这种做法符合新一代的习惯和需求，也符合大力提倡平等关系的社会价值观，无论是家庭、学校或夫妻之间，就连医患关系也是如此，现在的病人会让医生对治疗方案做出解释[1]。但这种方法不总是行得通，而只要权威关系存在，就会出现被动攻击型行为。

面对这种频繁出现的有意捣乱的行为，提醒对方注意游戏规则或许有用。我们在下文中推荐的这段管理人员的讲话，您可以在尝试跟被动攻击型同事和解失败后试一试。

1 C. André，F. Lelord，P. Légeron，《亲爱的患者——医生用报告小手册》（*Chers patients-Petit traité de communication à l'usage des médecins*），巴黎，Éditions du Quotidien du médecin 出版社，1994 年。——作者注

“几个星期以来，您的工作态度给我造成了难题，比方说……（描述明确的行为）。我感觉您不愿意接受某些我指派给您的工作任务（表达您的观点）。我曾让您表达自己的看法，但您并没有这么做（描述某个明确的行为）。我明白，您可能觉得去做一件不总是有趣的工作没那么容易，或许您甚至会认为这件工作无法体现出您的价值（共情的表达）。但我要提醒您，这里有这里的规矩，您拿这份工资就是为了做好我所期待的工作（提醒游戏规则）。这个规则并不好玩，您可以认为自己应该承担更有意思的工作（共情的表达），这完全有可能。或许您甚至会认为我不够资格当您的顶头上司，我并不介意您这么想（共情的表达）。但如果您想继续跟我一起工作，您最好接受这个规则（提醒游戏规则）。那么好吧，这是接下来几周我要求您去完成的工作……”

这段讲话里包含两个信息：

- 告诉对方您对他有所关注，您尊重他作为自由个体表现出的情绪和想法。
- 提醒对方你们之间的上下级关系无关私域，您的上级地位是无可争辩的事实，但牵涉形势的游戏规则并不取决于您和他。

当然了，我们不会天真地认为这样一番讲话就能解决所有的问题，但我们还是建议您不妨试试。

不该做的

‖ 不要装作没有注意到被动攻击型人格者的反抗行为

说到底，如果您的伴侣或同事“板着一张脸”，您或许打定主意不做任何反应，只等着事情过去。大部分情况下，这会是一种错误的态度。实际上，不要忘记，被动攻击型行为是一种有话要说的表达方式。如果您装作对此毫无察觉，对方就会变本加厉，直到您有所反应。所以，一旦您发现对方出现类似故意捣乱、赌气、暗中报复的迹象，立刻以提问的方式做出反应。

比如在面对脸色不善的伴侣时，问他：“我感觉你不太高兴，是我误会了吗？”通过这个问题，您让对方无法安然于自己的被动攻击型行为。在长期的关系中（伴侣、同事），您这样做能够促使对方更快、更坦率地表达自己的不同观点。

‖ 不要以家长的方式批评被动攻击型人格者

被动攻击型行为是一种反抗权威的方式。我们见到的第一个权威典范就是父母，这就解释了两个事实：

- 我们会不由自主地以父母教训我们的方式对人提出批评，也就是说发表一番评判好坏的道德高论。
- 我们都很难接受这种一板一眼的批评，因为我们讨厌被人当作孩子来对待。

因此，尝试抛弃以这样的说话方式去批评对方，“您的行为让人无法接受”，“这么做真是不知羞耻”，“您的做法非常不好”。与其动辄以好坏加以评判，不如向对方描述您所指行为的后果。

不要这样说：“您又迟到了。这种行为让人无法接受。您这么做是对所有人的不尊重。”（说教式的批评）

要这样说：“今天早上您开会又迟到了。这影响到了整个团队的工作（对工作产生的后果），而且让我不高兴了。”（对您产生的后果）

困难之处就在于，我们最容易脱口而出的恰恰是说教式的批评，因为这是我们在处于学习阶段的整个童年期和青春期所听到的说话方式。

‖ 不要让自己陷入互相报复的游戏

让我们来听听16岁的玛丽·波勒是怎么跟治疗师描述她跟自己新交了男友的离异母亲之间“令人大开眼界”的关系：

妈妈总是在晚上跟她的新男友出去，这让我很恼火，所以我就故意比她回来得还晚，这让她很担心。结果她为了惩罚我，扣了我的零花钱，或许她希望我没那么多钱就不会总出去，（她想错了，我男朋友经常请我出去玩。）我通过“忘记”做家务来反抗她，我妈就通过不再帮我洗衣服来进行反击，我呢，就不停地煲电话粥，我知道这会让她不高兴，结果，她宣布要跟男友去过周末。确实，家里的气氛已经变得让人窒息了。

玛丽·波勒和她母亲陷入了一场相互报复的游戏，这种情况在家庭生活中或夫妻之间十分常见。但需要注意的一点是，这种情形的关键所在（玛丽·波勒希望母亲对自己多一些关注）从来没有从这个叛逆少女的口中清晰地表达出来。或许是因为她觉得自己已经是个大人了，所以拒绝承认自己对温情和关注的需求。在这个案例中，治疗师必须帮助她认识到自己依然需要母亲的关怀，然后鼓励她向母亲坦率地表达自己的想法。

如何应对被动攻击型人格?

应该做的

- 友好地对待被动攻击型人格者。
- 只要有可能，就去询问被动攻击型人格者的意见。
- 帮助被动攻击型人格者直抒胸臆。
- 提醒被动攻击型人格者遵守游戏规则。

不该做的

- 不要装作没有注意到被动攻击型人格者的反抗行为。
- 不要以家长的方式批评被动攻击型人格者。

- 不要让自己陷入互相报复的游戏。

如果被动攻击型人格者是您的上司：换部门吧，他（她）可能会拖您下水。

如果被动攻击型人格者是您的伴侣：引导他（她）开诚布公地表达自己的想法。

如果被动攻击型人格者是您的同事或合作伙伴：去见他（她）之前重读本章。

您是否具有被动攻击型人格的特点?

	有	没有
1. 大部分领导都是不称职的		
2. 我难以接受屈从于人		
3. 我经常故意拖延工作，因为我对指派工作的人心怀不满		
4. 别人指责我总是气呼呼的		
5. 我曾经故意不去参加会议，然后借口说自己不知道有这回事		
6. 如果身边的人惹我生气了，我从此会避之不见，但不会告诉对方为什么		
7. 如果别人对我提出要求时的态度不友好，我就不会去做		
8. 我曾经在工作上“蓄意捣乱”		
9. 别人越是催我，我就越是拖沓		
10. 我一直都对上级有怨气		

第十一章

逃避型人格

Les personnalités évitantes

在青春期的时候，我妹妹露西不像我那么能玩，25岁的玛丽讲述道：

她有两三个认识了很久的闺蜜，她们总在一起互诉衷肠，但很少去参加聚会，她总是以这样或那样的借口为托词，比如太累啦，有工作要做啦，担心会无聊啦，等等。我们一去参加聚会的时候，她看上去总是一副惊慌失措的样子，到哪儿都跟着我，我得先开口跟朋友们说话，她才会时不时应上两句。她话很少，而且总是在附和别人。

她在学校的时候是个好学生，但她最害怕的就是参加口试，她跟我说她肯定会怯场，然后肯定会考砸。结果她在笔试阶段就被录取了。

在家里，她跟妈妈的关系不错，两个人有点像，都很温柔谦让。

不过，我一直觉得露西害怕爸爸，我爸是个专制的人，相当粗暴，总是想替别人做决定。后来我开始反抗他（我最后甩上门离开了家），而她呢，从来都没跟他发生过冲突。

露西没有男朋友，我知道她很喜欢一个男孩，但她从来没有对他表露过一丝一毫的爱意。学业方面呢，以她的成绩完全可以再多读几年书，可她就念了个会计专业的高级技师文凭。

她很有责任心，深得老板的赏识，我让她去要求加薪，可说了也是白说，她不敢去。说到底，我一想到她，就会觉得她一直都在过着跟自己不相称的生活。

如何看待露西？

露西对所有可能令自己遭到拒绝或陷入尴尬的情形都具有一种强烈的恐惧：参加口试、在聚会上认识新朋友、对喜欢的人表白。可以说，令她感到痛苦的是一种对被拒绝的过度敏感。

为了消除这种遭到拒绝的风险，她总是跟那些自己完全可以放心的老相识打交道，从而避免一切“存在风险”的情形。在遇到不认识的人时，露西只有在姐姐的保护之下才敢开口说话，而且她绝不会跟对方说反话，只是一味地点头称是。此外，在通常会跟父母冲突不断的青春期，她却从不曾跟父亲针锋相对过。

这种对失败和拒绝的过度恐惧，令她尤为偏爱自己确定可以掌控的情形，比如只跟交情深厚的多年老友打交道。她不会冒险跟父亲发生冲突。她选择了一份只需墨守成规的工作，她确信自己的职业道德在工作中会得到众人的认可。她既不敢要求加薪，也不愿承担换工作的风险。我们会觉得她对自己的工作感觉还不错，这可能是因为她对自己的评价不高。

露西具有逃避型人格的所有特点。

逃避型人格

- 过分敏感：特别害怕遭到别人的批评和嘲笑，害怕自己闹笑话。
- 只要无法确定对方怀有无条件的好意，就会避免跟对方建立关系。
- 避免可能令自己受到伤害或感到尴尬的情形：结识陌生人、唾手可得的职位、发展一段亲密关系。
- 自我贬低：自我评价低，经常低估自己的能力并贬低自己的成功。
- 因为害怕失败而始终保持谦逊退让的态度，或是从事大材小用的工作。

事实上，研究者认为存在两种逃避型人格[1]：

- 一些逃避型人格者，比如露西，可以被描述为特别焦虑的人，但依然能够与某些人建立起积极持久的关系。
- 另一些逃避型人格者则既焦虑又多疑，对人没有足够的信心，从而无法与人建立起积极持久的关系，而只能痛苦地活在孤独之中。

这两种逃避型人格之所以不同，很可能是童年时期与父母关系的质量不同所导致。

当然了，口试前怯场，或是在暗恋对象的面前结结巴巴，都不足以被定义为逃避型人格。回忆一下，我们在每个章节中提到的性格特点（本章中是过分敏感和自我评价低）必须足够持久，并涉及工作、友情、陌生人或家人等生活中的方方面面，才能被定义为人格障碍。

很多的青少年，无论是男孩还是女孩，都会经历一个与逃避型人格极为相似的性格发展阶段：怀疑自己的价值、难为情、羞涩内向、动不动就脸红，最害怕的就是成为笑柄或感到尴尬。他们不会参加小团伙，也不愿意参加聚会，而更愿意跟相识已

---

1 A. Pilkonis，《逃避型人格：性格、羞耻，还是两者兼而有之？》（*Avoidant Personality Disorder: Temperament, Shame or Both ?*），摘自《精神疾病诊断与统计手册第四版：人格障碍》（*The DSM IV: Personality disorders*），同前引，234—255 页。——作者注

久的老友互诉衷肠。对这个充满疑惑和混乱的阶段不必大惊小怪，它往往是人格发展的必经阶段。随着成功经验的增加，被别人接受和认可的感觉会增强这些少男少女的自信，而过去羞涩内向的少年往往会成为神采飞扬的大人。

但逃避型人格者却不会经历这种幸福的蜕变。他们依然会对自己充满怀疑，并不惜一切代价地寻找安全感，即便过上略显局促的生活也在所不惜。

露西如何看待世界？

露西在生活中总是担心自己会出洋相、笨手笨脚，或是遭到别人的拒绝。这并非因为她觉得别人都特别地不友好，而是因为她觉得自己没有什么能让人喜欢的地方。她觉得自己“不够格”，而且害怕别人看穿这一点。逃避型人格者的根本信念之一可能是：“我低人一等。”另一个信念可能是：“跟别人接触可能会让我受到伤害。”正是第二个信念让露西将自己跟外界的联系降到了最低程度，而只跟相知多年的老友打交道——因为跟她们的交情能够让她确信自己不必担心些什么。

让我们来听听 42 岁的大学老师雅克的故事。

从记事起，我就一直觉得自己羞涩胆怯，比别人要差一截，我父亲是军人，这对我改变自卑的现状并没有任何帮助。首先，我父亲很专制，我很怕他，尤其怕他发火，我母亲也怕得要命。所以呢，为了避免惹他生气，同时也为了吸引他的注意，我在整个童年期和青春期都在扮演“乖乖仔”。其次，我父亲每次变动岗位我们就得跟着搬家，我几乎每两年就要换一所学校，所以我一直都是个“新生”。

那些入学的日子在我的记忆中就像噩梦一样，我的心狂跳不止，在新的班级里等待老师点到我的名字，众人的目光对我来说就像是酷刑。我不敢跟别人靠得太近，等我慢慢地交到一两个朋友的时候，我父亲又被派到了另一个城市。

您可以想见我的青春期过得多么艰难。刚进大学的时候，我终于成为一帮男孩女孩小团体中的一员。他们说什么我都表示赞成，就好像是为了让自己跟他们融为一体。我总是乐于帮助别人，借东西给别人，帮别人搬家。有人过生日的时候，最漂亮的那份礼物一定是我送的。当然了，我总是太过“友善”，只不过我自己并没有意识到这一点。别人总乐于接纳我，我觉得有些人还挺喜欢我的，但有一两个男孩总会忍不住时不时地对我冷嘲热讽，而我根本无法对他们做出什么回应。我觉得，要是这帮人有暴力倾向的话，我肯定会成为替罪羊。女孩们都很喜欢我，我比别的男孩要敏感，她们当我是闺蜜，我也愿意扮演这样的角色。不过很显然，想要摆脱这个角色就不那么容易了，而当我爱上其中的某个女孩时，我竟不敢表白，结果弄得自己痛苦不堪，即便是几次少有的尝试也以失败告终。

后来我迷恋上了一个比我还要笨拙的女孩，面对她的时候我不会感到胆怯。因为她的出身不如我，所以我不会因为她的家庭而惶恐不安。

我的职业也是情非得已的选择——因为我深信自己无法适应职场上的激烈竞争，所以竭尽所能留在了能让我感到自在的地方——大学。我通过了所有的考核，谋得了助理教授的职位。

我的情况开始好转，因为大学的环境令人感到安心，我的同事都挺友好，而且我不用经常跟他们见面。再者，我在自己的专长领域颇有名望，这也给我所在的大学带来了声誉。我跟妻子的关系有点儿乏味，但她能让我安心，是我在工作中可以依靠的港湾。

但我的一个学生爱上了我，从此一切都改变了。当然了，我因为有所顾忌，所以拒绝了她，但她的态度比我强硬。她就像那些我 20 岁时不敢接近的女孩。我觉得，一个如此富有魅力、如此出色的女孩爱上自己的感觉，给了我一种从未有过的自信。这么说让人感到不齿，但我觉得她就像一剂治愈我的良药。

最后，我们的关系结束了，而我妻子从头到尾都蒙在鼓里（或是装作什么也不知道）。我感到很苦闷，因为这种全新的自信让我想去尝试不同的生活。我发现自己已经不再是当年那个只是为了寻找自信才娶了妻子的人。但我对她还有感情，不想让她承受痛苦，也不想对孩子不管不顾。有时候我会想，也许我一直都那么羞怯就不会有那么多麻烦了。

从这个例子可以看出，对个体有益的先验性改变可能诱发新的困境，也就是在卓有成效的治疗之后可能会出现新的问题。此外，通奸往往会令当事的一方或几方付出高昂的心理代价，可不能作为治疗方法啊！

当逃避型人格成为一种疾病

社交焦虑就是这种对他人批评的恐惧：在公开场合发表讲话、走进一间有好几个人在等待自己的房间、跟陌生人攀谈……这些情况都会让我们产生些微的焦虑。但对于某些人而言，这种焦虑过于强烈，从而演变为一种真正的恐惧症。他们竭力避免一切“存在风险”的情形，也就是说那些会令他们暴露在他人的目光和评价之下的情形。社交恐惧症主要集中在以下几种情形：害怕在公开场合讲话、害怕在毫无准备的情况下跟某人见面、害怕在别人的注视下填写或签发支票、害怕脸红……

简而言之，我们可以把这种面对别人时的焦虑分为三种类型[1]：

---

1 C. André，P. Légeron，《他人的恐惧》（*La Peur des autres*），巴黎，Odile Jacob 出版社，1995 年。——作者注

- 我们所有人都会在某些情况下表现出“正常的”社交焦虑：被介绍给身份显赫的人、参加口试或工作面试、认识某个自己倾心的人；
- 社交恐惧症：会引发更为强烈的焦虑，并习惯性地逃避某些令人担忧的情形；
- 逃避型人格的焦虑：隐藏得更深，并伴随对他人的评价和拒绝几近恒定的恐惧。

这一切是怎么来的呢，医生？

研究结果表明，三到六个月的幼童对新鲜事物的焦虑会在成年时再次出现[1]。

就像其他的人格障碍，逃避型人格的成因也各有不同。遗传因素对所有类型的焦虑症都或多或少有些影响。逃避型人格者的直系亲属和兄弟姐妹中往往会有焦虑者。但教育经历很可能也会令个体产生低人一等和可能遭到抛弃的感觉：过于严厉的教育、“高高在上”的某个兄弟或姐妹、学业不遂、体貌的不如人等，都可能对逃避型人格的形成产生不同程度的影响。

1　J. Kagan，N. Snidman，《影响人类发展的性情因素》（*Temperamental Factors in Human Development*），《美国心理学家》（*American Psychologist*），1991年，46期，856—862页。——作者注

具有显著逃避倾向的母亲或父亲也可能成为孩子在面对困难时效仿的对象，更不用提遗传因素对焦虑行为的影响了。

就像所有的人格障碍，逃避型人格的先天因素和后天影响也是很难加以区别的。

那么如何治疗呢？

在所有的人格障碍中，逃避型人格无疑是对现代医学最抱期待的人格障碍之一。

除了我们将在本书末尾讲到的心理治疗之外，一些药物也可以用来帮助逃避型人格者和社交恐惧症患者。

在 20 世纪 80 年代，精神病学家发现，某些通常用来治疗抑郁症的抗抑郁药物对逃避型人格者的“羞怯”也具有相当的疗效。

媒体上提到最多的就是百忧解。这种药物之所以广为人知，自然是因为它在抑郁症治疗中的显著效果，而且耐受性很好。尤其是据服药前个性羞怯、卑微的病人描述，在服用百忧解之后，感觉没有那么焦虑了，变得更加自信，跟人打交道也更加自如了。这种“百忧解效应”登上了各大报刊的头版头条。结果很多的人都开始“尝试”百忧解，即便没有出现明显的抑郁症状，而只是为了增加自信和社交时的轻松自如。人们要求医生开具药物不是为了治病，而是为了更好地应对现代生活的种种苛求。因为无论是乐在其中还是不胜其烦[1]，我们在生活中都会碰到很多这样的情形：必须自如地应对陌生人、在繁忙的工作中保持最佳状态。

确实，有些人在药物的作用下感觉更好了！他们在面对别人时感觉没有那么脆弱了，在日常生活中也更有自信了。实际上，我们在仔细研究了百忧解对这些人服药前状态产生的“奇迹”之后发现，其中一些人之前曾具有逃避型人格、心境恶劣障碍或社交恐惧症的特征，但从未接受过特别的治疗。

百忧解并非唯一可以改善这种在面对他人时的脆弱感的药物。在我们写下这些文字的时候，就已经存在一系列同类的抗抑郁药物了。按照在法国出现的时间，我们可以列举出以下几种：Floxyfral、Deroxat、Séropram、Zoloft……这些药物都可以改变5-羟（基）色胺的循环——一种在大脑中自然生成的分子。

但是，它们也并非可以治愈所有逃避型人格的灵丹妙药，因为：

- 并非对所有的病患都有效果；
- 某些病患的焦虑甚至在服药后加重，因此必须专注地观察治疗初期的反应；

1 E. Zarifian，同前引。——作者注

▶ 不能替代心理治疗：实际上，药物治疗辅以心理治疗往往比单独一种疗法要更为有效。因此，在服用药物的同时进行心理治疗并非矛盾之举，这两种疗法可以相互提升效果。总的说来，逃避型人格者应该去跟医生讨论一下自己的问题，医生或许会建议病人去咨询精神科医师。

电影和文学作品中的逃避型人格

让·雅克·卢梭在《忏悔录》(*Les Confessions*)中描述了自己在社交场合遭遇的几次尴尬和脸红的情形。我们或许可以由此而认为，逃避型人格有益于长期的脑力工作，因为这种工作往往需要规律的生活和相对的独处。

路易斯·卡罗(Lewis Carroll)自小口齿不清，似乎一生中都难以自如地跟成年人相处，而更喜欢跟小女孩为伴，尤其是爱丽丝·李德尔(Alice Lidell),路易斯后来为她写下了《爱丽丝梦游仙境》(*Alice's Adventures in Wonderland*)。但路易斯对梦幻世界和抽象学科(逻辑学、数学)的偏爱，也体现出类精神分裂型人格的特征。

在田纳西·威廉斯最为动人的中篇小说之一——《玻璃动物园》(*The Glass Menagerie*)中，男主角讲述了跟母亲过着隐居生活的姐姐。姐姐因为害怕跟人打交道而不愿去参加母亲替她交了学费的打字课。她平日里的伙伴是两本喜欢的书和一堆玻璃做成的小动物。"我不觉得我姐姐是真的疯了，"男主角说道，"只不过她精神的花瓣因为害怕而蜷缩了起来。”

在迪诺·里西（Dino Risi）执导的影片《安逸人生》（*Le Fanfaron*，1962年）中，让·路易·特兰蒂尼昂（Jean-Louis Trintignant）扮演了一个逃避世事、羞涩内向的年轻人，跟着魅力非凡的维托里奥·加斯曼（Vittorio Gassman）踏上了一段穿越意大利的疯狂之旅。

舒斯特（Schuster）和西格尔（Siegel）创作的漫画人物“超人”——当他脱下超人的外衣时，就变成了《星球日报》（*Daily Planet*）羞涩内向的记者克拉克·肯特（Clark Kent）。克拉克具有逃避型人格的特点，尤其是在面对美丽的同事露易丝·连恩（Loïs Lane）时，无法表达自己的爱意。

如何应对逃避型人格？

应该做的

‖ 向逃避型人格者建议循序渐进地达成目标

逃避型人格者感觉低人一等，害怕遭到他人的拒绝和耻笑，但这种情况可以得到改善。就像所有跟焦虑有关的病症，减轻焦虑情绪最好的办法就是以循序渐进的方式令当事人面对自己害怕的情形，并让他们意识到实际情况并没有想象中那么糟糕。

“循序渐进”很重要。如果您希望帮助逃避型人格者克服自己的恐惧，那么就不要邀请对方参加他一个人都不认识的三十人聚会。他会表现得手足无措，害怕闹笑话，害怕不知道在这么多陌生人面前应该说些什么，而是首先向他提议跟您和您的几位他知道的朋友一起去看电影。一起看电影并不属于难以应付的情形，如果你们在看完电影之后一起去喝上一杯，总可以找到聊天的话题。尽管逃避型人格者很可能难以表达自己的真实想法。

在工作中，先交给他一些不太会遭到别人反驳，而且他非常清楚应该做些什么的工作。渐渐地，他会建立起更多的自信，从而进入到下一阶段。我们来听听商务主管让·卢克是怎么说的。

确实，玛丽斯刚进公司的时候遇到了不少的困难。她的第一份工作是商务专员，这个职位表面看来很符合她的实习经验和简历。她要负责几个客户，记录他们的要求，并把这些要求传达给生产部门，以满足客户的要求。我很快就发现，这个工作让她苦不堪言。首先，她无法对客户的要求提出异议，然后，她也无法让生产部门的人接受这些要求。结果落得两边不讨好，客户埋怨她不守信用，生产部门的人责怪她任由客户提出过分苛刻的要求。她因此而大受打击，向我提交了辞呈。我觉得她是个有潜力的员工，所以拒绝了她的辞职请求。

我们进行了一次长谈。最后她告诉我，在我把这个工作托付给她的时候，她就觉得自己无法胜任，但没敢跟我说。我跟她解释说，人生中十有八九的情况下都应该明确地表达自己的想法，至少我是这么认为的。最后，我的一个合作伙伴让·皮埃尔说他缺助手缺了好几个月了，我就让玛丽斯去当了他的助手。这是个偏行政的职位，她的工作表现非常出色。我还要求让·皮埃尔至少每周两次带着她一起去见客户，这样她就可以看到他是如何跟客户谈判了。玛丽斯从中学到了不少东西。慢慢地，让·皮埃尔开始放手让她自己去处理一些比较容易上手的商务谈判。我觉得我们对她的做法还挺成功的。

这个玛丽斯也是个幸运的人，这家公司的同事和氛围能够允许她不断地进步，可是有多少逃避型人格者因为受挫而灰心丧气，甚至丢了工作，或是在大材小用的职位上饱食终日无所事事呢？

‖ 向逃避型人格者表明您对他的看法很在意

逃避型人格者总会认为自己的想法没多大价值，而且（更可怕的是）他会认为如果他反驳了您，您就会对他采取拒绝的态度。您要做的就是，通过让他明白您想要的是他的看法，而非他对您的附和，来破除他的这种想法。

不要希望首次尝试就会成功。逃避型人格者只有在令人安心的数次交谈并对您产生信任之后，才会表达自己的真实想法。

相反，一旦他意识到您的真诚，意识到您对他看法的在意，他就会慢慢鼓起勇气，在您的帮助下重建自信。我们来听听营销管理人员阿兰的故事。

我觉得我应该好好谢谢我的第一任上司。我性格比较内向，而且有些自卑，您大概想象得出我刚工作的时候那副小心翼翼的样子。我在开会的时候感觉浑身不自在，尤其害怕每个人都要发表意见的“圆桌讨论”。特别是在有人提出新看法的时候，其他人往往会提出反对意见，而且在热烈的讨论中还要维护自己的观点。通常，我只会说同意刚才发言的那个人的看法。我的上司注意到了我的这种举动，结果有一次会上他让我第一个发表意见。这下可没法再逃避了！

我颤抖着声音说自己对日程讨论的问题没有什么特别的想法，结果大错特错。所有人都看着我，有个人还不停地追问我，但我的上司马上就问了下一个人的看法。我当时真想找个地洞钻进去。我吓坏了，而且人人都看得出来。我上司开始表扬我最近几个月的工作，好让我放松下来。接着，他问我工作中有什么让我最感兴趣的。关于这一点，我就敢表达自己的想法了，因为不是什么难事。我没那么紧张了。于是他对我说：“您看，我常常觉得您在会上难以开口表达自己的想法。但我不得不要求您这么做，这样对大家都有好处。就算没人同意您的看法，但新的观点对讨论有促进的作用。对吧？”

从那天起，我就把表达观点当成是对自己的承诺，即便这对我来说很不容易。可我在随后的讨论中始终无法做到自如地应对别人的反驳，但我的上司如果觉得讨论得差不多了，就会打断那个人。渐渐地，我感到越来越应付自如了。同时，我开始接受小组治疗，那对我的帮助很大。可我觉得这是我的运气，因为我觉得在那段时间，我既年轻又内向，换个苛刻一点的上司可能就会彻底“毁了我”。

害怕令人不快是逃避型人格者背负的沉重负担，但是您可以利用这一点来激励对方，向对方表明，如果他没有那么逃避，您会更加欣赏他。阿兰的上司就成功地做到了这一点。

‖ 向逃避型人格者表明您可以接受不同的观点

逃避型人格者会认为反驳别人肯定会引起让自己颜面尽失和落为笑柄的冲突。（在专制的上司和逃避型下属之间，有时确实会发生这样的情况：逃避型下属马上就会明白，自己任何的反对意见都会遭到惩罚。很快，他们就会变成言必称“确实如此，先生”或“绝对是这样，女士”的应声虫。）

如果您在逃避型人格者第一次对您表达自己的看法时就

立即予以反驳，他很可能会深感震惊，并愈发坚定沉默是金的信念。所以，不要一上来就反驳他，而要对他表示，他的看法让您有所思考，并对您感兴趣的观点表示赞同。如果您不得不反驳他的观点，比如在工作中，那么您应该先谢谢他表达了自己的看法，然后再解释为什么您不同意他的看法，但不要贬低他的看法。

比如 ："所以您觉得我们应该拓展新客户。谢谢您坦率地跟我表达了您的想法，并参与寻找解决的办法。显然，寻找新客户看起来是个不错的办法，但我觉得眼下这个办法行不通，原因有这么几个。"

有些人会认为 ：我的老天，这是在工作，又不是在看心理医生！要是我觉得某人的想法行不通，我直接告诉他就完了，哪有那么多时间废话！

首先，说完上面这段话只需要大概 15 秒，浪费时间并不是最糟糕的事情。其次，鼓励您焦虑的同事开口说话、表达自己的观点，您等于是在开发他的潜力，而且可以更好地发挥他的才能。很多公司之所以关张大吉，不是因为缺少聪明的想法或长远的目光，而是因为没有听取提出大胆设想之人的意见。

‖ 如果您想要批评逃避型人格者，先称赞他一番，再明确指出他某个行为的不妥

和所有人一样，逃避型人格者也会犯错，而且他们的行为

可能最终会惹怒您。您最好指出他们的错处，因为拒绝批评就等于剥夺了对方取得进步的机会。

因为逃避型人格者对批评异常敏感，所以应该让他明白：

- 您批评的不是他这个人，而是他的某个行为；
- 您对他的批评并不妨碍您在其他情况下对他的欣赏；
- 您理解他的想法。

您会觉得，哎哟哟！要让逃避型人格者明白的事还真是不少。可做起来并没有那么复杂。

我们就以牙医帕特里克为例，他想告诉自己的助手热纳维耶芙必须懂得如何更好地处理某些病人的急迫要求，并且不要安排那么多间隔时间过短的预约。

“热纳维耶芙，”他会这样说，“我知道您一心想着怎么把工作做好，而且拒绝病人的要求不是件容易的事（我理解您的想法）。但如果间隔时间过短的预约太多，我就会太辛苦，而且会耽搁工作（描述后果）。所以呢，我想烦劳您把非紧急病人的预约排得间隔远一点（以请求的方式提出批评）。”

这样一来，热纳维耶芙就不会感到那么无法接受，也会明白批评不等于回绝。

跟逃避型人格者打交道，您可以想象自己面对的是一个在努力说中文的外国人。您不会在他每次出现语法错误的时候都横加批评或嗤之以鼻。相反，您会表示自己很欣赏他努力说中文的良好意愿，这并不会妨碍您时不时地纠正他的错误。

用您始终如一的支持让逃避型人格者安心

现在您已经很清楚了，逃避型人格者比其他人更需要安心的感觉，这样他们才能取得进步。然而，最能让人安心的，就是虽然做了错事，但别人依然会欣赏我们原本的样子。一些老师就具有这样的品质，他们能够让学生感觉到：无论成绩如何，只要他们不放弃，并付出了努力，老师都会一如既往地尊重和欣赏他们。正是在这样一种令人安心的氛围中，孩子和成年人才能以最快的速度修正自己的行为。

所以，就算结果不尽如人意，也应该向逃避型人格者表明您对他们良好意愿的欣赏。

鼓动逃避型人格者就医

在所有的人格障碍中，逃避型人格或许是对医学和心理学的进步最抱期待的人格障碍。心理治疗、新型药物、小组治疗，都能够帮助他们取得进步，有时甚至是令人惊异的进步。我们来听听露西是怎么说的，她就是本章开头的案例中玛丽的妹妹。

我姐姐总跟我说，要是我一直这样在别人面前埋没自己，我就会过上一种退而求其次的生活。我明白她的意思，但我觉得自己只配得到这样的生活，因为我觉得自己没有姐姐那么聪明和漂亮。

其实，我觉得之前我已经接受了自己的样子，但直到工作了我才发现，我的这种态度成了别人利用我的可乘之机。我无法跟别人商讨指派给我的工作，其他人总是把工作推给我，而且我并没有因此而获得加薪。我觉得，所有人，包括我的上司，都觉得我是个“软柿子”。

还有，因为我姐姐结婚了，所以出去得也少了，我就没法再跟着她去参加聚会了。除了工作，我基本上都是一个人待在自己的小公寓里，心想着自己也许这辈子都不会结婚了，因为我谁也不认识，这么着我陷入了严重的抑郁。

我姐姐（还是她）察觉到了我的状况，她建议我去咨询一位给她女友做过治疗的精神科医师。精神科医师！我害怕极了，立马就拒绝了她的提议！最后，我姐姐不得不陪着我一块儿去，因为我自己是不会去的。

第一次见面时，我感到非常惶恐不安，那是个四十来岁的女医生，看上去优雅从容。但我很快就发现，她很关注我对她说的话，而且会在我难以开口表达的时候鼓励我。

她这种鼓励的态度已经让我感觉很好了，我渐渐地敢于在有威望的人面前做我自己，而不会感到被人评价或拒绝了。是她让我明白了，只要敢于放手去做，我也能表现出幽默感。

治疗过程中比较困难的一步，就是让我意识到自己的根本信念——“我比别人差”。经过几个月的治疗，我开始思考这种信念，并跟她进行了讨论：我接受自己作为人所拥有的品质，我值得别人的尊重，我并非“低人一等”。

但在日常生活中，我总会做出习惯性的反应，又开始在人前埋没自己。后来，她建议我参加一个由她和另一位精神科医师一起主持的训练自我肯定的治疗小组。组里的另外十个成员跟我一样拘谨而羞涩，一开始我感到很害怕，但后来慢慢放下了心。两位治疗师让我们讲述平时会令自己感到尴尬的情形，然后让我们通过角色扮演，跟另一位小组成员搭档，重现出这种情形。于是，我跟另一位小组成员重现了“要求加薪”的场景，他扮演我那位每次都推脱我要求的上司。其实，我在游戏中的胆怯跟在真实情况中的差不多，但通过不断地练习，我对自己要去做的事情感到越来越肯定。

当我成功获得第一次加薪后，我高兴地告诉了全组的人，大家都为我鼓掌庆祝！我也会配合别人的角色扮演，而且对自己能够帮助别人取得进步而感到欣慰。这个小组治疗真是我生命中不可多得的经验！我跟组里的两个女孩还成了朋友，我们经常见面。我对不结婚这件事也没那么害怕了。自从我变得没那么拘谨以后，对我感兴趣的男孩比以前多了不少。

上面这个例子可不是什么童话故事！只要逃避型人格者具有改变的意愿，这种合适的治疗就能帮助他们取得进步。

不该做的

‖ 不要对逃避型人格者的意图冷嘲热讽

逃避型人格者的神经异常敏感。小小的讽刺对其他人而言就像挠痒痒，但却可能残忍地伤害到逃避型人格者。即便是出于好意的调侃，也有可能令逃避型人格者产生误会，不要忘了，他们总觉得自己低人一等。不要在交情不够深的情况下调侃逃避型人格者。

‖ 您自己不要轻易发火

逃避型人格者的举棋不定、放弃聊天的倾向、浑身不自在或局促不安的表现，可能最终会让您失去耐性，终于有一天，您会忍不住用略显粗暴的方式批评对方！

结果，您就等着看他下一次见到您时表现得更加逃避和焦虑吧。您生硬的批评会让逃避型人格者对自己的两个根本信念——“我低人一等”和“别人会拒绝我的”越发深信不疑。好样的！您成功地完成了对逃避型人格者的反向治疗！如果哪天您忍不住发火了，请在平静下来之后再找他谈谈，以做出弥补。

我们来听听牙医帕特里克又说了些什么，他那位具有逃避型人格的助手热纳维耶芙，难以拒绝患者的请求。

一连串间隔时间过短的预约给我造成了很大的压力，但我想到下午 4 点的病人取消了预约，还有我能喝杯咖啡的休息时间，也就咬咬牙坚持了下来。可到了 4 点的时候，热纳维耶芙告诉我有个病人正等在接待室里！她拗不过那个病人的再三请求，就把取消了的预约给了他。我想到自己喝咖啡的休息时间就这么泡汤了，当时就爆发了。我责怪她不按日程办事，不考虑我的感受，工作不动脑子。这些话说得挺不公平的，她从来不会弄错预约，对我也很关心，可那天我实在是受不了了！我看见她满脸涨得通红，垂下了眼帘，她根本没法跟我回嘴。她看上去惊慌失措，这反而让我平静了下来。后来的几天，我一走近她，她就会害怕。结果，她开始出错。我花了好几个星期跟她解释，她才又慢慢地恢复了信心。

‖ 不要任由逃避型人格者去承担所有的苦差事

逃避型人格者会避免参加群体活动，但有时候也没得选择，比如在工作中。为了保证不会遭到别人的拒绝，他们往往愿意倾尽所能去换取在团体中的一席之地。（前文中描述过的依赖型人格也会做出这种行为。）他们会想尽办法替别人办事，甚至牺牲自己，以确保不会遭到团体的拒绝。在工作中，这种态度有时会招致一些同事或是没那么善解人意的上司的利用。我们来听听马蒂娜的故事，她在巴黎一家大型医院里担任医护监理。

莉兹是个新来的年轻护士。我很快就发现她性格很内向，在开会的时候不敢发言。她看起来很担心自己不会被大家接受，她也会跟大家聊天，但很少发话，别人开玩笑的时候也会跟着笑。我觉得她非常有能力，而且很有责任心，我对她很信任。慢慢地，我察觉到出现了一种不太好的状况。我在工作安排上留给了护士们一定的自主权，让她们自己商量着安排工作时间，好以合理的方式来分配周末班和假期班。但是我发现，莉兹的周末班比其他人都要多。还有，她有时会应某个同事的要求临时顶班，这样她的周末班就又增加了。后来我弄明白了是怎么一回事，同事们发现了她难以拒绝人的弱点，于是利用这一点把她们不愿意当班的日子都甩给了她！

我在开会的时候表示，我觉得下一季度的工作分配不够公平，但并没有提到莉兹的名字，并要求她们重新制定工作安排。所有的人都显得有些不自在，但后来她们重新提交了一份合乎情理的工作安排表。然后，我把莉兹找来谈了谈，我跟她说不能这样“任人摆布”。我感觉她把我的话当成了对她的批评，结果更加手足无措了。我们谈了半个小时她才放松下来，明白了我对她的评价是好的。到现在六个月过去了，她比之前自信了。

这个例子也表明，一个善解人意的部门主管对于像莉兹这样的逃避型人格者能够重拾信心是至关重要的。但遗憾的是，很多主管自己就时时一副紧绷的状态，总是行色匆匆，而且忙于应付那些滔滔不绝、要求不断的下属或同事，未能抽出更多的时间对逃避型人格者表示必要的关注，其实，逃避型人格者会想办法让自己不引人注意。

如何应对逃避型人格?

应该做的

- 向逃避型人格者建议循序渐进地达成目标。
- 向逃避型人格者表明您对他的看法很在意。
- 向逃避型人格者表明您可以接受不同的观点。
- 如果您想要批评逃避型人格者，先称赞他一番，再明确指出他某个行为的不妥。
- 用您始终如一的支持让逃避型人格者安心。
- 鼓动逃避型人格者就医。

不该做的

- 不要对逃避型人格者的意图冷嘲热讽。
- 您自己不要轻易发火。
- 不要任由逃避型人格者去承担所有的苦差事。

如果逃避型人格者是您的伴侣：祝贺您，您成功地让他（她）没有对您产生恐惧。

如果逃避型人格者是您的上司：您很可能是在公共行政部门工作。

如果逃避型人格者是您的同事或合作伙伴：重读本章。

您是否具有逃避型人格的特点？

	有	没有
1. 我曾经因为害怕感到不自在而拒绝别人的邀请		
2. 大多数情况下都是我的朋友选择我，而不是我选择他们		
3. 在跟别人聊天时，我常常更愿意不说话，因为害怕别人觉得我说的话没意思		
4. 如果我在某人面前出了洋相，我宁愿以后都不要再见到这个人		
5. 我在社交场合比一般人显得更加局促不安		
6. 我曾经因为羞怯而在个人生活和职业生活中失去过不少机会		
7. 我只有跟家人或老友在一起的时候才会觉得自在		
8. 我经常会害怕令别人失望，或者害怕别人觉得我是个乏味的人		
9. 跟陌生人聊天对于我来说很困难		
10. 我曾不止一次为了在跟别人会面时自我感觉好一些而提前喝一点儿酒或服用镇静剂		

第十二章

其他类型人格？

Et toutes les autres?

我们未曾奢望能够在之前的章节中描述所有类型的人格障碍，就像我们在本书开篇时借用气象学打的那个比方，云的类型不仅有积云、雨云和层云，还有积雨云、雨层云，也就是混合类型的云。

人格障碍也是一样。有些人格障碍具有好几种不同类型人格障碍的特点。我们先举两例说，因为这两种人格障碍混合出现的频率似乎要比单独出现的频率更高。

自恋—表演型人格

这种人格会表现出表演型人格的夸张诱惑行为，同时伴随自恋型人格的自觉高人一等和敏感。打个比方，这种混合型人格就好像某个走进豪华酒店大堂的明星，不惜一切想要引起人们的注意（表演型人格特征）；在入住之后，又以居高临下的口吻不停地对酒店的工作人员提出各种苛刻的要求（自恋型人格特征）。跟“纯粹的”表演型人格相比，自恋—表演型人格不太容易受到别人的影响，他们往往性情固执。而跟纯粹的自恋型人格相比，他们对别人的关注会更加依恋，自尊也比较脆弱。这种以折中形式表现出来的混合型人格障碍较为常见，主体在情绪饱满时会偏自恋，而在需要帮助和安慰时则会偏表演。

在电视剧《豪门恩怨》（*Dynasty*）中，琼·柯琳斯（Joan Collins）扮演的蛇蝎美人艾莱克希思（Alexis）就具有典型的自恋—表演型人格。我们经常可以在美国肥皂剧中看到自恋型人格者和表演型人格者，他们堪称是营造诱惑或无情争吵场面的绝佳支撑。

还有肥皂剧《大胆而美丽》（*The Bold and the Beautiful*）中那位令人生畏的萨莉·派克特拉（Sally Spectra）。

逃避—依赖型人格

研究表明，在一些精神病学家将某些人诊断为逃避型人格之后，再请另一些精神病学家对这些人重新进行评估，结果这一次他们会被诊断为依赖型人格。因而，这两种诊断具有交叉之处。

理想说来，“纯粹的逃避者”会避开一切可能令其感到尴尬或怯懦的社交情形，而“纯粹的依赖者”则相反，会想方设法地寻求他人的陪伴，不惜一切地让别人接纳自己。但现实情况往往更为复杂，逃避者多少还是会参加一些社交活动，比如在学校或工作单位，或者是因为对爱情的渴望。因为逃避者害怕自己会出洋相或“能力不足”，所以他会极力表现得特别乐于助人、乖巧听话和“友善可亲”，目的是为了让别人接纳自己，这就构成了“依赖型”行为。反过来，依赖者在与别人发生冲突时会感到局促不安，即便是再小的冲突也会这样，因为害怕被抛弃，所以会慌乱无措、满面通红、尴尬不已，甚至逃走，这就构成了“逃避型”行为。

我们之所以选择这两种混合型人格障碍为例，是因为他们极为常见，但还有其他很多类型的混合型人格障碍，所以很难将之前每个章节中的人格障碍称作“独一无二”。

除了混合型人格障碍，还有一些我们在前文中没有提到过的人格障碍类型，要么是因为他们较为罕见，要么是因为他们实在棘手，所以我们首先会建议您跟他们保持安全距离，但不要采取唾弃的态度。如果在现实生活中您不得不跟其中的某类人格障碍者保持定期的联系，比如家人或同事，我们建议您向健康领域的专家寻求帮助。以下就是这出悲喜剧的“卡司阵容”。

反社会型人格（又称社会病态人格）

这种人格的最大特点就是不遵守社会生活中的规则和法律，并且伴随情绪冲动，难以坚持长期的活动和缺乏负罪感（甚至完全没有）。具有这种人格障碍的男性人数是女性的三倍。跟所有的人格障碍一样，反社会型人格在青春期就会有所表现。具有反社会型人格的青少年会通过一系列与众不同的行为引起教育者的注意：逃学、打架斗殴、偷窃、酗酒或服用麻醉品、滥交、一时兴起的离家出走、漫无目的的远行……这些行为在青少年中并不罕见，但在未来的反社会型人格者中则会频繁出现。如果引导得当，一部分这样的青少年会变得比较安分，并且能够较好地重新适应社会生活，他们通常会选择具有冒险性质和居无定所的职业。他们的感情生活和职业生活大多动荡不安，而其他一些人在生活中则不断地经历着变化无常和情感冲动，这些人鲜少在意自己行为可能导致的后果，而且不会产生负罪感，这也就不奇怪他们为什么总跟法律对着干。多项研究表明，反社会型人格在因违反法律而入狱的服刑人员中占有很高的比例[1]。（当然，导致犯罪行为的原因并不都是人格的问题，而是涉及各种各样的社会因素。）

1 T.A. Widiger，E. Corbitt，《反社会型人格障碍》（*Antisocial Personality Disorder*），摘自《精神疾病诊断与统计手册第四版：人格障碍》（*The DSM IV: Personality Disorders*），同前引，106—107 页。——作者注

某些特殊时期特别地适合反社会型人格——战争、革命、探索新大陆，在这些时期，钟爱冒险、容易冲动和鲜有负罪感的人就会感到“如鱼得水”。今天的服刑犯人，有些人很可能在另一番情景之下会成为胆大妄为的海盗、探险家或士兵。在旧时代，最大胆的野心家很可能会获封贵族。但是，某些反社会型人格者在同样热衷冒险行为的团体中，对团体的规则表现得太不安分，情绪太过冲动，于是会遭到同样具有反社会型人格的同伴的排斥，只不过后者的适应能力更强。说到底，就算是黑社会，也会要求组织成员遵守某些规则。

反社会型人格者在电影作品中相当受欢迎，或许是因为看到他们违反了那些我们在平日里遵守的规则，可以让人得到某种宣泄。

在昆汀·塔伦蒂诺（Quentin Tarantino）执导的影片《落水狗》（*Reservoir Dogs*，1992 年）中，一帮颇有些反社会型人格特点的盗贼策划并实施了一起银行抢劫，结果惨淡收场。但其中的一位人物——金先生（Mister Blonde），还表现出施虐型人格的特点：在实施抢劫的过程中，他毫无来由地射杀了几名银行的工作人员和储户，还趁同伙不在的时候虐待了一名沦为阶下囚的警察，结果让同伙大感震惊，他的同伙或许是反社会型人格者，但并非施虐型人格者。

让-保罗·贝尔蒙多（Jean-Paul Belmondo）在让·卢克·戈达尔（Jean-Luc Godard）执导的影片《筋疲力尽》（*À bout de souffle*，1959 年）中，扮演了一位惹人怜爱的反社会型人格者。他四处漂泊，唯一能让他安定下来的就是他对珍·茜宝（Jean Seberg）扮演的女友帕特丽夏的爱，但他最终为此丢掉了性命。

在由理查德·唐纳执导的系列影片《致命武器》（*Lethal Weapon*）中，梅尔·吉布森扮演了一名具有典型反社会型人格的警察：非常冲动，会毫不犹豫地展开无论对自己还是搭档都极其危险的疯狂行动，有时还会连累无辜的路人。他同时还很会跟人打交道，魅力非凡，无法忍受乏味，喜欢纵酒狂欢，这都是反社会型人格者很常见的特点。丹尼·格洛弗（Danny Glover）扮演比他年长的黑人搭档，就像他父亲一样，起到了牵制他的作用，但他对这位搭档有着很深的感情（类似导师—罪犯的双人组合）。

反社会型人格者的根本信念可能是："如果你想得到什么东西，马上就去拿！"但是，他们中的一些人能够忍住这种"马上就去"的冲动，因而行动前会更加谨慎。

在具有反社会型人格的罪犯中，最聪明的那个可能成为团伙的头目，甚至做成不少的大买卖，只要他请得起好律师。反社会型人格者并非只有缺点，他们擅长跟人打交道，而且通常很会耍宝，对冒险和新鲜事物的青睐可以令他们成为有趣的同路人，他们会带着您踏上您自己一个人绝不会尝试的冒险旅程（但不要忘记，一旦遇到问题，他们很可能会对您弃之不顾）。有些人虽然具有反社会型人格的倾向，但能够对他人和法律有所意识，从来不会让自己陷入绝境，这些人有时会获得巨大的成功。

在阿瑟·佩恩（Arthur Penn）执导的影片《凯德警长》（*The Chase*，1966年）中，罗伯特·雷德福（Robert Redford）扮演了一名“优雅从容”的反社会型人格者，他在刑期将满时却忍不住越狱了。他犯下这个致命的错误是为了能够再见见一个好人家的女孩——由简·方达（Jane Fonda）扮演。女孩跟一个与他同样出身的男青年订了婚，却一直爱着他。她不惜一切想要把他从仇恨和愚蠢的行径中拯救出来。

反社会型人格者往往很讨女性的欢迎，因为他们浑身散发出冒险、大胆和叛逆的诱人气息。但在一段时间之后，他们常常会令人失望：变化无常、无法保住工作、不诚实、挥霍无度、沉湎于打架斗殴和饮酒作乐。他们在电影中要比在现实生活中有趣得多。

一些社会阶层会认为反社会型人格者具有“男性气概”，这就会促使一些具有反社会型人格倾向的青少年趁机特意突显自己这些业已存在的人格特征。

李·塔玛霍瑞（Lee Tamahori）执导的影片《战士奇兵》（*Once Were Warriors*，1994年），描述了奥克兰贫民区一群毛利人的生活，两种对男性气概的诠释针锋相对：对于“肌肉男”杰克（Jack）和他的同伴而言，是男人就要学会喝酒、勾引女人、对一切挑衅行为还以老拳，还要设法跟法律周旋；而他的儿子则在一位教官的帮助下，通过重新认识毛利人的传统，包括族人的格斗技巧、社会规范和对他人的尊重，有了看到另一种生活的可能。

在另一些电影作品中还可以看到更为“冷酷的”反社会型人格者，他们的首要特征就是没有负罪感。阿兰·德龙（Alain Delon）在雷内·克莱芒（René Clément）的《怒海沉尸》（*Plein Soleil*，1959年）中扮演的角色冷酷地杀害了由莫里斯·荣内特（Maurice Ronet）扮演的好友，而且还毫无愧疚地攫取了好友的身份，将好友的未婚妻和财产据为己有。在由布莱恩·德·帕尔玛（Brian de Palma）执导的影片《疤面煞星》（*Scarface*，1983年）中，我们看到阿尔·帕西诺（Al Pacino）扮演的反社会型人格者，从一个佛罗里达的街头小混混很快变成了独霸一方的大毒枭（但他冲动的情绪和残存的仁义最终断送了自己的性命）。

所以，我们的建议是，无论在职业生活（不要选择他们做事业搭档）还是感情生活中，都要尽量远离反社会型人格者，除非您嗜好具有自毁倾向的冒险活动。但辨别出反社会型人格者并不总是件容易的事，因为他们不都是危险的罪犯，其中一些人很擅长说服或诱惑。

男性反社会型人格者往往会跟女性依赖型人格者结为夫妻，因为最终只有这样的女性才会留在他们身边，对他们不离不弃，愿意忍受他们的荒唐行径。

边缘型人格

边缘型人格者也常常会做出冲动的行为，原因是时时处于危机的状态令他们的性情变化无常。边缘型人格者苦于难以控制的情绪——尤其是对他人或对自己的强烈愤怒——往往会情绪低落，并伴随空虚无聊的感觉。边缘型人格者会对身边之人提出得到关爱和协助的过分要求，而在关系变得过于亲密时，他们会选择突然逃离。一些精神病学家曾用冬天的刺猬来比喻边缘型人格者：他们想要相互依偎着取暖，可因为靠得太近而刺伤了对方！为了平息自己的愤怒、烦恼或绝望，边缘型人格者会倾向于借酒消愁，或服食各种类型的麻醉剂，而且往往是以一种冲动而危险的方式。他们的自杀率在所有类型的人格障碍中高居榜首。

这些不幸之人往往对自己充满了怀疑，对自己的需求也是一知半解，而且经常发生变化，从而导致在友情、性伴侣关系和职业选择上突发变故。

很多精神病学家和心理学家都对边缘型人格进行了研究，不少的国际研讨会也以此为主题。各方一致认为，治疗师必须跟病人保持合理的距离：太过疏远，会令愈发感到失望的边缘型人格者做出更加冲动和挑衅的行为；太过亲近，会令边缘型人格者退却或感到不安，也会导致对方做出无法预料的举动[1]。一些药物对边缘型人格者的情绪具有稳定作用，但这取决于病患本身和当时的症状。

在理查德·拉许（Richard Rush）执导的影片《夜色》（*Color of Night*，1994 年）中，布鲁斯·威利斯（Bruce Willis）扮演一位纽约的精神科医师，他有一位具有边缘型人格的女病人（会因为妆没有化好而暴怒和绝望）。布鲁斯·威利斯或许是工作了一整天，太过疲劳（我们对亲爱的布鲁斯表示深切的同情），于是语气有些粗鲁地向那位女病人解释她为什么会遭遇一连串的失败。女病人无法接受这通说教式的解释，冲过医生办公室里的玻璃门，纵身从楼上跃下，摔死在街上——因为对自己和医生的出离愤怒而做出的冲动行为。惨剧发生之后，布鲁斯·威利斯逃到了加利福尼亚的一位同僚那里，跟他讲述了自己碰到的另一些具有边缘型人格的病患，但我们觉得都没有那位跳楼自杀的女病人那么极端（还好，不是所有的边缘型人格者都会自杀，也不是所有的边缘型人格者都会当着治疗师的面自杀）。

形成边缘型人格的原因无疑非常复杂，但不少研究都表明，很大一部分边缘型人格障碍者在童年时都曾遭受过某位亲

---

1 M. Linehan 及合著者，《针对具有慢性泛自杀倾向边缘型人格病患的认知行为疗法》（*Cognitive-Behavioral Treatment of Chronically Parasuicidal Borderline Patients*），《普通精神病学文献》（*Archives of General Psychiatry*），1991 年，48 期，1060 页—1064 页。——作者注

近之人的性虐待[1]。(并不是所有遭受过虐待行为的儿童都会变成边缘型人格者，但有可能发展出其他类型的人格障碍。)一些研究者认为，童年期形成的边缘型人格和在灾难后罹患创伤后应激障碍的人，存在着某种相似性[2]。因此，如果您觉得身边有人正在因为边缘型人格而痛苦不堪，我们建议您先咨询一下有关专家。

说起来，在阿德里安·莱恩(Adrian Lyne)导演的《致命吸引力》(*Fatal Attraction*，1987年)中担当主演的迈克尔·道格拉斯(Michael Douglas)扮演的角色，因一时的错念而跟格伦·克洛斯(Glenn Close)扮演的边缘型人格者发生关系之后，就应该这么做。他的情人失心疯似的投入到这段本只是露水情缘的关系中，后来又因为分手而做出了一连串出格的行为，并企图自杀。但她一心想要报复情夫的固执，更多体现出的是妄想型人格的特征，认为让自己受到伤害的人应该受到最严厉的惩罚。

---

1 S.N. Ogata，K.R. Silk，S. Goodrich，《成年人格障碍患者在童年时期遭受的性虐待与肢体虐待》(*Childhood Sexual and Physical Abuse in Adult Patient with Personality Disorder*)，《美国精神病学杂志》(*American Journal of Psychiatry*)，1990年，147期，1008—1013页。——作者注

2 J.G. Gunderson，A.N. Sabo，《边缘型人格和创伤后应激障碍间的现象性及概念性分界》(*The phenomenological and Conceptual Interface between Borderline Personality and PTSD*)，《美国精神病学杂志》(*American Journal of Psychiatry*)，1993年，第150期，第一卷，19—27页。——作者注

分裂型人格

分裂型人格者对别人、自己和世界的感知有着怪诞的信念。“怪诞”当然是相较于个体所属文化群体的传统观念而言。一个相信死人会从棺木里爬出来实施报复行为的海地农民不会显得“怪诞”，但如果一个巴黎的企业总管这么想，那就太怪诞了。

在我们的社会中，分裂型人格者会被玄秘学说、东方宗教和新世纪信仰所吸引，但往往会孤身一人，因为他们对群体不信任，而且相处时也不自在。他们常常会在各处看到“异象”（比如，一辆运送啤酒的卡车从一位分裂型人格者身边驶过，这个人马上就会看到母亲想让自己给她打电话的异象，因为她母亲喝的就是这个牌子的啤酒）。分裂型人格者往往还会对转世（“我感觉到我去世的姐姐在通过我的身体跟人说话”）、特异的现象或外星生物深信不疑。这些事物对于他们而言并非只是有趣的话题，而是他们在日常生活中每天都可以“感觉得到”的深层信念。

在大卫·林奇（David Lynch）执导的美国连续剧《双峰》（*Twin Peaks*）中，“木柴女士”似乎具有分裂型人格。她总是怀抱一根木柴，温柔地跟它说话，并不断收到电话留言。这部深受观众喜爱的连续剧始终弥漫着一股浓郁的分裂气息：奇异人物的出场、超自然异象、印第安巫术、身体变形、骇人的幻觉，还有主要人物联邦探员戴尔·库珀，他自己就有怪诞的信念和离奇的行为（他会冲着自己并不存在的秘书戴安娜，用录音机录下自己在白天的想法）。我们的意思不是说《双峰》的作者具有分裂型人格，而是表明艺术家可以借助自己对人格障碍的了解生出天马行空的想象。陀思妥耶夫斯基就曾说过，他并不需要通过用斧头砍杀一位老妇来描写《罪与罚》中杀手的思维活动。

分裂型人格与精神分裂症似乎具有某种相似性[1]：我们发现，精神分裂症患者的亲属出现分裂型人格的比例要高于普通人群。但是，分裂型人格者对现实的接纳度要高于精神分裂症患者，前者很少会出现在精神分裂症急性发作阶段出现的幻觉。一些精神病学家认为，分裂型人格是精神分裂症的次级表现形式。

分裂型人格者往往难以适应社会生活，除非能够找到这样一份工作：他们古怪的性情不会成为绊脚石（与世隔绝的职业），或者身边之人能够接受他们，不会令他们产生遭受迫害的感觉（相交已久的工作伙伴，就像在农业社会中那样）。

---

1 J.M. Silverman 及合著者，《罹患精神分裂症和人格障碍症者亲属与精神分裂症相关的情感人格障碍特征》（*Schizophrenia Related and Affective Personality Disorders Traits in Relatives of Probands with Schizophrenia and Personality Disorders*），《美国精神病学杂志》（*American Journal of Psychiatry*），1993 年，第 150 期，435—442 页。——作者注

如果您身边有分裂型人格者，我们会给出类似在面对类精神分裂型人格时的建议，尤其是要尊重其独处需要的那条建议，但我们认为，在面对分裂型人格者时，最好的办法依然是请求专业人员的介入。因为分裂型人格者往往难以适应社会生活，所以他们陷入抑郁和尝试自杀的风险极高。

施虐型人格

这是一种鲜少会引人注目的人格障碍，其典型特征就是一系列以折磨或控制他人为目的的行为或态度。施虐型人格者折磨或控制他人是为了“获得快感”，而非为了达到其他目的。（比如，为了抢劫而暴打某人并非施虐型人格的行为。施暴者的首要目的是劫掠受害者，而不是折磨他。）

施虐型人格者会避免做出犯法的行为，但他会想尽办法通过“法律允许的”行为来达到折磨他人的目的。用伤人的话当众羞辱某人，过度惩罚自己的孩子，用威胁或惩罚来恐吓下属，虐待动物，以他人的痛苦为乐。用羞辱性或令人不齿的行为逼迫别人，可能是施虐型人格的征兆。这种人格障碍在青春期就会有所表现，而男孩子占到了绝大多数。

在战争年代，施虐行为往往会被视作男子气概的表现和震慑敌人的手段。从进化论的观点来看，施虐狂具有战胜对手和消灭敌人的优势，因而也会提高自己的生存概率。在北美洲的一些印第安部落中，青少年必须通过长时间虐待俘虏来展示自己的男性气概（再次破坏了“好心野蛮人”的美好传说）[1]。在维京人的战争型社会中，9世纪的一位首领被人冠以“童心武夫”之名，因为在攻占敌方城池之后，他禁止手下按照当时的惯例用长矛挑起小孩。这道禁令让他的同胞们震惊不已，于是给他起了这么个温情脉脉的绰号[2]。从这个故事中可以看出，在那个年代，施虐行为何其自然，遗憾的是，这种行为在历史上屡次死灰复燃。而在今天，年轻的施虐狂会以一种没那么血腥但非常残忍的方法，通过参与作弄新生的行为来体现自己的价值，他们还会通过羞辱或奴役低年级的同学来获得快感。

如果说施虐型人格者在稳定的民主社会中不得不“有所收敛”，那么战争和革命就为他们打开了自我实现的意外之门。他们总是自告奋勇地去审问嫌疑犯、看管集中营、实施报复行为和恐吓民众。战争的一个可怖之处就在于，施虐行为可能最终会演变为之前的正常人格者争相效仿的典范。民主社会值得称道的一点是，在战时也会尝试去控制并惩罚士兵的施虐行为。在独裁者统领的军队中，施虐狂很少会被送上军事法庭。

1　由可敬的神甫 F.J Bressani 撰写的《新法兰西耶稣会神甫传道团的关联》（*Relation de quelques missions des pères de la Compagnie de Jésus dans la Nouvelle-France*），蒙特利尔，Presses de la Vapeur 出版社，1852 年。——作者注

2　D. Boorstin，《发现者》（*Les Découvreurs*），巴黎，Laffont 出版社，Bouquins 系列丛书，1992 年。——作者注

将近一半的施虐型人格者都会伴生另一种人格障碍（尤其是妄想型人格、自恋型人格和反社会型人格）。

在彼得·格林纳威（Peter Greenaway）执导的影片《厨师、大盗、他的太太和她的情人》（*The Cook the Thief His Wife & Her Lover*，1989 年）中，由大个子迈克尔·刚本（Michael Gambon）饰演的角色表现出可怕的反社会型人格特征（犯罪集团令人生畏的头目之一）和施虐型人格特征：他喜欢在极尽奢华的晚宴中通过言语和肢体的暴力去羞辱并恐吓在座的宾客。他派人以极其残忍的手段杀死了妻子的情夫，后来，妻子对他的施虐行为进行了报复。

在维克多·弗莱明（Victor Fleming）根据史蒂文森（Stevenson）的同名小说改编的影片《化身博士》（*Dr. Jekyll and Mr. Hyde*，1941 年）中，斯宾塞·屈塞（Spencer Tracy）扮演的好博士无意中变身为少有的施虐狂海德先生。海德先生不停地以折磨他人为乐，尤其是对英格丽·褒曼（Ingrid Bergman）扮演的风尘女子肆意羞辱，从中获得快感。

在大卫·林奇（David Lynch）令人心有戚戚的影片《蓝丝绒》（*Blue Velvet*，1986 年）中，丹尼斯·霍珀（Dennis Hopper）扮演的角色用同样的手法折磨了一名由伊莎贝拉·罗西里尼（Isabella Rossellini）扮演的依赖型女子，两人保持着一种可怕的施虐—受虐关系。

但我们不要因此而想入非非，并非只有战争犯或连环杀手才会具有施虐型人格，这种人格潜伏在我们每个人的身上，可能在特定状况下——狂热领袖的带动、群体效应、补偿挫败感的需要、复仇的渴望——苏醒过来。

自我挫败型人格

对这种人格障碍的定义颇具争议，另外，美国精神病学会的《精神疾病诊断与统计手册》（第四版）并未收录这种人格。自我挫败型人格者指的是，那些在生活中完全有其他选择，但却故意做出“破坏行为”的人。同样，要定义为人格，自我挫败的行为须得从青春期开始就在生活的方方面面有所体现：工作、社交、情感、休闲活动，而且主体在完全可能获得成功的情况下放弃了这种机会。

比如，一名大学生考试总是迟到，但他已经为这些考试做足了功课；一名女子总是选择粗暴蛮横、朝三暮四的伴侣，而且准备为他们牺牲一切；一名男子总是对朋友食言，而这些承诺是很容易兑现的，最终造成朋友间的不睦；一名职员固守着一份薪水微薄的低素质工作，而他的文凭和能力完全可以让自己获得更好的境遇。自我挫败型人格者在生病时不会去看医生，直到出现严重的症状——即便治疗既有效果，耐受性也好——他也会做出不按时服药、不定期检查等举动。

如果发生了什么令人高兴的事情，自我挫败型人格者马上就会破坏这件好事,比如制造一起让自己付出巨大代价的意外。具有自我挫败型人格的企业职员在得到众人的称赞和加薪后,很快就会犯下导致自己被解雇的错误。

显然，上述种种行为必然会招致周围人的愤怒和不解:“我的老天爷，他是故意的还是怎么回事？”

实际上，自我挫败型人格之所以没有得到官方的认可，有这么几个原因：首先，研究结果显示，这种人格常常会伴有另一种人格障碍，尤其是依赖型人格、逃避型人格、被动攻击型人格和边缘型人格。所以才会有观点认为，也许自我挫败型人格是不存在的，而只存在不同类型人格障碍中的自我挫败型行为。比如在面对晋升机会时，自我挫败型人格者会做出“破坏好事”的举动，原因有几个：

人格障碍者在面对晋升机会时，可能做出自我挫败行为的原因

- 依赖型人格者是因为害怕承担责任。
- 逃避型人格者是因为害怕暴露在更多人的目光之下。
- 被动攻击型人格者是为了“惩罚”信任自己的上司，他对上司是心怀不满的。
- 边缘型人格者是因为突然对自己的渴望产生了怀疑，并伴随突如其来的情绪变化。
- 抑郁型人格者是因为害怕自己无法胜任新的职位，而且会觉得自己不配得到这个职位。

对自我挫败型人格做出诊断的另一个弊端在于，有时会导致危险的偏离，概括性的说法是“指责受害者”[1]。

比如，对自我挫败型人格做出的诊断会对那些遭受丈夫毒打却依然没有离开的女性造成误判。如果这些女性被诊断为“自我挫败型人格者”，丈夫的律师就可以通过“指责受害者”把造成夫妻问题的责任归咎给妻子，并且会试图夺取孩子的监护权。实际上，这些遭受丈夫毒打的女性，大部分都因为长期的创伤性应激而陷入一种无法获得法律认可的焦虑—抑郁状态。而那些具有人格障碍的女性，则往往是不愿离开家的依赖型人格者，因为她们害怕自己无法独自应对生活。我们还远未谈及大名鼎鼎的“女性受虐狂”，女权主义者直到今天都还在为此而责怪弗洛伊德。

治疗师也会使用“指责受害者”的招数。在试过各种方法而病人仍然不见起色时，将治疗失败的原因推给病人实在是令人难以抗拒的便宜之法：“这是个自我挫败型人格者。”（有一种变味的精神分析之说——“他的抗拒太顽固了”或“他有一种自我挫败的受虐型快感”。）

出于以上种种原因，今天已鲜有人会将病患诊断为“自我挫败型人格者”，即便再次尝试，这种诊断也依旧不会得到认可！

1 L.B. Rosewater，《对自我挫败型人格障碍建议性诊断的批评分析》（*A Critical Analysis of the Proposed Self-Defeating Personality Disorder*），《人格障碍杂志》（*Journal of Personality Disorders*），1987 年，第一期，190—195 页。——作者注

因为创伤性事件而发生改变的人格

长久以来，精神病学家对有过骇人经历者的人格改变进行了观察。最初的观察结果是集中营综合征[1]——纳粹和日军集中营幸存者的人格发生了改变。除了遭受的暴力行为，长期的严重营养不良也是导致人格发生改变的原因。这种幸存者症候群会在事件发生后持续很多年，并出现一系列的慢性症状：焦虑、淡漠、社交畏惧、情感迟钝、睡眠障碍、持续的受威胁感。

在罹患创伤后应激障碍的侵犯行为受害者或遭遇重大意外、灾难的幸存者身上，也常常会看到这些症状不同程度的体现。为了降低罹患心理后遗症的风险，当事人应该在事件发生后尽早接受治疗。在治疗过程中，首先要进行心理抚慰，然后要让受害者说出自己的创伤，但需要在能够令病患感到安心的治疗氛围下进行，而且对话者必须是具有专业资质的治疗师。早期诊断和针对创伤后应激障碍的治疗已经成为公共健康领域的一个重大问题，因为，未能及时获得心理治疗的患者很可能会在今后发展出令自己、家人和社会付出高昂代价的慢性病症。

1 P. Chodoff,《集中营综合征的晚期症状》(*Late Effects of the Concentration Camp Syndrome*),《普通精神病学文献》(*Archives of General Psychiatry*)，1963 年，323—333 页。——作者注

在特德·科特切夫（Ted Kotcheff）执导的影片《兰博》（*Rambo*，1982 年）中，西尔维斯特·史泰龙扮演一位参加过越战的老兵，他表现出某些严重创伤后应激障碍的症状——遭到社会的排斥、性情淡漠、社交畏惧、随时保持警惕。一名具有施虐倾向的警察逮捕了兰博，并对他施以酷刑，唤醒了他在越共监狱中的痛苦回忆，也唤醒了他暴戾的战斗人格。这可乐坏了那些青春期的男孩子……

一些医生透过完全不同的研究角度，在遭受过不同脑损伤（颅骨创伤、神经外科手术）的病患身上也观察到了人格的持久改变，但这个话题已经超出了本书的讨论范围。

多重人格

虽然这种人格较为罕见，但依然引起了公众和精神病学家的关注。但是，多重人格未被视作通常意义上的人格障碍，而被认为是一种天性特异的情感。

多重人格者会陆续表现出若干种不同的人格，有时，这些人格会在年龄、文化程度、性别和性格上呈现出巨大的差异。而在典型的多重人格中，每种人格都会对其他人格产生健忘，也就是说，不记得或很少记得其他人格说过、做过或想过些什么。多重人格者拥有的人格数量要远远超过《化身博士》中的两种，每个多重人格者都会具有五到十种人格。“宿主”人格是与患者社会身份相符的那个人格，但并不一定会是前来寻求帮助的人格。

精神病学领域的惊人发现——多重人格的诱因——似乎早已为人所知：在所有的多重人格者身上，都会发现一件童年时期的创伤性事件，而且当事人在事件发生时都未能获得情感支持。

我们曾经观察过由一位专门研究多重人格的治疗师主持的治疗，他的一位病人至少具有三种人格：第一种，正常的“宿主”人格，跟病人的社会身份——一名50来岁的办公室职员相符。第二种，它的出现每每令人感到意外——一个五岁的小男孩，喜欢唉声叹气，很粘人。这种人格常常会在日常生活的小冲突中出现。病人的第三种人格是个咄咄逼人、爱跟人发生口角的男人，他曾经几次陷入跟陌生人的争斗之中。在病人恢复正常人格时，他对自己之前哀怨小男孩和好斗男人的行为没有任何记忆。

在治疗过程中，治疗师通过催眠术唤回了这位病人身上的“小男孩的人格”。病人开始闭着眼睛说话，他的用词和声音完全就是个眼含泪水的5岁小男孩，那种真切没有任何人可以模仿得出。治疗师让“小男孩”讲述一个过去了很久、已经被成人患者完全忘记了的场景。他的父亲，一个远近闻名的恶棍，为了躲避遭到自己诈骗的敌对帮派而躲了起来。那个帮派的人找到了当时只有五岁的病人，要他说出父亲的藏身之所。他拒绝了，于是其中一个人掏出一把刀，把刀刃放在男孩的手腕上，威胁说要割断他的手。男孩吓坏了，吐露了实情，结果那伙人找到并杀害了父亲。

后来，男孩无法告诉任何人自己做过的事情。他人格中的一部分就定格在了遭受创伤的年龄。这个人格会在病人因冲突而感到紧张时再次出现，即便是再小的冲突也会引发病人五岁时的那种情绪。“好斗男的人格”对应的或许是对父亲(或者其中某个杀手)的身份认同。

虽然创伤性事件并非都那么悲惨，但这些成为多重人格诱因的事件往往攸关性命，比如灾难、性侵犯或性暴力，以及颇为常见的乱伦。多重人格的主诉多为女性，但或许是因为男性患者在诊断中被低估了。多重人格中的一种人格往往具有边缘型人格的特征，伴随冲动性和自毁性行为，因为我们知道，边缘型人格患者在童年时往往都遭受过乱伦式性虐待，所以表现出这种行为也就不足为奇。

有一种相似的人格障碍叫做“解离性神游症”：最典型的例子就是平日里整洁乖巧的女孩会阶段性地离家出走，跟偶遇的同伴漫无目的地游荡好几天，干一些小偷小摸的事情，饮酒，服用麻醉剂，然后回到家中又恢复了往日的人格，并对自己之前的行为毫无记忆。

不是所有的人都会在经历乱伦和创伤后发展出多重人格，一些更容易将意识“解离为”不同状态的人，似乎更容易发展出多重人格。解离性障碍会表现出一系列的症状：短暂的人格解体（在几秒钟内感觉自己是另一个人）、乩童附身的感觉、灵魂出窍的感觉、自己看自己就像在看别人的感觉，最后还有催眠状态，主体在这种情况下会进入一种有别于清醒和睡眠的状态。似乎那些最容易陷入催眠状态的人，恰好也是在经历创伤之后最容易出现解离性障碍的人。另外，催眠还是一种治疗手法，既被用来治疗多重人格障碍，也被用来治疗创伤后应激障碍。在针对这两种病症的治疗中，催眠需在能够让病人感到安心的氛围下进行，目的在于让主体重新意识到被自己以解离机制“驱散”、从意识中剥离出来的那些令人难以承受的记忆和情绪。解离性障碍及其最为触目惊心的一面——多重人格——是个极为宽泛而复杂的主题，堪称专业中的专业，我们在此只是做出了概述而已。

（注意：北美似乎发生了多重人格的大爆发。造成多重人格者数量表面剧增的原因有几个：因为这种人格障碍更为人所知，所以健康专家对其辨识和诊断的概率也相对更高，但我们也可以认为，一股堪称现象级的潮流会令易受影响和蛊惑的病人自行创造出多重人格，有时候，对这种人格痴迷不已的治疗师也会在无意中起到推波助澜的作用[1]。）

---

1 H. Merskey，《人格的制造：多重人格的产生》（*The Manufacture of Personality: The Production of Multiple Personality Disorder*），《英国精神病学杂志》（*British Journal of Psychiatry*），1992 年，第 160 期，327 页。——作者注

当然，即便没有多重人格，我们也会在不同的情形下表现出自己人格中不同的面。谁不曾碰到过在工作中信心百倍，回到家中却浑身不自在的个体呢？或者相反，在家里专横跋扈，在朋友面前却和蔼可亲、殷勤周到呢？

练习

在马丁·斯科塞斯（Martin Scorcese）执导的影片《赌城风云》（*Casino*，1995 年）中，罗伯特 · 德尼罗、沙朗 · 斯通和乔 · 佩西扮演的角色都具有哪种人格？为什么罗伯特 · 德尼罗独自坐在书房里的时候总是不穿裤子？

还有其他……

毫无疑问，您还会发现其他我们没有描述过的人格障碍，但我们希望这本书能够帮助您更好地了解人格障碍，也希望您有时能够对人格障碍者的人性特质报以欣赏的态度。

第十三章

人格障碍的形成原因

Les origines des personnalités difficiles

就像我们之前说过的，区分人格障碍形成中的先天因素和后天因素是十分困难的，再者，两者之间并非一种简单的线性关系，而是一种相互影响的复杂关系。在这种关系中，两种因素会在人格障碍者一生中的不同阶段纠缠不清。

关于人格障碍成因的理论不胜枚举，但得到证实的观察结果却少之又少……既然本书号称实用型书籍，我们也就无意在此对人格障碍的理论大谈特谈（一整座图书馆的藏书大概也难以尽述其详），而是对一些已经获得研究证实的观察结果（比如，边缘型人格者在童年时遭受乱伦和性虐待的频率，或者遗传因素对分裂型人格的影响）进行集中讨论。不管怎样，研究者们都一致认为，人格障碍是通过家系传递的先天易感因素和自婴儿出生时（有的则是在出生前）就在发挥作用的环境影响的复杂产物。关于遗传因素和环境因素影响的讨论已经开始了，而且还会持续很长时间，或许这种影响因人而异，而且取决于我们所研究的人格特点。

人格会遗传吗?

在法国，人格遗传说之所以令人感到震惊，原因有以下几个。

很多人在听到人格遗传说时会感到震惊的四个原因

- **犹太教与基督教传统。**按照宗教传统的观点，人拥有自由意志，他有犯罪或行善的自由。认为某些性格特点由遗传而定的观点与这种宗教观点相冲突，因为前者的言下之意就是，我们拥有的自由要比我们想象的少得多。(但《新约》中关于“天才”的寓言，或许可以被理解为是对人与人之间遗传性不平等的认可。)
- **共和国传统。**这种传统强调的是每个人都应该获得平等的机会，以及教育对个体发展的价值。讨论遗传因素的作用可能会被认为是对不平等或贬低教育价值的认同。(事实上，承认遗传因素对人格的影响和对教育予以重视，丝毫没有矛盾之处。)
- **精神分析传统。**这种传统强调的是童年事件在人格形成中扮演的重要角色。一些精神分析师可能会认为，抛出基因影响说是一种低估精神分析价值的企图。

▸ **可怕的回忆**。纳粹曾借口荒唐的基因理论犯下了骇人的罪行，但这些种族主义者的信条跟目前的基因研究没有任何关系，在某些人看来，“基因”这个词跳进黄河也洗不清了。

但越来越多的研究结果证明，某些人格特征确实会在遗传的作用下传递给后代。（养狗或养马的人，还有大家庭的母亲都知道这一点。）但我们如何在人的身上证实这一点呢？我们如何区分先天因素和后天因素呢？

在面对这个问题时，研究者们创造出不同的研究方法，以研究遗传和环境的影响。

▸ **双胞胎研究**。我们可以对同卵双胞胎和异卵双胞胎的某个性格特点或心理病症出现的频率进行比较。同卵双胞胎又被称为“真正的”双胞胎，他们拥有同样的基因物质，而异卵双胞胎，也就是“冒牌的”双胞胎，他们的相似度则与普通的兄弟或姐妹一样。如果是“真正的”双胞胎，那么双胞胎 A 所具有的某种性格特点在双胞胎 B 身上出现的频率就会高于“冒牌的”双胞胎，这就表明，遗传因素对这种性格特点的形成是有影响的。

更为有趣的是：研究分开长大的同卵双胞胎（这种情况时有发生），可以让我们更好地区别遗传因素和教育因素的影响[1]。

▸ **领养儿研究**。我们也可以对领养儿在出生时就具有的人格特点和其亲生父母的人格特点，以及养父母的人格特点进行比较。如果亲生父母所具有而养父母不具有的某些心理特征更加频繁地出现在领养儿的身上，我们就可以认为这些心理特征是遗传而得。比如，这种研究表明，在某些类型的酗酒症和精神分裂症中就存在这种遗传性易感因素。

▸ **家庭研究**。这种研究的目的在于确定某种人格特征在血缘关系或近或远的家庭成员身上出现的频率。比如，这种研究表明,分裂型人格在精神分裂症患者的亲属中出现的频率更高，我们就可以认为这两种病症具有相同的遗传基础。

但要注意，易感因素具有遗传性并通过血缘关系传递的事实,并不说明这种易感因素无法通过教育和环境被改变。比如，某个具有酗酒症遗传性易感因素的人，通过教育掌握了管理自己紧张状态的方法，并懂得如何与具有酗酒风险的环境保持安全距离，他完全有可能在一生中都滴酒不沾。

---

1 T.J. Boucherd，D.T. Lykken，M. McGue，N. Segal，A. Telegen，《造成人类心理差别的原因》(*Sources of Human Psychological Differences*)，《明尼苏达分开长大的双胞胎研究》(*The Minnesota Study of Twins Reared Apart*)，《科学杂志》(*Science*)，1990 年。——作者注

环境因素有哪些影响？

我们关注遗传因素对人格特点的影响，并不表示我们会否认童年事件或教育因素的影响。很多研究小组所关注的不仅仅是病人对自己童年或生活的讲述，还有诸如民事部门、社会服务机构或医疗机构等外界观察者提供的信息。这些信息包括：

- 患者家庭的社会人口特征；
- 早夭；
- 一些家庭成员的严重疾病；
- 夫妻暴力、虐待、性虐待；
- 家庭内部的教育方式或交流方式，如果观察得到的话。

在关于遗传因素和环境因素影响的研究中，有一种疾病堪称绝佳的例证——精神分裂症。

多亏了对新生领养儿的研究，我们得以发现遗传因素对精神分裂症的影响作用。（如果亲生父母中有一方是精神分裂症患者，那么孩子就有10%的患病风险，而如果父母双方都患有精神分裂症，则这一风险概率就会上升到50%。）

一些青少年（分裂型人格）罹患精神分裂症的风险似乎要高于其他人，通过对他们家庭的内部交流方式进行研究，我们还发现，在交流问题最严重的家庭中，青少年罹患精神分裂症的风险会增加；而那些已经罹患精神分裂症的青少年，如果生在过多指责、情绪起伏过大的家庭中，则复发的频率会更高。

证实推论：当我们能够引导家庭更好地进行交流时，罹患精神分裂症的青少年，疾病复发的频率和持续时间都会降低。这些研究颇受争议，因为可能存在反向效应——青少年的症状越严重，家庭就会越慌乱，从而导致交流的不畅。

基因 / 环境：不协调的背景[1]

以下是用来支撑遗传因素对人格障碍产生影响的几个论据：

- 在同卵双胞胎中，如果其中一个是强迫型人格者，那么另一个发现为强迫型人格者的概率更高；
- 精神分裂症患者的亲属发展为分裂型人格的比例要高于对照组人群；
- 边缘性人格者的亲属罹患情绪障碍（抑郁症）的比例要高于对照组人群；
- 妄想型人格者的亲属罹患妄想症的比例要高于对照组人群。

---

1 P. Mc Guffin，A. Thapar，《人格障碍遗传学》（*The Genetics of Personality Disorders*），《英国精神病学杂志》（*British Journal of Psychiatry*），1992 年，第 160 期，12—23 页。——作者注

我们所说的亲属包括直系亲属和旁系亲属，也就是说这些人是在不同的家庭中长大的。

我们在前文中描述过的焦虑型人格与广泛性焦虑症颇为相似，而广泛性焦虑症患者的亲属罹患焦虑症的比例也更高。同样，抑郁型人格与心境恶劣障碍并没有显著的区别，而我们在心境恶劣障碍患者的身上发现了伴有其他形式抑郁的遗传因素。

回到人格特征的维度评估上来

我们一直在讨论按等级划分的“人格障碍”，现在让我们回到人格维度上来。通过维度可以获得更为细致的分析。比如，在对强迫型人格者亲属的研究过程中，研究人员可能无法找到任何符合强迫型人格特征的家族成员。因此可能会得出遗传因素对强迫型人格没有任何影响的结论。但如果这位研究人员以“强迫度”的强弱（对秩序、精准和严格的偏好）为标准对家族成员进行评估，他或许就会发现，虽然某些家族成员并没有被归类为强迫型人格，但他们的“强迫度”要高于普通人群。

在这种情况下，我们可以推断“强迫度”维度会受到遗传因素的影响。我们可以通过研究在不同环境中长大的双胞胎来证实这种推断。从某种意义上来说，强迫型人格者只是这个家族“强迫度”的冰山一角。

最后，关于基因的影响，针对双胞胎（同卵、异卵、一起长大、分开长大）的不同研究都获得了大同小异的结果。

我们在此仅以一项对75对成年双胞胎展开的研究[1]为例。在进行了很多详尽周全的方法论考证之后，研究人员得出了与前期研究相似的结论：遗传因素在下列人格特征中扮演着重要的角色（在维度中的影响超过45%），以降序排列：

- 自恋（喜好浮夸，需要得到别人的欣赏、关注和认可）（64%）；
- 身份认同障碍（59%）（长期的空虚感、不稳定的自我印象、悲观）。这个结果让研究者颇感惊讶，因为他们原先认为这个维度会更多地受到教育经历的影响；
- 冷酷（缺乏同理心、自我主义、蔑视、施虐倾向）（56%）；
- 寻求刺激（50%）；
- 焦虑（49%）；
- 情绪不稳定（49%）；
- 内倾（47%）；

---

1 Livesley及合著者，《遗传因素和环境因素对人格障碍的影响》（*Genetic and Environmental Contribution to Dimension of Personality Disorders*），《美国精神病学杂志》（*American Journal of Psychiatry*）1993年，第150期，1826—1831页。——作者注

- 社交回避（47%）；
- 多疑（48%）；
- 敌视（支配、敌意、刻板）（45%）。

不管怎么说，这些数据表明，教育环境大约具有五成的影响，这也证明了对遗传因素的关注并不会导致对环境因素的低估。但是，这两种因素有时会在同一个层面上发挥作用。一个已经具有遗传性易感因素的孩子会从焦虑型父母那里接受到令人焦虑的教育，或者一个具有多疑易感因素的孩子会将疑心重重的父母视作模仿的对象，等等。除非父母中的一方或另一位亲人具有互补型的人格特征。

至于强迫特征，遗传因素对维度的影响只有39%。

相反，同一项研究还表明，遗传因素似乎对以下维度没什么影响：

- 暗示感受性—顺从；
- 情感上的不安全感（害怕分离、寻找近邻、难以忍受孤独）；
- 亲密关系障碍（性压抑、害怕依恋）。这三个维度涉及与亲密之人的关系，我们可以想见，主体对母—子依恋关系的早期学习会对这些维度产生重大的影响。

另外一个有关环境的小小提示："小儿子""小女儿"或在童年时罹患过慢性病的人，形成依赖型人格的概率更高。

总而言之，关于人格障碍形成原因的数据仍然不够充分，牵涉其中的遗传和环境机制为将来开辟出了一块令人激动的研究天地[1]，但我们应该在探索这片新天地的时候抛弃意识形态的成见。

---

1 K.S. Kendler，《精神病学中遗传流行病学：严肃对待基因和环境》（*Genetic Epidemiology in Psychiatry: taking both genes and environment seriously*），《普通精神病学文献》（*Archives of General of Psychiatry*），1995 年，第 52 期，895—899 页。——作者注

结论

人格障碍与改变

Personnalités difficiles et changement

我讨厌自己，我喜欢自己；然后我们一起慢慢老去。

——保罗·瓦勒里（Paul Valéry）

生存，就是在保持本性的前提下为了适应而做出改变。这种需要在他人和自己之间不断做出调整的自我改变过程，往往是在无意识的状态下达成的。但如何改变问题重重的生存方式呢？这只是主体本人应该付出努力的事情吗？因为主体的行为而恼火或受累的身边之人是否应该对主体施加压力呢？心理医生应该为了改变主体的某些人格特质而介入吗？人们心怀疑虑，所有这些问题的答案都不简单……

自我改变

“我们在犯错的时候会对自己说：下次我就知道该怎么做了。或许我们应该说：我已经知道下次自己会怎么做了……”

意大利作家切萨雷·帕韦斯（Cesare Pavese）的这番话无情地强调了一个事实：改变自己的人格难于登天。在不同的文化和时代中，透露出这种意思的民谚数不胜数，“我们无法令自己成为任何人”，“驱赶本性，它会快马加鞭地跑回来”……聪慧的人类能够谱写出壮丽的交响乐，或是向火星发射探测器，可为什么却无法改变某些行为习惯呢？主动改变自己的生存方式，或许是世上最困难的事情。对那些取得非凡成就的人来说也是一样：一项很有意思的研究[1]对最近两百年的大约300位伟人进行了调查，结果显示，有相当一部分人都具有人格障碍，如果不口无遮拦地说他们不正常的话。这些人包括法国人引以为豪的巴斯德（Pasteur）和克列孟梭（Clemenceau）等。这些人能够改变历史、科学或艺术的轨迹，却无法改变自己的性格。可说到底，性格不正是成就他们丰功伟绩的因素之一吗？那些伟大的艺术家们如果接受了有效的心理治疗，或是服用了疗效显著的抗抑郁药物，他们还会那么具有创造力吗？而如果丘吉尔的性情没有那么复杂，那么难以让人接近，没有酗酒问题，他在面对希特勒和纳粹的威胁时还能表现出斩钉截铁的果决吗？

人格障碍者确实能够在某些特殊的情况下展现出非凡的才华，甚至成就伟大的事业，但他们在大多数情况下都表现得难以适应日常生活……为什么自我改变会如此困难呢？

---

1 F. Post，《创造力与病态心理学：对291位世界名人的研究》（*Creativity and Psychopathology: a Study of 291 World-Famous Men*），《英国精神病学杂志》（*British Journal of Psychiatry*），1994年，第165期，22—34页。——作者注

“我一直都是这样！”

我们的人格在出生时就已开始形成（而一些具有遗传性易感因素的人格特质则在出生前就已形成）。当我们清楚地意识到必须改变自己的生存方式时，至少已经 20 岁或 30 岁了，而人格的轨迹早已深入骨髓。行为习惯形成得越早，做出改变的困难就越大，这往往会让主体在迈出第一步之前就丧失了勇气。我们来听听 27 岁的秘书玛丽 · 洛尔的故事，她是位逃避型人格者。

我知道自己应该对人再主动些，不要对别人的批评那么敏感，对自己在别人眼中的价值少一些怀疑……可我就是做不到，做出改变对于我来说，是个太过浩大、太过复杂、太过漫长的任务，我还没开始就已经放弃了。仔细想想，我发现自己从未从心底里想要试着彻底改变自己的习惯和信念。我看到自己的行为，并对此感到懊悔，就是这些。我一直都是这样。小时候，我害怕别人的目光，于是就会跟人保持距离，好保护自己。我父母把他们看待事物的方式传给了我：我们微不足道，最好不要让别人注意到自己……这种想法扎根在脑子里都多少年了，能改变吗？

“有问题，有什么问题？”

因为人格障碍者的生存方式由来已久，所以他们有时候意识不到自己的行为存在不妥之处。通常情况下，是他们身边的家人、朋友或同事通过直接的方式——提醒或批评，或间接的方式——拉开距离，关系的疏远，令他们注意到自己的行为和态度。再者，并不是所有的人格障碍者都会察觉到身边之人传递的这些信息或者觉得他们说得有道理——让人反省自己的态度从来都不是件容易的事情。（A 型人格者会这么对您说：“我没有发火，我只是在表达自己的看法。”）然而，意识到自己的态度对他人造成了困扰，是做出自我改变的第一步，而且是必不可少的一步。我们来听听 34 岁的工程师让·菲利普是怎么说的，他是位强迫型人格者。

我是在第一次交女朋友的时候，才开始意识到自己的行为会引发一些问题。之前，我一直都住在父母家里，他们跟我有点像，而且已经习惯了我的行为方式。所以，当我开始跟一个有着不同行为习惯的人生活在一起时，情况就急转直下了。我脾气有些狂躁，喜欢把东西收拾得井井有条，需要把事情做得精确而有序；我不是很擅长表达自己的感受，而且很固执，而我的第一个女朋友恰恰相反。我这种老男孩的脾性一开始对她很有吸引力，但后来就让她受不了了。她抱怨我花在工作和物品上的时间比花在她身上的时间还多。结果后来，她就开始故意把东西弄得乱七八糟，开始在朋友面前批评我，跟他们说一些令我难堪的事情……我感到非常不舒服，最后我们分手了。我为此怨恨了她很长一段时间，甚至在几次争吵的时候说她是歇斯底里。但冷静下来之后，我意识到其实她说得没错。这是第一次有个人跟我的关系亲密到让我的问题浮出了水面……

“我无法自已！”

弗洛伊德和精神分析学家们很早就发现了这种让我们不由自主地重复同样错误的、难以抑制的倾向，并将其称为“强迫性重复”。虽然已经被验明正身，但我们的性格特点仍然会百折不挠地顽抗到底，就算再怎么下定决心，一旦遇上我们所说的“扳机情景”，它们就会跳出来。以下是45岁的护士奥蒂勒的自述，她是位被动攻击型人格者。

我试过无数次想要做出改变，以至于我都觉得这件事对我来说是不可能的。我看过一些书，也听取了身边之人好的建议，甚至去做了精神分析。我觉得我明白了很多关于自己和自己世界观的事情，总之就是明白了自己的问题，弄懂了让自己痛苦不堪的原因。我感觉自己就像个糟糕的学生，在开学时信誓旦旦，可接着就败给了自己的坏习惯。我可以在几天的时间里管好自己，然后又恢复成老样子。只要再次碰到让我觉得别人有所强加的情况，我就会瞬间变成一个充满敌意、气咻咻的孩子……

“我这么做是有原因的……”

就算自己的态度造成了很多问题，但人格障碍者从不会毫无理由地放弃这些态度。我们在本书中已经解释过，一些即便是很极端的性格特点，有时也会带来某些好处：依赖型人格者通常会获得别人的帮助，妄想型人格者不会轻易受骗，强迫型人格者很少会忘记带钥匙……这些“继发性好处”相较于伴随的缺陷而言，简直不值一提，但有时会成为人格障碍者维护自己思维方式和行为的理由。我们来听听 24 岁的大学生阿德里昂是怎么说的：

我母亲是个超级焦虑的人，我们的整个童年都处在她的过度保护之下。我们家就像个空间站，再小的松懈也比在太空行走还要复杂和危险！在海滩上，我们必须戴上渔夫帽和太阳镜，必须穿上防海胆的鞋子，必须每个小时涂抹一次防晒霜，等等。如果我们晚上出去参加聚会，就算是聚会地点离家只有几步路，也必须在到达时打电话回来。每次有什么事她就会反复强调，说她小心谨慎是对的。每次出现问题，她的第一句话就是“我就知道会这样”，“我就担心会出问题”，或者“我之前跟你说过的”。因为她总是说会发生不好的事情，结果有时候就真的发生了，而且她让我们也相信了这一点。她有一堆这种用来教育人的故事，比如，有一次她怎么把我妹妹留在她一个女友家里睡觉，就那么一次，结果妹妹得了支气管炎，或者邻家的小孩怎么在独自一人骑自行车的时候被车给撞了。当时还是孩子的我们觉得，发生的事情似乎总在证明她是对的。直到进入青春期我们才开始意识到，没有这许多令人窒息的小心谨慎照样可以过日子……

“我的个性如此”

我们很依赖自己的个性，无论是优点还是缺点，这符合逻辑，个性在很大程度上代表了我们的身份。但有时我们也会希望能够改变某些习惯：不那么焦虑，处事更灵活，嫉妒心没那么强，更加乐观，疑心病没那么重，等等。我们往往清楚地知道，这些改变不会让我们对自己产生深刻的质疑；如果是这样，那么我们就会接受这些改变。但人格障碍者往往不是这样，他们常常因为害怕失去自我或“失去自己的个性”（有点像是失去了自己的灵魂）而不愿下定决心做出改变。但这种“改变人格”的风险依然只是理论之说。我们在后文会看到，大多数精神科医师和心理医生在谈到对病理性人格的治疗时，多会使用“调整”或“缓和”之类的字眼，没有人会尝试或希望获得根本性的改变……

但很多人经常会混淆“改变人格”和“改变自己的人格”这两个概念。病理性人格特质往往是对个人自由的束缚而非保障，而成为自己真正想成为的人，做自己真正想要去做的事，最好的办法就是脱离病理性人格而非满心戒备地助长它。但这种对自己人格缺陷的依依不舍，在某种意义上来说是一种“人格崇拜”的特殊表现形式，这种对自己偏颇行为的自我欣赏会令主体对这些行为的缺陷视而不见。吕西安是名 67 岁的退休工头，他是个 A 型人格者，他跟我们讲述了他的经历。

我从来不会听命于人，别人最好也不要来干涉我的事情。了解我的人都知道不应该过度刺激我。我就是这么个人，而且我也看不出有什么理由要让我改变自己，说到底，我这样挺好的。有时候，我知道自己做得有些过分，可我不愿意总是想着要怎么控制自己，我要么做，要么不做。要是真跟别人发火了，那就算我倒霉好了，我的个性就是这样，我不会变成一个讨好别人的应声虫，不是吗？

自我协调与自我排斥

在精神病学和心理学领域，除了症状本身，个体对自己问题的感知方式和接受与否也是相当重要的。在某些案例中，主体会因自己的问题而深感不适：抑郁症患者会反感自己行动的无能，恐惧症患者会因自己的恐惧而感到羞愧，等等。个体会感觉这种性格以一种侵入的方式造成了自己的问题，于是会以一种与个人价值或理想的自我形象不相符合的方式做出反应。他对自己不适合的行为方式有所意识，并希望加以改变。这种对其症状的关系称为“自我排斥”。

相反，对自己的症状具有较大的容忍，在忽视与接受之间摇摆不定的态度，则称为“自我协调”。主体会将自己的性格障碍特征视作自己人格不可分割的部分，认为这些特征大抵与自己的个人价值和世界观相符。因而，做出改变的意愿就会远不及“自我排斥”的主体。比如，研究烟瘾的专家就熟知这种现象，知道他们的病人只有在“动机明确”的情况下才可能戒烟，也就是说，吸烟的行为对他们不再具有吸引力。如果吸烟者的态度没有从自我协调转变为自我排斥，那么戒烟的尝试就会失败。改变态度虽然不一定百分之百成功，但至少有了成功的可能……

大部分人格障碍者都抱有自我协调的态度，从而形成了改变的阻力。一个处于平衡状态的人格障碍者，鲜少会有做出改变的动机。往往只有在周围人或情形的压力下，或遭遇一连串困难和挫败，甚至陷入抑郁之后，人格障碍者才会开始反省，并开始审视自己惯常的态度。一些人格障碍者（焦虑型、抑郁型、依赖型）对自己问题的意识要胜过另一些人格障碍者（妄想型、自恋型、A型……），或许是因为他们承受了更多的痛苦。

帮助改变

所以呢，人格障碍者往往会在周围人的帮助下做出改变。在面对人格障碍者时的恼火和不快，或是看到所爱之人陷入自毁的态度中无法自拔而感到的悲伤，是很多人对人格障碍者直接施压或干预其行为的原因。正如法国作家拉罗什富科所指出的 ：“我们最慷慨的行为莫过于为他人提出建议……”但这些良好的意图和建议，往往会引发很多问题。为了让人格障碍者做出改变而施加的压力，可能会被对方误解为强迫性的压制，有时候甚至会让对方更加坚定自己的信念。比如在妄想型人格者们看来，再没有比这样的话更令人生疑的了 ：“什么也别怕，我们只想让你好……”

想要改变对方的渴望也是造成很多夫妻间龃龉的原因 ：夫妻双方有时是因为改变对方的理想化渴望才组成了家庭（一个女人会抱着让对方戒酒的希望而嫁给一个酒鬼……然后又会因对方无法改变的行为而感到失望），而另一些人则因为其中一方无法适应伴侣品位的变化而分手（一个男人跟一个比自己年轻得多、依赖性很强的女孩断绝了关系，因为厌倦了她的“不成熟”……），而双方往往都是在明知就里的情况下选择了对方的。最终，不遗余力地想要让人格障碍者做出改变的身边之人的希望落空，而他们的态度很快会转变为对人格障碍者的厌弃，但从根本上来说，人格障碍者并没有向任何人提出过任何要求，既非帮助也非耻辱……

那么是否存在一些简单的规则，可以提高改变的概率呢？我们在整本书中都对此有所提及，但在此可以概括出几条基本的规则。

理解并接受

通常来说，人格障碍者不是因为高兴，而是因为害怕才会做出那样的行为。他们因为害怕而做出反应（害怕被抛弃，害怕不被理解，害怕受到侵犯，害怕让自己或所爱之人陷入险境……）。对这一首要原因不予重视，不愿看到滋扰行为背后的脆弱，就等于为冲突和误解打开了通途。我们来听听 49 岁的建筑师西蒙的故事。

我有一个自恋的同僚，很讨人厌。他在客户的面前总是一副想要独占功劳的样子，认为自己应该得到一切，觉得自己不需要迁就任何人。一开始，我们经常闹矛盾。我简直烦透他了，简直跟他水火不容。后来，我通过仔细地观察发现，他其实并没有表面上那么自信。实际上，他是在不停地想要说服自己相信别人都不如自己，而他心里对这一点并不十分确定。我有那么一瞬间特别想把这话告诉他，好打他个措手不及，或者从此以后再也不把重要的消息告诉他了。之后我明白过来，这么做没有任何作用。于是，我们开诚布公地谈了几次，我跟他划定了界限，于是我们开始可以共处一室了：他知道我的底线在哪里，而我呢，也愿意在一些细节问题上做出让步。认清他的缺陷让我得以更好地理解和容忍他的行为。而且到最后，我意识到他也教会了我一些东西，他对问题的看法也不都是错的。我从他那儿学会了如何展现自己，因为之前我一直都认为，即便不声不响，我的价值也应该得到众人的认可。

不要把这种理解跟纵容和漠视混为一谈，但也不要把这种理解发展成"江湖郎中心理学"的态度，说些被心理医生称为"野蛮阐释"的话："可怜的朋友，你肯定是有严重问题才会做出这样的举动，我猜想大概是因为你的童年……"对他人的接受最终会让我们进行自省：为什么我们会难以忍受他的这种或那种行为？我们的哪些个人价值观跟他发生了抵触？我们为什么会觉得自己的价值观比我们想要改变的那个人的价值观更加高尚？而我们在人格障碍者的身上又能学到些什么？因为他们跟所有人一样，也有好的一面。我们对人格障碍者的不快和评价也反映出自己的缺点。正如保罗·瓦勒里玩笑式的说法："所有你所说的话都在言说着你这个人，尤其在你谈论别人的时候。"

尊重改变的困难

即便当事人已经意识到自己的问题，并愿意付诸行动，但个人改变依然是一件非常困难的事情，这是因为，个人改变是一个漫长而耗神的“拆除—重建”的过程。这不仅仅涉及学会某些行为规则，小孩子也能做到，而是首先要摆脱我们以前的那些行为规则……这也就是为什么改变的过程会如此漫长，而且会伴随数不清的“故态萌发”。第一条规则就是，留给当事人足够的时间去“消化”改变……我们来听听35岁的职业医师娜塔莎是怎么说的。

我丈夫有点类精神分裂型人格的倾向，我们刚认识的时候，他的哥们儿都管他叫“孤独侠”，但我很喜欢说话前会三思的人。不过在儿子出生后，我开始担心了，因为我觉得他不怎么跟儿子说话，而且在照顾儿子的时候也不像我希望的那么尽心。我之前一直以为他会因为孩子而打开心门……我害怕孩子会因此而吃苦。头几个月里，我经常责怪他，但我越是批评他，他越是不知所措。后来我冷静了下来，心想，与其这么逼他，不如为他打开心结。再说了，他自己就是独子，对照顾小孩一无所知。我再也不对他发号施令，也不再对他横加指责了。如果他做出了我期待中的举动，我就会告诉他我很高兴。慢慢地，随着儿子的成长，他也改变了。儿子现在三岁了，他很爱自己的父亲，而我丈夫也学会了对儿子表达自己的感情，两个人的交流也更加顺畅了。我丈夫甚至在跟家里其他人相处的时候也变得更加开朗了。

另一条规则是，接受不完美和不完整的改变。人格障碍者的行为植根于个人的经历（有时跟天生气质也有关系），所以想要百分之百地“纠正”他们的行为，只会是徒劳之举。42岁的企业管理人员亚纳就是这么跟我们说的。

跟我同一个办公室的女同事简直就是个怪胎。她总想让所有的东西都按照她的方式放在她看得到的地方。因为我们在同一间办公室，而且办公室里有很多的东西，所以在我刚进公司的时候，跟她发生过几次严重的冲突。她一直压着在我之前的那个同事，但我可不会任人摆布！八天的时间，那简直就是一场大战！必须按照她的意愿收拾所有的东西，必须遵守某些时间，出现再小的错误都要从头再来……简直就跟奴隶一样。我对她忍无可忍，差点辞了职，后来我冷静了下来。我开始一步一步地跟她商量，在我发现她也有某些优点之后，这种事做起来就更加容易了。只要能尊重她的怪癖和规则，她其实挺愿意帮助人的，脾气也不坏。她好几次都帮我解决了工作上的难题。所以，我也接受了她的一些习惯，但不是所有的，而是那些我觉得烦人程度最低的。结果，她强加给我的事情也少了。目前来看，我们相处得还算融洽……

不要对人说教

当我们希望让某人做出改变时，根本的问题就在于：“凭什么让对方改变自己的生存方式？”我有什么权利替他决定什么是好的，什么是不好的，并把这些观点强加给他，或跟他喋喋不休？答案很简单：就是不应该用这种方式来看待事物！就算某些生存方式会带来很多的好处（灵活处事而不是刻板僵硬，积极主动而不是满腹抱怨，独立自主而不是依赖成性……），但动辄以规则和道德说教的方法去鼓励别人做出改变，往往收效甚微。首先是因为，没人愿意被当作小孩子来对待，让别人来告诉自己什么好什么坏。其次，人格障碍者看待事物的方式恰恰太过刻板和墨守成规——他们会根据情况或对象，按照自己事先订立的规则来做出反应。

所以，用规则和道德说教的方式强调改变是无用的，这只会让他们借此为自己进行辩护（“你不是说我不应该去问别人的意见吗？好吧，结果就是这样啦……”），或者让他们做出使性子的行为（“既然在这个家里不能批评人了，那我以后就什么都不说了……”）。只有在个人层面生成的意愿，才能促成改变：人格障碍者会改变自己的态度，是因为别人会以真诚而温和的态度跟他们解释他的行为给别人带来的问题。所以，这也是我们在整本书中试图让您明白的，通常情况下，与其跟人格障碍者大谈职责，不如跟他说说他自己的需要，谈谈具体的情形而非重大的原则，谈谈行为而非个人，进行描述而非做出评价，等等。我们在 33 岁的家庭主妇玛丽娜的讲述中就可以看到这一点。

我丈夫是个嫉妒心很强的人，我们在很长一段时间里都吵得很厉害。我把他当成狂躁的疯子，说他总是胡言乱语，说他应该去看医生，还说他成天就知道监视我，而我有自由去做任何我想做的事情，有自由去跟任何人说话……最后，我为了弄明白为什么会这样而去看了心理医生，因为无论是自己去还是跟我一起，他都不愿意去看心理医生。心理医生帮助我思考了我自己的问题，尤其是，他还帮助我学会了以不同的方式对待我的丈夫。比如，我学会了直接向他表达自己的感受，而不是恶言相向。告诉他，他对我的不信任让我感到很难过，或者他限制我的自由让我感到很生气……他听到这些话的时候可不那么高兴，但这种方法要比我之前的喋喋不休有用多了。至少我们的争吵没有进一步恶化，而且渐渐变得越来越少。我感觉自己能够让他在这一点上平静对待了。

在本质问题上不要退让

人格障碍者身边的人，尤其是亲近的家人，会忍不住对他们的苛求做出退让，并卷入到他们的游戏之中。跟人格障碍者相处确实时时都会感到压力，而且这种压力会在我们拒绝顺从时愈演愈烈：愤怒、赌气、哭闹、产生负罪感……但如果我们总是退让，人格障碍者就会认为，只要顽固坚持己见就可以达到目的。我们来听听61岁的退休人员尼古拉是怎么说的。

我的一个儿媳妇很专制，总是喜欢在家庭会议上发号施令。她的行为让大家都很恼火，她自以为是地提出一大堆意见，夸耀自己的孩子和丈夫如何如何好看，如何如何聪明，等等。还有就是，她无法忍受别人任何的评价，而且只要涉及她本人，她的幽默感就几乎没有了。在家里，所有人都会迁就她，因为习惯成自然了，也因为害怕跟她起冲突；因为要是有人做了什么事情让她不高兴了，她就会摆脸色，或者好几个星期不跟家里人见面。有一次，我们家的新成员——小女儿的丈夫，因为她的苛刻要求而发了火，他让她不要再教导别人怎么教育孩子了。她听了可不高兴了，整整六个月都没露面。大家都觉得我那个女婿做得有点儿过分，他自己也深感自责。虽然这件事让我也不好过，但我觉得他做得对，而且表示了对他的支持。而当我那个儿媳妇重现出现在家庭聚会上的时候，她表现得节制多了，没那么苛刻了。我想她算是吃一堑长一智吧。我们仍然对她很迁就，避免去批评她，但她已经知道如何克制自己不去批评别人了。

跟人格障碍者打交道……

应该做的	不该做的
▶ 试着改变他的行为	▶ 想要改变他的世界观
▶ 理解他行为背后的恐惧和担忧	▶ 认为这只是意愿不足的问题
▶ 接受循序渐进的改变	▶ 苛求迅速的改变
▶ 表达您的需求和底线	▶ 道德说教
▶ 接受不完整的改变	▶ 苛求完美，然后全盘放弃
▶ 坚持原则性问题	▶ 同情或陷入他的游戏

改变，精神病学与心理学……

精神科医师（或心理医生）与病理性人格者，可能会在不同的情况下相遇。最常见的情况或许要数病人因为别的问题前来就诊：实际上，在前来精神科就诊的病人中，似乎有20%—50%的人都苦于人格障碍[1]。他们请求医生治疗的是这些人格障碍导致的后果：抑郁、焦虑状态、酗酒等。在另一些情况下，前来就诊的并不是病人自己，而是他们的亲朋好友，因为担心和厌倦而向医生寻求帮助。精神科医师很熟悉这种情况，他们经常会透过病人的亲朋好友打来的电话而意识到其中的问题，这些电话都包含同样的信息："我不知道该

1 G. De Girolamo, J.H. Reich,《人格障碍》(*Personnality disorders*)，日内瓦，OMS 出版社，1993 年。——作者注

怎么做，他（她）不愿看医生，但是我们的生活已经被他（她）的行为给毁了，该怎么办啊？”比较罕见的情况是，病人因为感觉到自己有某种人格问题，并且想努力对抗那些自己无法控制的倾向，于是主动前来就医。

实际上，虽然人格障碍出现的频率很高，在普通人群中达到 10%—15%，[1] 但精神科医师是从近几年才开始关注人格障碍本身的。病理性人格其实很难治愈——如果病人出现焦虑和抑郁，他们接受治疗的效果就没有不具有人格障碍特征的病人那么好（这可不会让治疗师的虚荣心得到满足）。但近年来，越来越多的研究工作开始关注如何通过药物来改善和帮助这些病人的方法。

药物与人格

一些病人在听到医生准备给自己开具精神类药物时，就会表现得犹豫不决，担心治疗会改变自己的人格。医生慎重开具的抗抑郁药物或镇静类药物，可以有效地改变病人的世界观：服用苯二氮平类药物的焦虑症患者，能够更加冷静地对待自己的担心；服用抗抑郁药物的抑郁症患者，在看待事物时会少一些悲观和绝望。尽管这些改变有时非常惊人，但接受治疗的病

1 M. Zimmerman，W.H. Coryell，《在群体中对人格障碍的诊断》（*Diagnosing Personality Disorders in the Community*），《普通精神病学文献》（*Archives of General Psychiatry*），1990 年，第 47 期，527—531 页。——作者注

人不会认为自己的人格被改变了。他们只会觉得自己的痛苦减轻了，这就已经非常不错了，或者觉得又变回了原来的自己。

而事情是在最近几年才变得复杂起来，因为出现了一种新型药物：5–羟（基）色胺类抗抑郁药物（得名于它对五羟色胺——一种非常重要的大脑神经递质的作用）。这类药物对抑郁症和某些焦虑症具有显著的疗效，而且似乎可以改变某些人格特质，比如逃避型人格者对他人批评的过分敏感。但客观说这种药物的效用机制仍然是雾里看花，而且药效也会因为个体的不同而大相径庭。因为对这些治疗的过分迷恋，也因为其中的重大挑战，了解某些药物是否真的能改变人格的运作机制，点燃了精神病学界的研究热情。

目前，稀少的研究结果还不足以得出任何确定的结论。但要指出的是，近期的几项关于性格生物学的研究，或许预示着药物治疗人格障碍可能出现飞跃性的进展[1]。这也引起了伦理学的争论。是否应该接受会对个人心理平衡产生影响的药物，就像我们最终接受了（经过了很长时间，如今已被人淡忘了的犹豫不决）抗抑郁药物和抗焦虑药物？由此提出的这些问题，无论是对个体还是集体，都具有重要的意义。从根本上来说，药物能够对人格特质产生切实的作用，到底是好事还是坏事呢？谁能回答这个问题：治疗师、政策制定者，还是病人？个

1 C.R. Cloninger，同前引。——作者注

体要求接受治疗，是因为他们深受其苦或令别人深受其苦，还是因为他们在某种类型的社会中表现欠佳？在大量将这些药物应用于人格障碍的治疗之前，我们应该期望各界人士对这一主题做出深刻的思考。就目前而言，为确诊的人格障碍者开具药物，应该始终辅以心理治疗措施，因为这些措施可以帮助治疗师和病人更好地了解和应对现实的改变。

一种心理治疗还是多种心理治疗？

心理治疗的形式多种多样，但针对人格障碍的心理治疗，我们可以将其分为两大类。

第一类，当然是精神分析及其各种衍生形式。最早出现并占有重要地位的心理治疗方法（至少是在法国）认为，主体对自己问题的原因和运行机制的逐渐意识，是帮助他克服这些问题的根本所在，如果这种意识是在系统化的治疗关系中形成的，那就更好了，因为这样有利于“移情”，也就是说，治疗师对病人幼年期冲突的现实化。精神分析具有极为丰富和复杂的理论化经验，可以提供一种引人入胜的精神体验，但它不断的学派之争和先验推理在所有形式的科学性评估中显现出的弊端，导致众多的研究者在近二十年来对它热情渐消。至于人格障碍，精神分析至今仍鲜少获得过令人信服的研究成果。

第二类，行为与认知疗法。这类疗法在法国出现的时间不长（30 年），目前正欣欣向荣地发展着。比如，世界各国都出版了大量关于这类疗法的科学书籍。行为与认知疗法的治疗原则很简单，要想改变某种行为或思维方式，最有效的方式就是了解它们是怎么学来的，然后积极地帮助病人去学习新的行为方式和思维方式。实际上，在这种源于学习科学的原则背后，隐藏着一整套不同的治疗技术，并在很多心理病症的治疗中显现出疗效。一项针对抑郁症患者展开的大型研究表明，具有人格障碍的抑郁症患者，对认知疗法的反应要好过对抗抑郁药物的反应。[1] 行为与认知疗法近几年来被应用在人格障碍的治疗中，前景一片广阔。

---

1 S.M. Sotsky 及合著者，《患者对心理治疗和药物治疗反应的预测因子：美国国家心理健康研究所抑郁症治疗合作研究项目成果》（*Patients Predictors of Response to Psychotherapy and Pharmacotherapy: Findings in the NIMH Treatment of Depression Collaborative Research Program*），《美国精神病学杂志》（*American Journal of Psychiatry*），1991 年，第 148 期，997—1008 页。——作者注

法国应用于人格障碍治疗的两大心理治疗法的简化特点

精神动力疗法	行为与认知疗法
▶ 主要关注过去或过去—现在界面	▶ 主要关注此时此地
▶ 注重个人经历中重要组成部分的重现和理解	▶ 注重获得应对实际困难的能力
▶ 治疗师保持中立态度	▶ 治疗师参与互动
▶ 治疗师鲜少提供有关病症和治疗的信息	▶ 治疗师提供大量有关病症和治疗的信息
▶ 治疗目标与治疗时间不明确	▶ 治疗目标与治疗时间明确
▶ 主要目的：隐藏性精神结构的改变（可以带来症状和行为的改变）	▶ 主要目的：症状和行为的改变（可以带来深层精神结构的改变）

另外，一些在法国尚不为人所知的心理治疗形式，也可能对人格障碍的治疗产生积极的影响。比如“人际心理疗法”，这种疗法的基本理念是：人际关系的运转不良是导致患者遇到问题的主要原因，因此，一系列旨在提高患者人际交往能力（跟周围之人进行令人满意的交流，有效应对冲突和人际关系问题）的治疗，可以从根本上改善患者的症状。自 20 世纪 70 年代发展起来的人际心理治疗，源于美籍瑞士裔精神病学家阿道夫 · 麦尔（Adolf Meyer）的一系列研究成果。这种治疗方法强调了个体对环境的适应所扮演的本质性角色。人际心理疗法最初的治疗对象是抑郁症患者，似乎也很适合人格障碍[1]。这种疗法在美国得到了广泛认可，在那里，个体对所处“人际

1　M.M. Weissman, J.C. Markowitz,《人际心理治疗》（*Interpersonal Psychotherapy*），《普通精神病学文献》（*Archives of General Psychiatry*），1994 年，第 51 期，599—606 页。——作者注

环境”的和谐融入被视作所有心理治疗方法的关键所在。

人际心理疗法的目标是让患者学会：

- 更好地了解自己的人际关系为什么会不尽如人意：抑郁的情感往往跟有时会被患者本人歪曲的情感经历有关。比如，因没有收到聚会邀请而感到的失望会很快转变为怨恨，从而掩盖了最初的痛苦。
- 改变自己在面对问题情况时的习惯性反应方式：抑郁症患者的运转方式以自我为中心，因此意识不到他人的立场和需求。比如，如果抑郁症患者的伴侣没有过多地跟他（她）讨论抑郁的问题，他（她）就会觉得不够努力的伴侣对自己不理解。
- 在整体上提高自己的人际交往能力：能够做到提出要求而不是抱怨；表达自己的负面情绪而不是赌气；讲述自己的悲伤想法而不是独自垂泪；以温和的方式表达自己的失望。

但除了业已存在的治疗方法，心理治疗方法的面貌或许即将发生巨变：在遭受了长期的质疑或敌意之后，不同学派的心理学家开始相互关注。一些为了获得整合式折中心理疗法的研究工作开始崭露头角[1]，很可能在几年之后就会出现新的疗法，这些新疗法会同时或先后运用既有的心理疗法，或

1 M. Marie-Cardine，O. Chambon，《世纪之交的心理学：整合式折中疗法十年间的演变与发展》（*Les psychothérapie au tournant du millénaire : dix ans d' évolution et de développement de l' approche intégrative et éclectique*），Synapse杂志，1994年，第103期，97—103页。——作者注

是将它们融合为一种新型的疗法。在此期间，我们选择以认知疗法为例，因为它是目前为止针对人格障碍最新和最为系统化的治疗方法。

认知疗法

您正坐在餐馆里等一位朋友，隔着几张桌子的地方，有个人目不转睛地一直盯着您看。在这种情况下，您可能会产生不同的想法：正面想法（"他肯定喜欢我"）、负面想法（"他觉得我丑"）、中立想法（"他让我想起了某人"）。这些想法就是我们所说的认知，也就是说，您在生活中面对各种情形时，会在您的意识中自动出现的想法。这些认知见证了我们对周围世界的感知和阐释。认知是两千多年前的斯多葛派哲学家们在写作时发现的，比如马可·奥勒留就写道："如果某个外物令你感到忧伤，你感到忧伤不是因为这个外物，而是因为你对它的评价扰得自己心神不宁。"今天，认知心理治疗师们重拾先人的牙慧，并赋予了它一种更具技术特点的称呼——"信息处理"。

信息处理

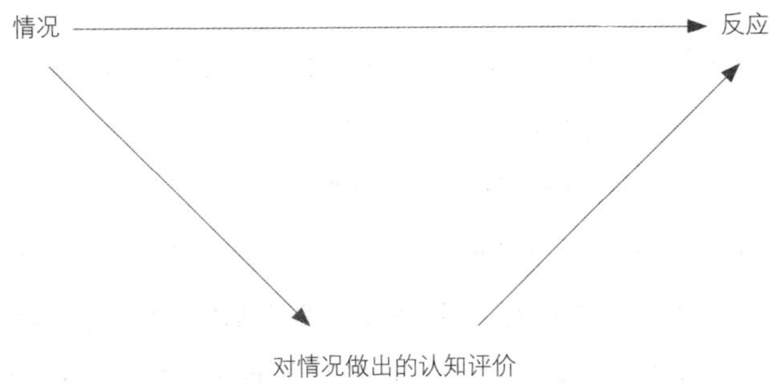

信息处理论提出了这样的假设：我们对情况做出评价的方式会对我们的反应和情况本身起到决定性作用。回忆一下餐馆的例子，如果您的认知属于“他喜欢我”的类型，而且如果您稍微有点表演欲，并较为随和的话，您就会产生颇为愉快的感觉，因为您的行为会是对他报以微笑，或摆出自己最美的身姿，而且您会蹦出“我还是有魅力的”之类的念头……但是，如果您具有某些逃避型人格的特质，您的认知就会是“这个人正在观察我的缺陷”，这会引起令人不愉快的尴尬和不适的情绪，并导致逃避型行为（避开他的目光，或是要求换桌）。您看，不同的主体会以截然不同的方式对同一种情况做出评价，所以，不同的人会做出大相径庭的反应。

清楚地了解我们对情况的阐释方式，是改变我们态度的关键所在。

您是如何看待世界的?

因此，在认知心理学家看来，我们的态度和我们的行为，在很大程度上取决于我们的世界观。

这种世界观由信仰构成，这些信仰往往是无意识的，并会牵涉到自身（比如,“我能力不行,而且脆弱不堪”,或是相反,“我是个出类拔萃的人”)、其他人（“别人都比我强,比我能干”,或是“不能相信任何人”)，或整体的世界（“平平无奇的状况背后可能潜伏着危险”)。这些信仰代表着我们的信念——我们童年时在跟亲人接触的过程中，或在遭遇了某个生活事件之后形成的信念——这些信念深深地烙印在我们的头脑中，并最终被自己的双眼所忽略，有点像是戴着一副镶有彩色玻璃片的眼镜，而我们已经意识不到它就架在自己的鼻梁上……

这些信仰会聚合成认知心理治疗师称为的“认知群”，比如依赖型人格者的“我脆弱不堪”和“别人都比我强,比我能干”的认知组合。这样的认知群会促使主体自我形成生活规则，这些规则体现出很多详细的策略，目的在于让主体能够顺利地适应他们所感知的世界。我们仍然以依赖型人格者为例，他们的生活规则会是“我只有顺从别人才能获得他们的好意”,或是“在遇到问题时，我不应该自己做出决定”……

人格障碍者的主要认知特征

人格类型	认知群	个人规则
焦虑型	“世界充满危险” “如果保持警惕，就会担上大风险”	“我必须预料到所有的问题，并总是做出最坏的打算”
妄想型	“我容易受到攻击”“别人会跟我对着干，并对我有所隐瞒”	“我必须时时保持警惕，而且要看穿别人的言语和行为”
表演型	“别人不会本能地对我产生兴趣” “引诱可以体现自己的价值”	“要获得一席之地，我必须吸引别人的注意” “我必须完全将别人迷住”
强迫型	“事情必须做到完美无缺” “即兴发挥和自发性不会带来任何好处”	“我必须掌控一切” “所有的事情都必须按章办理”
自恋型	“我是独一无二的” “别人都得排在我后面”	“一切都是该我的” “应该让人知道我是个杰出的人物”
类精神分裂型	“我跟别人不一样” “群居生活是混乱的源头”	“我必须一个人待着，不能让自己投入亲密关系”
A 型行为	“只有第一名才有价值” “人必须靠得住、有能力”	“我必须完成所有的挑战” “我必须以最快的速度完成任务”
抑郁型	“我们来到世上就是为了受苦” “我无权得到太多的欢乐”	“人总是高兴得太早” “我必须加倍努力才能达到目标”
依赖型	“我很弱小，能力也很差” “别人都很强大”	“在遇到问题时，我必须马上寻求帮助” “我不能让别人不高兴”
被动攻击型	“我应该得到更多” “别人并不比我强，可总想压人一头” “如果总是反驳对方，他们会变得咄咄逼人”	“我不能任人摆布，我知道该怎么做” “在发生分歧时，应该以间接的方式进行反抗”
逃避型	“我是个无趣之人” “如果别人看到我是个怎样的人，他们就会厌弃我”	“我不应该展现自己” “我必须保持距离，否则我会应付不来”

老套的剧情

人格障碍者的身边之人通常会惊讶于他们行为的重复特征：妄想型人格者的生活中充满了不睦与冲突；表演型人格者总是从理想化的这头跳到失望的那头；依赖型人格者总是亦步亦趋跟随在保护者的身后……

的确，我们刚才所描述的一系列认知现象、根本信仰和从中得来的生活规则，会在人格障碍者对某些我们称为“扳机情境”的状况做出反应时，体现在他们的特定态度中。从某种意义上来说，扳机情境堪称是重复性反应的“启动装置”，这些反应可以是情绪、行为或想法。我们还是以逃避型人格为例，如果逃避型人格者受到批评，我们之前描述的那一系列认知现象就会令这个事件引发逃避型人格者不安和焦虑的情绪，以及服从和寻求认可的行为，还有导致这样的想法——“如果别人批评我，那我就有可能被彻底厌弃”，“为了平息冲突，最好放弃自己的观点”，“别人肯定说得没错”……

这些人格障碍者按部就班的“剧情”，会让我们想到电影或电视剧的“重拍版”：都是关于同一主题的不同版本，其中的角色都具有很高的预知度。人格障碍者似乎很少会吸取生活中的教训，他们会倾向于忽视或曲解所有可能令他们的信念成为问题的因素。于是，深信别人对自己毫无兴趣的逃避型人格者，在别人表现出对他的关注时，就会倾向于认为那是出于怜悯、居高临下，或是有所图谋。所以，他就不会对自己一直心存的“我是个无趣之人”的信念产生质疑。

人格类型	扳机情境	老套的反应
焦虑型	没有可以令人安心的参照或信息未知，不确定 例如：没有得到旅行途中亲人的消息	担心，想方设法获得尽可能多的信息，最大程度地采取预防措施
妄想型	含混不清的情形，矛盾 例如：得知别人在背后谈论自己	做出过度的阐释，将自己淹没在细节之中；控诉，怀疑，最终与对方撕破脸
表演型	有魅力的人或陌生人，群体情境 例如：被介绍给异性	想方设法地引诱对方，引起对方的兴趣
强迫型	需要尽快完成的任务；新奇，意外，对事件失去控制 例如：因为时间不够而不得不很快地把事情草草做完	确认，再确认；做计划；怀疑，反复思量
自恋型	不是第一名 例如：没有获得自认为必然的尊重	生硬地提醒对方自己的功劳和特权；为了谈及自己和自己的成就而独霸说话权
类精神分裂型	混乱，逼不得已的亲近 例如：参加团队旅行	躲在自己的角落里，对自己闭口不谈；对别人不闻不问
A 型行为	面对竞争情境；行动受阻 例如：排长队	情绪激动，提高嗓门，试图控制情形，但方式过于粗暴
抑郁型	真实或假设的失败；认为不配得到奖赏 例如：无法完成工作	更加努力地工作，禁止自己参加娱乐活动；自责能力不足
依赖型	需要独自做出决定；需要完成重要的任务；孤独 例如：一个人过周末	试图获得帮助或让别人陪在身边；为了实现以上目的而做出所有可能的让步
被动攻击型	接受无论哪种形式的权威或优势，服从命令 例如：必须接受跟自己有分歧之人的决定	进行反抗；对细节吹毛求疵，强调将会发生的问题，采取执拗的态度；赌气
逃避型	展现自己，受到别人的评价 例如：必须在重要人物面前谈论自己	避免跟人对峙；采取拉开距离或在社交场合压抑自己的态度，逃走

‖ 该怎么办呢，医生？

认知治疗师在面对这样的情况时，会将治疗的目标定为让病人更好地意识到自己的思维方式。然后，在第二阶段对治疗做出调整。就像我之前所描述的，治疗的难点就在于，这些思维机制在人格障碍者自认为令自己与众不同的性格中扎得太深（“这是我的个性”）。为了在这一具有相当侵入性的治疗步骤中取得成功，认知治疗师采取了一种非常系统的特殊方法，以及一种在心理治疗界前所未有的医患关系类型。

‖ 与认知治疗师的关系

认知心理治疗师在治疗过程中的行为举止与大部分病人所期待的颇为不同，在病人的眼中，心理治疗师必定是个少言寡语的人，大部分时间只是倾听，鲜少会给出自己的意见（符合古典精神分析模式的态度）。

认知疗法植根于一种苏格拉底式的关系：没有绝对的“好建议”（不需要把自己塑造成精神领袖或良知导师），而是通过一系列提议、疑问和让病人意识到自己运转不良的心理机制，有点像古希腊哲学家苏格拉底为门下弟子“塑造灵魂”的方式。

因为认知治疗师是积极而互动的治疗师，他会回答病人可能提出的任何问题，不会拒绝任何话题，会全身心地投入到治疗之中。他会对病人下达指令，让病人做练习，为他指明大的发展方向，协同病人一起制定日常生活中新的关系策略。事实上，不是所有人都能清楚地了解自己需要做出怎样的努力，所以在一开始的时候需要引导和指正。但认知学者也是个要求极高并会下达各种指令的治疗师，他会要求病人完成某些任务、参加某些练习，也就是说，让病人成为自己的治愈者。

最后，认知治疗师还具有清晰的教育观念，他会耐心地让病人发现自己的问题机制，为他推荐书目，向他解释自己提出这些建议和采取这些治疗方法的原因。认知治疗师认为，让病人了解到在治疗过程中发生的一切，会有助于病人更好地投入治疗并做出努力。

在治疗过程中，认知心理治疗师必须避免让自己陷入病人尝试与自己建立的关系之中：表演型人格者当然会试图引诱自己的治疗师，或至少讨得对方的欢心；妄想型人格者不会轻易对治疗师产生信任；依赖型人格者会不顾一切地依附于治疗师的建议，而不愿自己做出决定，等等。在这一点上，认知心理治疗师跟精神分析学家不谋而合，后者在很久以前就已开始关注病人对治疗师的“移情”现象……

我们在下表中列出了几种人格障碍者在治疗师迟到的情况下可能出现的认知。带着您对人格障碍者的了解，您可以像做游戏一样地想象一下人格障碍者在见到迟到了半个钟头的治疗师时，会做出怎样的反应？在认知疗法中，治疗师将会引导病人对这类想法有所意识。

人格类型	在治疗师迟到时的内心独白
焦虑型	“他肯定是身体不舒服，应该叫救护车……”
妄想型	“他想跟我证明什么？他肯定是想试探我的反应……”
表演型	“他不喜欢我。可为什么呀？”
强迫型	“我肯定是弄错时间或者日期了。怎么搞的？我得查看一下日程表……我觉得这个治疗师可不怎么靠谱啊……”
自恋型	“他在嘲笑我还是怎么回事？他以为自己是谁？”
类精神分裂型	“候诊室里的人可真多……”
A 型行为	“他在搞什么？我这是在浪费宝贵的时间。我都可以打五六通电话了，还能看几份文件……”
抑郁型	“我这一天算是完了。可我只要不参加这个治疗就好了，现在我得承担后果了……”
依赖型	“这个候诊室让人感觉不错，我可以时不时带本书来看看。尽管他迟到了，但我希望这次的治疗时间跟上次一样长……”
被动攻击型	“怎么能这样呢？我也能给别人找麻烦……”
逃避型	“我肯定是上次说了什么蠢话，他已经听够了我的抱怨，所以才会迟迟不来……”

‖ 退开一步

认知治疗在本质上是一种务实的经验论疗法，它的出发点就是对所有出现问题的状况进行专注而透彻的观察。

因此，治疗师会要求病人警惕某些与身边之人的冲突或痛苦场景的惯性重复。从总体上来说，这个任务并不容易，而且需要一定的时间，因为病人对自己在自身问题中所扮演的角色存在一定程度的无知。如何帮助妄想型人格者意识到，正是他们自己让身边之人不得不有所隐瞒，以避免无休无止的解释呢？如何让自恋型人格者明白，他们招致的反感不仅仅是因为嫉妒，还有他们对别人权益缺乏尊重而引起的愤怒呢？

如果人格障碍者在治疗中还会咨询附带的心理问题，事情就会好办一些。最常见的是抑郁症，但也有焦虑症和其他的心理病症。在这种背景之下，谈及人格问题就会比较容易，而处于失衡状态但“看似健康”的主体还不习惯对这些人格问题加以关注。通过详细重述本周发生事件的对话，以及自我观察表(就像我们在此展示的)，治疗师将教会病人清楚地分辨出自己的主要扳机情境，以及随之出现的认知。

扳机情境	情绪	认知
我打电话给母亲，她没有在电话里询问我的健康状况	气恼	她根本不在乎我会发生什么
我让我的大儿子给帮个忙，可他却草草了事	难过	再没有人尊重我了
医生拒绝上门给我看病，因为他太忙	愤怒	一个小小的全科医生还真把自己当成大腕儿了么
跟我丈夫闹矛盾	担忧	他不再愿意为我付出
一位女友在电话里跟我诉说了好长时间她的心脏问题	不快	她怎么想的？我也有烦心事，甚至比她的问题还要严重，她完全可以长话短说
没人搭理我的聚会	怨恨	这些人都是忘恩负义之徒，他们难过的时候我会去安慰他们，可他们却不会为我这么做

注：35岁的女病患尚塔尔（外科牙医）的自我观察表，她是位处于抑郁期的自恋型人格者。

透过这种细致入微的自我观察，治疗师可以一点一点地分辨出病人会在哪些主要情形下表现出人格障碍的特点。然后，他会引导病人意识到自己的认知并非事实，而只是猜测，并帮助病人想象替代性的猜测。

在我们给出的例子中，这位女病人确实深信母亲不在乎自己的健康，朋友们都是些忘恩负义的人。所以，治疗师只是希望她能够意识到，这只是她自己的观点和解读，但是对方或许会有不同的想法。比如，母亲对她的健康不闻不问，或许是不愿强迫她谈论可能会让她感到不舒服的话题；又或者她的全科医生是个尽心尽力之人，只不过那天工作太忙，抽不出时间。

这种扩大病人视野的做法是心理治疗的关键所在之一。慢慢地，通过强调问题—情境的重复性，治疗师将会引导病人辨认出隐藏在自己头脑中的规则和信念，并且意识到是它们影响了自己的世界观和行为方式。我们所举之例中的那位女病人，她的根本信念之一就是："别人应该总是并优先对我投以关注，因为这是我应得的。"

一旦辨认出这些信念，医患双方就会对它们进行详尽的评估和讨论，以便让病人了解到它们的好处，但也会强调它们的弊端。治疗师不会尝试彻底改变病人的信念：病人的行为并非毫无逻辑可言，只是过于极端和刻板罢了。因此，治疗师会尝试缓和这些行为，并改变其中过于绝对的一面。

信念："别人应该对我投以关注"

这种信念的好处	这种信念的弊端
"设法让别人来照顾自己，我喜欢这样"	"我知道我让很多人都感到不快"
"人都是自私的，应该经常提醒他们这一点，以便从他们那里得到些什么"	"别人认为我的依赖性太强"
"我是个很好的人，理应得到别人的关注"	"我太过关注自己"
"应该自己去争取晋升机会，并维护自己的权益，别人是不会替你操心这些事情的"	"我最终对自己产生了怀疑，因为我受到的关注都不是出自本能的，我没给人留下做出反应的时间"

注：对尚塔尔信念的讨论，自恋型人格者。

大多数情况下，这种对信念深入分析的工作是通过对其成因的了解来完成的。在尚塔尔的例子中，有几种解释确乎可信：她父亲是外科学教授，本身就很自恋，而她的母亲则总是表现出过度的保护欲，并对孩子大加称赞，在其幼年时期就给他们灌输了一种社会地位和智力上的优越感；尚塔尔的家族成员大多是些爱慕虚荣的成功人士，要想在家庭聚会或度假时获得一席之地，就必须早早学会如何表现自己。尚塔尔是个聪明的年轻女人，长得也挺漂亮，已经习惯了别人的注视和殷勤……所以，我们就很容易理解为什么自恋型信念会在她的身上占有如此的分量。对个人生活的讨论让她明白了，在她看来天经地义的事情（"我理应获得尊重"）不过是一种心理构造，这可以通过她的成长环境得出解释。这就预示着她人格的软化……

‖ 改变自己的存在方式

这种意识的获得——改变自己的存在方式——只能部分地体现认知疗法的理念，这种疗法也同样注重对病人产生效果的实际方法。改变病人信念最有效的方法之一，依然是改变他的行为[1]。这也是为什么大部分认知心理治疗师同时也是行为学家，并会广泛采用行为疗法，以便在认知治疗中获得圆满的成效。

比如，让病人确认自己的料想是否真如自己所想的那样有理有据——“对真实性的检验”。于是，治疗师会要求焦虑型人格者在周末出行时不订酒店、不带地图，以确认结果是灾难性的还是可以接受的（为了消除“糟糕的事情随时可能发生”的信念，并让主体获得对服从“总是提前准备并做出预料”这一规则之外的自主性）。治疗师还会鼓励强迫型人格者以不完美或不完整的方式去完成某项任务，比如草坪只割一半，或者草草油漆格架（为了消除“如果事情没有按章完成，那就是灾难”的信念）。

最后，有必要借助角色扮演的游戏来引导一些主体去改变自己的关系方式。让自恋型人格者学会提出问题和倾听对话方，这会让他明白为什么大家不总是赞同他的观点。让被动攻击型

---

1 A. Bandura，《社交学习》（*L'Apprentissage social*），布鲁塞尔，Mardaga出版社，1980年。——作者注

人格者明白，一边面带微笑注视着对方的双眼，一边表达自己的不同意见是有可能的，这会让他看到，很多的纠纷都是可以讨论和解决的。这些对“社交能力”的引导行为，往往对人格障碍者具有极大的裨益[1]。

一条布满荆棘之路……

无论什么样的学派和什么样的治疗师都一致认为，人格障碍的心理治疗是一条漫长而艰辛的道路。因此，治疗师必须具有丰富的经验，并能够保持病人的动力。通常说来，针对人格障碍的认知疗法都会持续相当一段时间，比较常见的是两到三年。专家们已经对逃避型人格障碍做出了严格监控的研究，并对更为紊乱的人格结构也进行了研究，比如边缘型人格障碍，这种人格障碍的特征是不稳定性和冲动性，在情感关系中表现得尤为突出。这些研究工作有效地确定了认知—行为的治疗技术[2]。但要指出的是，这些研究工作绝大部分都是由经过专业

---

1 C. Cungi，《社交恐惧症和人格障碍病人的小组治疗》（*Thérapie en groupe de patients souffrant de phobie sociale ou de troubles de la personnalité*）《行为与认知疗法杂志》（*Journal de thérapie comportementale et cognitive*），1995 年，第 5 期，45—55 页。——作者注

2 M. Linehan 及合著者，《针对慢性自杀性边缘型人格患者的行为疗法之人际成果》（*Interpersonal Outcome of Behavioral Treatment of Chronically Suicidal Borderline Patient*），《美国精神病学杂志》（*American Journal of Psychiatry*），1994 年，第 151 期，1171—1176 页。——作者注

训练、可随时坚守岗位的团队完成的：在对边缘型人格障碍的研究中，研究人员为病人提供了一条可以 24 小时拨打的电话热线，诸如此类。身处与平时治疗环境完全不同的情形之下(只有一名治疗师、独自开展工作、有时会联系不上、必须照顾到其他病人……)，研究人员必须谨慎行事。但我们可以想象得出，对人格障碍的研究和对应治疗方法的研究所取得的令人瞩目的进展，将为至今为止常常令治疗师也备感受挫的病人们带来越来越令人满意的答案。